数字经济系列教材

总主编 胡国义　副总主编 邵根富 李国冰

大数据
基础、技术与应用

俞东进　孙笑笑　王东京　编著

科学出版社

北京

内 容 简 介

本书围绕大数据采集、汇聚、存储、计算、分析、挖掘、可视化等处理全过程，基于 Flume、Kafka、HDFS、HBase、MapReduce、Spark、Hive、ECharts 等主流软件全面介绍大数据的基础原理和核心技术，以及人工智能、云计算和物联网等大数据相关内容，并在此基础上进一步阐述政务、商业等行业大数据，以及文本、图像、音频、视频等媒体大数据的应用现状和最新进展。本书内容丰富，深入浅出，同时配有大量实操代码和应用案例，可作为学习大数据的入门和进阶教材。

本书可供高校相关专业高年级本科生或研究生使用，也可供有志于从事大数据相关工作的各界社会人士学习使用。

图书在版编目（CIP）数据

大数据：基础、技术与应用 / 俞东进，孙笑笑，王东京编著. —北京：科学出版社，2022.1

数字经济系列教材 / 胡国义总主编

ISBN 978-7-03-071447-3

Ⅰ．①大… Ⅱ．①俞… ②孙… ③王… Ⅲ．①数据处理-教材 Ⅳ．①TP274

中国版本图书馆 CIP 数据核字（2022）第 023169 号

责任编辑：滕　云 / 责任校对：刘　芳
责任印制：张　伟 / 封面设计：蓝正设计

科 学 出 版 社　出版
北京东黄城根北街 16 号
邮政编码：100717
http://www.sciencep.com

固安县铭成印刷有限公司　印刷
科学出版社发行　各地新华书店经销

*

2022 年 1 月第 一 版　开本：787×1092　1/16
2022 年 6 月第二次印刷　印张：16 1/4
字数：410 000
定价：56.00 元
（如有印装质量问题，我社负责调换）

"数字经济系列教材" 编委会

主　　任　徐江荣

副 主 任　胡国义　邵根富　李国冰

总 主 编　胡国义

副总主编　邵根富　李国冰

委　　员（按姓氏拼音排序）

　　　　　曹艳艳　郭小明　吴巧沁

　　　　　郑明娜　朱建平　朱丽红

丛 书 序

当前，新一轮科技革命和产业变革加速演变，大数据、云计算、物联网、人工智能、区块链等数字技术日新月异，催生了以数据资源为重要生产要素、以现代信息网络为主要载体、以信息通信技术融合应用和全要素数字化转型为重要推动力的数字经济蓬勃发展。随着 2016 年在我国杭州举行的 G20 峰会首次提出全球性的《二十国集团数字经济发展与合作倡议》，发展数字经济已成为世界各国经济增长的新空间、新动力。

2017 年，"数字经济"被写入党的十九大报告。2019 年，我国数字经济的增加值达到 35.8 万亿元，占 GDP 比重达到 36.2%，其在国民经济中的地位进一步凸显，数字经济已成为我国经济发展的新引擎。①浙江省委省政府把数字经济作为推进高质量发展的"一号工程"，加快构建以数字经济为核心、新经济为引领的现代化经济体系。

目前，各地都在加快产业数字化与数字产业化，培育数字产业集群，推动实体经济数字化转型，形成数字经济竞争优势，而核心是数字经济人才的竞争优势。为了满足数字经济的快速发展对高素质人才的需求，迫切需要积极发展数字领域新兴专业，扩大互联网、物联网、大数据、云计算、人工智能、区块链等数字技术与管理人才培养规模，加大数字领域相关专业人才的培养。杭州电子科技大学继续教育学院根据数字经济人才培养培训需求，结合学校电子信息特色，为推动学院的特色品牌建设，组织专家教授编写了这套数字经济系列教材。

数字经济系列教材共有 6 本，分别是《人工智能概论》《区块链技术教程》《大数据：基础、技术与应用》《物联网技术导论》《云计算技术》《网络安全前沿技术》。

《人工智能概论》既覆盖了人工智能的网状知识体系，又侧重于人工智能的前沿技术和应用；既涉及深度学习等复杂算法讲解，又以浅显易懂的编写方式贴近读者；既适当弱化了深奥原理的抽象描述，又强调算法应用对于学习成效的重要性。

《区块链技术教程》介绍自区块链技术的起源到区块链技术的应用案例的整个区块链技术的生态发展过程，对区块链技术原理、相关核心算法、区块链安全、基本应用与若干典型案例等进行了较系统的阐述。

《大数据：基础、技术与应用》系统介绍大数据的基本概念、大数据采集、存储、计算、分析、挖掘、可视化技术及大数据技术与当下流行的云计算和人工智能技术之间的关系等相关技术，以及大数据在不同领域的应用方法和案例。

《物联网技术导论》全面论述物联网体系的各层次（感知控制层、网络互联层、支撑服务层和综合应用层），全景式地为读者展现物联网技术的各个方面。为顺应当前研究实践趋势，还介绍与物联网紧密相关的大数据、人工智能等重要技术，并对近年来涌现的 NB-IoT、

---

① 中国信息通信研究院.中国数字经济发展白皮书（2020 年）.（2020-07）[2021-10-09].http://www.caict.ac.cn/kxyj/qwfb/bps/202007/t20200702_285535.htm.

边缘计算、区块链等相关新技术的概念进行了介绍。

《云计算技术》涵盖云计算的技术架构、主流云计算平台介绍、大数据基础理论等内容，还加入了大量的关于云计算平台建设实践、云计算运营服务以及云计算安全问题的实践的讲解和探讨。

《网络安全前沿技术》结合新一代信息网络技术及其应用和发展带来的新的安全风险和隐患，对云计算、大数据和人工智能等技术带来的安全风险展开分析，并对当前形势下技术和管理上的对策展开研究，确保我们国家在新技术浪潮中的政治、经济和社会的平稳发展。

本系列教材是一套多层次、多类型数字人才培养的应用型、普及型教材，适合作为高等院校计算机类、信息工程、人工智能、数据科学、网络安全等专业教学使用，也可作为数字人才培养、各级领导干部培训及各行各业的人才培训用书。

本套教材紧密结合数字经济的发展需求，注重理论与实践的结合，内容深入浅出，既保持一定的理论高度，又兼具生动的教学案例，可有效激发学习者的创造性和积极性，具有鲜明特点。本套书的出版凝聚了杭州电子科技大学教师教学和科研工作的成果和汗水，相信它将为我国数字经济人才的培养添砖加瓦。

邵根富

杭州电子科技大学继续教育学院院长、教授

2021 年 10 月

前　言

　　无论是上古时代的"结绳记事"，还是文字发明后的"文以载道"，数据一直伴随着人类社会的变迁。进入 21 世纪以来，互联网的快速发展和信息化的广泛应用催生了规模巨大、复杂多样的"大数据"。如今，大数据已深入各行各业，成为经济社会发展的基础性战略资源，发展大数据也已成为我国的国家战略。由于大数据自身的特点，传统的数据处理理论、方法和技术对其已不再完全适用。近年来出现的分布式资源调度、深度学习、流式计算、新型数据库等技术为解决大数据时代的数据处理问题提供了新的途径。

　　本书是一本以全景展示大数据处理相关技术为主的教材，共分 12 章。第 1 章介绍大数据的基本概念和主要特征；第 2 章介绍大数据采集方法和几种常用的大数据采集工具，如 Flume 和 Kafka；第 3、4 章主要围绕大数据存储展开，其中，第 3 章以 HDFS 为例介绍分布式文件系统的组成原理，第 4 章介绍面向大数据存储的新型数据库，如 NoSQL 和 HBase；考虑到分布式计算是大数据的核心技术之一，我们在第 5 章集中介绍两个大数据的计算框架：MapReduce 和 Spark；第 6～8 章主要围绕大数据分析展开，其中，第 6 章介绍多维大数据分析的基本概念以及多维数据分析工具 Hive，第 7 章介绍大数据挖掘的几类常用算法，第 8 章介绍大数据可视化的基本方法和相关工具，如 ECharts、Tableau 和 D3；由于大数据往往并不单独出现，我们在第 9 章介绍人工智能的相关技术原理；第 10～12 章主要围绕行业大数据应用展开，分别介绍政务大数据、商业大数据和多媒体大数据。

　　本书聚焦大数据的采集、汇聚、存储、计算、分析、挖掘、可视化等处理全过程，既重视大数据的基础概念、理论和方法，更关注大数据的技术和应用。鉴于 Hadoop 生态圈技术已成为大数据处理的事实标准，本书第 3～6 章中编程实例的介绍以 Hadoop 相关技术为主。同时，大数据处理涉及许多相关新兴技术领域的内容，为确保叙述的完整性，本书也同时以大数据为视角介绍云计算、人工智能、物联网等相关知识。最后，本书汇集笔者团队近年来在大数据科学研究方面的最新成果，可为大数据从业人士提供相关行业应用场景。

　　本书由俞东进、孙笑笑、王东京编著，倪可、杨思青、叶春毅、应钰珂、陈建江、万峰参与了编写。俞东进、倪可编写第 1、2、6 章，孙笑笑、杨思青编写第 3、4、5 章，孙笑笑、叶春毅编写第 7、10 章，孙笑笑、应钰珂编写第 8 章，王东京、陈建江编写第 9 章，王东京、万峰编写第 11、12 章。全书由俞东进、孙笑笑和王东京审定。

　　感谢杭州电子科技大学继续教育学院对本书编写的大力支持。另外，本书在编写过程中引用了一部分可公开获得的技术材料，在此对相关作者一并表示诚挚的感谢。由于时间和编者水平所限，书中可能仍存在不足，真诚欢迎各界人士批评指正。

俞东进

2021 年 8 月 1 日

目　录

第1章 大数据概述

本章首先介绍大数据的发展历程及其主要特征，接着阐述大数据与云计算、人工智能和物联网之间的关联，最后给出大数据的发展现状以及未来趋势。

1.1 大数据发展历程

从上古时代的"结绳记事"，到文字发明后的"文以载道"，再到近现代科学的"数学建模"，数据一直伴随着人类社会的发展和变迁。然而，直到以电子计算机为代表的现代信息技术出现后，人类获取数据、掌握数据、处理数据的能力才实现了质的跃升。人类社会在信息科技领域的不断进步为大数据时代的到来提供了技术支持，数据成为继物质、能源之后的又一种重要战略资源。

根据 IBM 前首席执行官郭士纳的观点，IT 领域每隔 15 年就会迎来一次重大变革。三次信息化浪潮见表 1.1。1980 年前后，个人计算机（Personal Computer，PC）开始普及。计算机的广泛应用解决了信息处理的问题，大大提高了社会生产力，也使人类迎来了第一次信息化浪潮，Intel、IBM、苹果、微软、联想等企业是这个时期的标志。随后，在 1995 年前后，人类开始全面进入互联网时代。互联网的普及把世界变成"地球村"，有效解决了信息传输的问题，人类随之迎来了第二次信息化浪潮。这个时期也缔造了雅虎、谷歌、阿里巴巴、百度等互联网巨头。时隔 15 年，在 2010 年前后，云计算、大数据、物联网等前沿技术的快速发展，有效应对了信息爆炸带来的新问题，由此拉开了第三次信息化浪潮的大幕，大数据时代正式到来。

表 1.1 三次信息化浪潮

信息化浪潮	发生时间	标志	解决的问题
第一次浪潮	1980 年前后	个人计算机	信息处理
第二次浪潮	1995 年前后	互联网	信息传输
第三次浪潮	2010 年前后	物联网、云计算和大数据	信息爆炸

大数据的发展历程总体上可以划分为三个重要阶段：萌芽期、成熟期和大规模应用期。三个阶段的时间和主要特点见表 1.2。

表 1.2 大数据发展的三个阶段

阶段	时间	主要特点
萌芽期	20 世纪 90 年代至 21 世纪初	随着数据挖掘理论和数据库技术的逐步成熟，一批商业智能工具和知识管理技术开始被应用，如数据仓库、专家系统、知识管理系统等

续表

阶段	时间	主要特点
成熟期	21 世纪前 10 年	Web 2.0 应用迅猛发展，非结构化数据大量产生，传统数据处理方法难以应对，从而带动了大数据技术的快速突破，大数据解决方案逐渐走向成熟，形成了并行计算与分布式系统两大核心技术，谷歌文件系统（Google File System，GFS）和 MapReduce 等大数据技术受到追捧，Hadoop 平台开始大行其道
大规模应用期	2010 年以后	大数据应用渗透至各行各业，数据驱动决策，信息社会智能化程度大幅提高

下面简要回顾大数据的发展历程。

· 1980 年，著名未来学家阿尔文·托夫勒在其著名的《第三次浪潮》一书中，将大数据热情地赞颂为"第三次浪潮的华彩乐章"。

· 1997 年，迈克尔·考克斯和大卫·埃尔斯沃思在第八届电气和电子工程师协会（IEEE）关于可视化的会议论文集中发表了《为外存模型可视化而应用控制程序请求页面调度》的文章，这是在美国计算机学会的数字图书馆中第一篇使用"大数据"这一术语的文章。

· 2001 年，梅塔集团分析师道格·莱尼发布题为《3D 数据管理：控制数据容量、处理速度及数据种类》的研究报告。自此，"大数据"这一概念在信息通信领域被普遍接受、研究和使用。

· 2003 年，谷歌公司发表了论文 The Google File System（《谷歌文件系统》），介绍 GFS 分布式文件系统。该系统可用于海量数据的可靠存储。

· 2004 年，谷歌公司发表了论文 MapReduce: Simplified Data Processing on Large Clusters（《MapReduce：基于大规模集群的简化数据处理》），介绍并行计算模型 MapReduce。该模型可用于海量数据的高效计算。

· 2008 年，《自然》杂志推出了大数据专刊；计算社区联盟（Computing Community Consortium）发布了报告《大数据计算：在商业、科学和社会领域的革命性突破》，阐述了大数据技术及其面临的一些挑战。

· 2011 年，《科学》杂志推出专刊《数据处理》，讨论了科学研究中的大数据问题。

· 2011 年，维克托·迈尔-舍恩伯格和肯尼思·库克耶出版著作《大数据时代：生活、工作与思维的大变革》，引起了社会轰动。书中提到的大数据的"4V"特征，即规模性（Volume）、高速性（Velocity）、多样性（Variety）和价值性（Value）作为定义大数据的四个维度被广泛接受。

· 2011 年，麦肯锡全球研究院发布《大数据：下一个具有创新力、竞争力与生产力的前沿领域》，提出"大数据"时代已到来。

· 2012 年，美国奥巴马政府发布《大数据研究和发展倡议》，正式启动"大数据发展计划"，大数据由此上升为美国国家发展战略，被视为美国政府继"信息高速公路计划"之后在信息科学领域的又一重大举措。

· 2013 年，中国计算机学会发布《中国大数据技术与产业发展白皮书》，系统总结了大数据的核心科学与技术问题。

· 2014 年，美国政府发布 2014 年全球"大数据"白皮书《大数据：抓住机遇、守护价值》，鼓励使用数据来推动社会进步。

- 2015 年，我国国务院印发《促进大数据发展行动纲要》，指出要全面推进我国大数据的发展和应用，加快建设数据强国。

- 2017 年 1 月，我国工业和信息化部发布《大数据产业发展规划（2016—2020 年）》，全面部署"十三五"时期大数据产业发展工作，加快建设数据强国，为实现制造强国和网络强国提供强大的数据产业支撑。

- 2017 年 12 月，中共中央政治局就实施国家大数据战略进行第二次集体学习。中共中央总书记习近平在主持学习时强调，大数据发展日新月异，我们应该审时度势、精心谋划、超前布局、力争主动，深入了解大数据的发展现状和趋势及其对经济社会发展的影响，分析我国大数据发展取得的成绩和存在的问题，推动实施国家大数据战略。[①]

- 2019 年 5 月，中国国家互联网信息办公室发布《数据安全管理办法（征求意见稿）》，表明我国大数据的发展和利用从野蛮生长时代进入了正规化管理的关键时代。

- 2019 年 12 月，美国行政管理和预算局（Office of Management and Budget，OMB）发布《联邦数据战略与 2020 年行动计划》。该计划以政府数据治理为主要视角，描述了联邦政府未来十年的数据愿景和 2020 年要推行的关键行动，将数据战略焦点从"技术"转移到"资源"。

- 2020 年 4 月，中共中央、国务院发布《关于构建更加完善的要素市场化配置体制机制的意见》，将"数据"与土地、劳动力、资本、技术并称为五种要素，这标志着数据要素市场化配置上升为国家战略。

- 2020 年 4 月，中国国家互联网信息办公室、国家发改委等 12 个部门联合发布《网络安全审查办法》，为我国开展网络安全审查工作提供了重要的制度保障。

- 2020 年 9 月，阿里巴巴云栖大会首次全程在线上举办，并发布了多款产品与技术，包括软硬件结合的沙箱容器 2.0、离线实时一体化数据仓库 MaxCompute、阿里云的云原生分布式数据库 PolarDB-X 等。

- 2021 年 6 月，第十三届全国人民代表大会常务委员会第二十九次会议通过《中华人民共和国数据安全法》。

- 2021 年 7 月，中国国家互联网信息办公室发布关于《网络安全审查办法（修订草案征求意见稿）》公开征求意见的通知。征求意见稿包括了"掌握超过 100 万名用户个人信息的运营者赴国外上市，必须向网络安全审查办公室申报网络安全审查"等内容。同期，中国国家互联网信息办公室等七部门联合进驻滴滴出行科技有限公司，开展网络安全审查。

1.2　大数据主要特征

大数据并无统一的定义。但是，一般来说，大数据泛指无法在一定时间内用传统信息技术和软硬件工具对其进行获取、管理和处理的巨量数据集合，具有海量性、多样性、时效性及可变性等特征，需要可伸缩的计算体系结构以支持其存储、处理和分析。大数

---

① 习近平主持中共中央政治局第二次集体学习并讲话. (2017-12-09)[2021-07-10]. http://www.gov.cn/xinwen/2017-12/09/content_5245520.htm.

据的特点可以用多个 V 来概括，其中最被认可的是以下四个 V：规模性、多样性、高速性和价值性。下面分别介绍这四个特征的主要内容。

1. 规模性（Volume）

信息技术的高速发展带来了数据量的爆发性增长。从 1986 年开始到 2010 年的 20 多年时间里，全球的数据量增长了 100 倍。社交网络[微博、推特（Twitter）、脸书（Facebook①）]、电商平台、各种智能及服务工具等都成为海量数据的生产源。据 2011 年淘宝网及脸书官方统计数据显示，淘宝网近 4 亿会员每天产生的商品交易数据量约 20 TB；脸书约 10 亿用户每天产生的日志数据量超过 300 TB。未来，随着物联网的推广和普及，各种传感器和摄像头将遍布人们工作和生活的各个角落，这些设备每时每刻都在自动产生大量数据。

综上所述，各种数据产生速度之快，产生数量之大，已经远远超出人类可以控制的范围，"数据爆炸"成为大数据时代的鲜明特征。根据著名咨询机构 IDC（Internet Data Center）做出的估测，人类社会产生的数据量一直都在以每年 50% 的速度增长，也就是说，每两年产生的数据量就会增加一倍，这被称为"大数据摩尔定律"。这意味着，人类在最近两年产生的数据量相当于之前产生的全部数据量之和。IDC 发布的《数据时代 2025》白皮书预测：到 2025 年，全球数据量将达到史无前例的 163 ZB。数据量的规模巨大是大数据的一个必备特征。但是，到底多大规模的数据量才能算作大数据并无确定的标准。一般来说，至少 PB 级规模以上的数据量才能称为大数据，当然，这也与处理数据的复杂程度相关。表 1.3 给出了数据存储单位之间的换算关系。

表 1.3　数据存储单位间的换算关系

单位	换算关系
B（Byte，字节）	1 B = 8 bit
KB（Kilobyte，千字节）	1 KB = 1 024 B
MB（Megabyte，兆字节）	1 MB = 1 024 KB
GB（Gigabyte，吉字节）	1 GB = 1 024 MB
TB（Terabyte，太字节）	1 TB = 1 024 GB
PB（Petabyte，拍字节）	1 PB = 1 024 TB
EB（Exabyte，艾字节）	1 EB = 1 024 PB
ZB（Zettabyte，泽字节）	1 ZB = 1 024 EB

2. 多样性（Variety）

广泛的数据来源，决定了大数据形式的多样性。根据数据是否具有一定的模式、结构和关系，大数据可分为三种基本类型：结构化数据、非结构化数据和半结构化数据，详见表 1.4。

① 注：Facebook 于 2021 年 10 月 28 日更名为 meta，即脸书公司更名为"元"。

表 1.4　大数据的数据类型

数据类型	说明
结构化数据	具有固定的结构、属性划分和类型等信息，通常以二维表格的形式存储在关系型数据库里。结构化数据是先有结构、后产生数据。结构化数据的分析方法大部分以统计分析和数据挖掘为主
非结构化数据	不遵循统一的数据结构或模型，不方便用二维逻辑表来表现（如文本、图像、视频、音频等）。非结构化数据在企业数据中占比达 90%，且增长速率更快，更难被计算机理解，不能直接被处理或用 SQL 语句进行查询。非结构化数据常以二进制大型对象形式整体存储在关系型数据库或非关系型数据库中，其处理分析过程也更为复杂
半结构化数据	具有一定的结构，但又灵活可变，介于完全结构化数据和完全非结构化数据之间。半结构化数据包含相关标记，用来分隔语义元素以及对记录和字段进行分层。两种常见的半结构化数据为：XML 文件和 JSON 文件。半结构化数据的常见来源包括电子转换数据（EDI）文件、扩展表、RSS 源、传感器数据等

除了以上三种数据类型外，还有一种用于描述其他数据的数据，即元数据。元数据可说明已知的数据的一些属性信息（数据长度、字段、数据列、文件目录等），提供了数据系谱信息（包含数据的演化过程）和数据处理的起源。元数据可分为三种不同类型，分别为记叙性元数据、结构性元数据和管理性元数据，主要由机器生成并添加到数据集中。例如，数码照片文件中提供文件大小和分辨率的属性数据就是一种元数据。元数据的作用类似于数据仓库中的数据字典。

3. 高速性（Velocity）

据相关商业智能（BI）科技公司 2021 年的统计，在 1 分钟内，谷歌可以产生 570 万次搜索查询，脸书用户可以分享 24 万张图片，推特可以产生 57.5 万条推文，抖音（Tiktok）用户可以观看 1.67 亿个视频，亚马逊（Amazon）可以产生 28.3 万美元的交易额。

大数据时代的很多应用都需要基于快速生成的数据给出实时分析结果，用于指导生产和生活实践。因此，数据处理和分析的速度通常要达到秒级响应，这一点和传统的数据挖掘技术有着本质的不同，后者通常不要求给出实时分析结果。

为了实现快速分析海量数据的目的，新兴的大数据分析技术通常采用集群处理和独特的内部设计。以谷歌公司的 Dremel 为例，它是一种可扩展的、交互式的实时查询系统，用于只读嵌套数据的分析。通过结合多级树状执行过程和列式数据结构，它能在几秒内完成对万亿张表的聚合查询，并可以扩展到成千上万的 CPU 上，从而满足谷歌上万用户操作 PB 级数据的需求。

4. 价值性（Value）

随着互联网及物联网的广泛应用，数据量呈几何级数爆炸式增长。然而，在海量数据中，有价值的数据所占比例很小，而大数据真正的价值体现在从大量不相关的各种类型的数据中挖掘出有价值的信息。

在目前的技术水平下，大量数据因无法或来不及处理，而处于未被利用、价值不明的状态，这些数据被称为"暗数据"。为了获取隐藏在海量数据中的潜在价值，企业和组织往往需要耗费大量资源构建整个大数据团队和平台，而最终带来的收益却比投入低许多。国际商业机器公司（International Business Machines Corporation，IBM）的研究报告估计，大多数企业仅对其所有数据的 1%进行了分析和应用。因此，现阶段大数据的价值密度是比较低的。

1.3　大数据与云计算、人工智能和物联网

大数据、云计算、人工智能和物联网代表了 IT 领域最新的技术发展趋势，它们相辅相成、不可分割，既有联系又有区别。下面将分别介绍云计算、人工智能和物联网，以及它们和大数据之间的联系和区别。

1. 云计算

云计算（Cloud Computing）是分布式计算的一种，是指通过网络"云"将复杂的数据计算处理程序分解成无数个小程序，然后通过多个服务器组成的系统对这些小程序进行处理和分析，并将得到的结果返回给用户。云计算早期指的就是简单的分布式计算，解决任务分发，并进行计算结果的合并，因而云计算又被称为网格计算。通过这项技术，可以在很短的时间内（几秒钟）完成对数以万计的数据的处理。现阶段所说的云计算已经不单单是一种分布式计算，而是分布式计算、效用计算、负载均衡、并行计算、网络存储、热备份冗余和虚拟化等计算机技术混合演进并跃升的结果。

云计算包括三种典型的服务模式，即 IaaS（Infrastructure as a Service，基础设施即服务）、PaaS（Platform as a Service，平台即服务）和 SaaS（Software as a Service，软件即服务），如图 1.1 所示。IaaS 将基础设施作为服务出租，向个人或组织提供虚拟化计算资源，如虚拟机、存储、网络和操作系统。PaaS 把软件平台作为服务出租，为开发、测试、管理和应用软件程序提供需要的环境。SaaS 把软件作为服务出租，帮助客户更好地管理 IT 项目，确保应用的质量和性能。

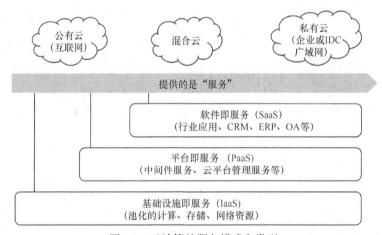

图 1.1　云计算的服务模式和类型

云计算包括公有云、私有云和混合云三种类型。公有云面向所有用户提供服务，只要是注册付费的用户都可以使用，比如 Amazon AWS；私有云只为特定用户提供服务，比如，

大型企业出于安全考虑自建的云环境，只为企业内部提供服务；混合云综合了公有云和私有云的特点，一方面出于安全考虑可以把数据放在私有云中，另一方面又可以获得公有云的计算资源，这种把公有云和私有云进行混合搭配使用的云计算模式就是混合云。

2. 人工智能

人工智能（Artificial Intelligence，AI）是研究、开发用于模拟、延伸和扩展人智能的理论、方法、技术及应用系统的一门新兴学科。人工智能作为计算机科学的一个分支，被认为是 21 世纪三大尖端技术（基因工程、纳米科学、人工智能）之一。人工智能的研究领域包括机器人、语言识别、图像识别、自然语言处理、机器学习、计算机视觉和专家系统等，如图 1.2 所示。

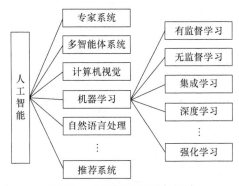

图 1.2 人工智能的研究领域

机器学习（Machine Learning，ML）是人工智能的核心。自 20 世纪 80 年代以来，机器学习作为实现人工智能的途径，在人工智能界引起了广泛的兴趣。特别是近十几年来，机器学习领域的研究工作发展很快。机器学习的研究方向主要分为两类：第一类是传统机器学习的研究，主要研究学习机制，注重探索模拟人的学习机制；第二类是大数据环境下机器学习的研究，主要研究如何有效利用信息，注重从巨量数据中获取隐藏的、有效的、可理解的知识。

3. 物联网

物联网（Internet of Things，IoT），即"万物相连的互联网"，是在互联网基础上延伸和扩展的网络，将各种信息传感设备与互联网结合起来，实现在任何时间、任何地点人、机、物的互联互通。

从技术架构上看，物联网可以分为四层：感知层、网络层、处理层和应用层，其架构如图 1.3 所示。

物联网各层的具体功能见表 1.5。

表 1.5 物联网各层的功能

层次	功能
感知层	负责对物联网信息进行收集和获取，是物联网整体架构的基础。在感知层，传感器感知物体本身和周围的信息，因此物体也具备了"说话和发布信息"的能力
网络层	将感知层采集到的信息传递给物联网云平台，还负责将物联网云平台下发的命令传递给应用层，具有链接效应

续表

层次	功能
处理层	主要解决数据存储、检索、使用以及数据安全隐私保护等问题
应用层	直接面向用户，满足各种应用需求，如智能交通、智慧农业、智能工业、智慧医疗等

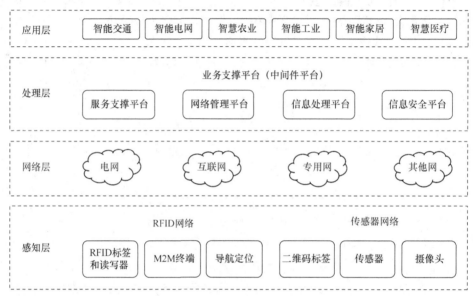

图 1.3　物联网的四层架构

物联网因其在智能感知与普适计算、泛在网络等方面的融合应用，被称为继计算机、互联网之后世界信息产业发展的第三次浪潮。物联网是互联网的应用拓展，与其说物联网是网络，不如说物联网是业务和应用。因此，应用创新是物联网发展的核心，以用户体验为核心的创新是物联网发展的灵魂。

4. 大数据与云计算、人工智能、物联网的关系

（1）大数据与云计算

云计算最初主要包含两种含义：一种是以谷歌的 GFS 和 MapReduce 为代表的大规模分布式并行计算技术；另一种是以亚马逊的虚拟机和对象存储为代表的"按需租用"的商业模式。但是，随着大数据概念的提出，云计算中的分布式计算技术开始更多地被列入大数据技术，而人们提到云计算时，更多的是指底层基础 IT 资源的整合优化，以及以服务的方式提供 IT 资源的商业模式（如 IaaS、PaaS、SaaS）。表 1.6 描述了大数据和云计算之间的对比。

从整体上看，大数据和云计算是相辅相成的。大数据着眼于"数据"，关注实际业务，提供数据采集、分析、挖掘能力，看重的是信息积淀，即数据存储能力。云计算着眼于"计算"，关注 IT 解决方案，提供 IT 基础架构，看重的是计算能力，即数据处理能力。如果没有大数据的信息积淀，则云计算的计算能力再强大，也难以找到用武之地；如果没有云计算的处理能力，则大数据的信息积淀再丰富，也终究只是镜花水月。从技术上看，大数据根植于云计算。云计算关键技术中的海量数据存储和管理、MapReduce 编程模型等，都是大数据技术的基础。

表 1.6　大数据与云计算的对比

		大数据	云计算
总体关系		云计算为大数据提供了工具和途径，大数据为云计算提供了用武之地	
相同点		① 都是为数据存储和数据处理服务； ② 都需要占用大量的存储和计算资源，因而都要用到海量数据存储技术、海量数据管理技术、MapReduce 等并行处理技术	
不同点	产生背景	现有的技术不能很好地处理社交网络、物联网等应用产生的海量数据，但这些数据存在很大价值	基于互联网的相关服务日益丰富，主要为了解决互联网应用对大规模计算能力、数据存储能力的迫切需求
	目的	充分挖掘海量数据中有价值的信息	通过互联网和分布式计算更好地调用、扩展和管理计算及存储方面的资源和能力
	对象	数据	IT 资源、能力和应用
	推动力量	从事数据存储与处理的软件厂商和拥有大量数据的企业	生产计算及存储设备的厂商，拥有计算及存储资源的企业
	价值	发现海量数据中隐藏的有价值信息	节省 IT 部署成本

（2）大数据与人工智能

虽然大数据和人工智能的关注点并不完全相同，但是它们之间却有密切的联系。一方面人工智能需要大量的数据作为“思考”和“决策”的基础，另一方面大数据也需要人工智能技术进行数据价值化操作，比如机器学习就是数据分析的常用方式。

随着大数据时代各行业对数据分析需求的持续增加，通过机器学习高效地获取知识，已逐渐成为当今机器学习技术发展的主要推动力。大数据时代的机器学习更强调“学习本身是手段”，也就是说机器学习成为一种支持和服务技术。如何基于机器学习对复杂多样的数据进行深层次的分析，从而更高效地利用信息，已成为当前大数据环境下机器学习研究的主要方向。所以，机器学习正朝着智能数据分析的方向发展，并已成为智能数据分析技术的一个重要源泉。

另外，在大数据时代，随着数据产生速度的持续加快，数据的体量有了前所未有的增长，而需要分析的新的数据种类也在不断涌现，如文本理解、文本情感分析、图像检索和理解、图形和网络数据分析等，这使得大数据机器学习和数据挖掘等智能计算技术在大数据智能化分析处理应用中起到了极其重要的作用。

（3）大数据与物联网

物联网是大数据的重要基础。大数据的数据来源主要有三个方面，分别是物联网、Web 系统和传统信息系统，其中物联网是大数据的主要数据来源，占整个数据来源的百分之九十以上，可以说没有物联网就没有大数据。

大数据是物联网体系的重要组成部分。物联网的体系结构分为六个部分，分别是设备、网络、平台、分析、应用和安全，其中分析部分的主要内容就是大数据分析。大数据分析是大数据完成数据价值化的重要手段之一。目前的分析方式有两种，一种是基于统计学的分析方式，另一种是基于机器学习的分析方式。当大数据与人工智能技术相结合之后，智能体就可以把决策通过物联网平台发送到终端。

　　随着智能交通、智能家居、智能物流、智慧景区等应用的兴起，物联网已成为未来经济的新增长点。由于众多传感器和智能设备遍布全球，物联网触发了数据爆炸，只有大数据技术和框架才能处理这样庞大的数据量。现有的大数据技术可以有效地利用收集的传感器数据，将其存储起来，并使用人工智能技术对其进行高效分析。

　　（4）大数据与云计算、人工智能、物联网的关系

　　大数据与云计算、人工智能、物联网是密不可分的。不同于其他应用场景，物联网在处理海量数据时对于计算能力的要求是很高的，而云计算刚好可以担负起这一职责。云计算平台上决定其最终性能的关键因素是应用的各种算法，而这也是人工智能承担的角色。虽然人工智能的核心在于算法，但是它是根据大量的历史数据和实时数据来对未来进行预测的，所以大数据对于人工智能的重要性也就不言而喻了。人工智能可以处理和学习的数据越多，其预测的准确率也会越高。人工智能需要持续的数据流入，而物联网的海量节点和应用产生的数据也是其数据来源之一。另一方面，对于物联网应用来说，人工智能的实时分析能帮助企业提升运营业绩，并通过数据分析和数据挖掘等手段，发现新的业务场景。图 1.4 描述了大数据和云计算、人工智能、物联网之间的关系。

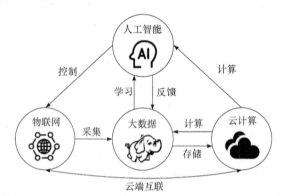

图 1.4　大数据和云计算、人工智能、物联网之间的关系

　　综上所述，大数据侧重于对海量数据的存储、处理与分析，并从海量数据中发现价值；云计算本质上旨在整合和优化各种 IT 资源，从而提供更好的服务；人工智能利用海量数据进行分析和决策；物联网的发展目标是实现物物相连，核心是应用创新。总的来说，大数据是手段，云计算是工具，人工智能是实现方式，物联网是目标。通过物联网产生、收集的海量数据被存储于云平台，再通过大数据分析，甚至更高形式的人工智能技术为人类的生产活动提供更好的服务。

1.4　大数据发展现状和趋势

1. 大数据发展现状分析

　　近年来，我国大数据产业迅猛发展，应用不断深化。大数据已经成为当今经济社会领域备受关注的热点之一。在网络能力提升、居民消费升级和四化加快融合发展的背景下，新技术、新产品、新内容、新服务、新业态不断激发新的消费需求，而作为提升信息消费

体验的重要手段，大数据已在各行业领域获得广泛应用。下面从技术、应用和安全三个方面对当前大数据的发展现状进行梳理。

（1）大数据技术

大数据的生命周期一般分为四个阶段：大数据采集、大数据预处理、大数据存储和大数据分析，各阶段功能见表 1.7。这四个阶段中所涉及的技术和解决方案共同组成了大数据技术。

表 1.7　大数据生命周期各阶段的功能

阶段	功能
大数据采集	指利用 ETL（Extract-Transform-Load，提取-转换-加载）工具将分布的、异构数据源中的数据（如关系数据、平面数据文件等）抽取到临时文件或数据库中；也可以利用日志采集工具把实时采集的数据作为流计算系统的输入，进行实时分析
大数据预处理	指在进行数据分析之前，先对采集到的原始数据所进行的诸如"清洗、填补、平滑、合并、规格化、一致性检验"等一系列操作，将不同来源、不同结构的数据整合成一致的、适合数据分析算法和工具读取的数据
大数据存储	指利用分布式文件系统、数据仓库、关系型数据库、NoSQL 数据库等实现对结构化、半结构化和非结构化海量数据的存储和管理
大数据分析	指利用分布式并行编程模型和计算框架，结合机器学习和数据挖掘算法，实现对海量数据的处理和分析，并对分析结果进行可视化呈现，帮助人们更好地理解、分析数据

大数据技术涉及大数据生命周期的各个阶段，Hadoop 是一个集合了大数据不同阶段技术的生态系统，它是 Apache 软件基金会旗下的一个开源分布式计算平台，为用户提供了系统底层细节透明的分布式基础架构，其核心是分布式文件系统 HDFS 和 MapReduce。Hadoop 生态圈如图 1.5 所示。下面简要介绍各项 Hadoop 生态圈相关的大数据技术。

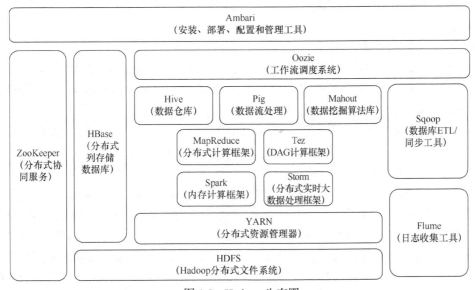

图 1.5　Hadoop 生态圈

① HDFS（Hadoop 分布式文件系统）。

Hadoop 分布式文件系统（Hadoop Distributed File System，HDFS）是 Hadoop 项目的两大核心之一，是针对谷歌文件系统的开源实现。HDFS 是一个高度容错的系统，能检测和应对硬件故障，用于在低成本的通用硬件上运行。HDFS 简化了文件的一致性模型，通过流式数据访问，提供高吞吐量应用程序数据访问的能力，适合带有大型数据集的应用程序。

② MapReduce（分布式计算框架）。

Hadoop MapReduce 是一种分布式计算模型，是针对谷歌 MapReduce 的开源实现。MapReduce 用于大规模数据集（大于 1TB）的并行运算，它屏蔽了分布式计算框架细节，将计算抽象成 Map 和 Reduce 两个方法，并将其运行于廉价计算机集群上，完成海量数据的处理。

③ YARN（分布式资源管理器）。

YARN 是一个通用的运行时资源管理框架。作为下一代 MapReduce（即 MR V2），YARN 是在第一代经典 MapReduce 调度模型基础上演变而来的，主要是为了解决原始 Hadoop 扩展性较差、不支持多计算框架而提出的。

④ ZooKeeper（分布式协同服务）。

ZooKeeper 是针对谷歌 Chubby 的一个开源实现，是高效和可靠的协同工作系统，提供包括配置维护、域名服务、分布式同步、组服务等功能，用于构建分布式应用，减轻分布式应用程序所承担的协调任务。ZooKeeper 的目标就是封装好复杂易出错的关键服务，将简单易用的接口和性能高效、功能稳定的系统提供给用户。

⑤ HBase（分布式列存储数据库）。

HBase 是一个建立在 HDFS 之上，面向列的、针对结构化数据的可伸缩、高可靠、高性能、分布式数据库。HBase 是谷歌 Bigtable 的开源实现，类似于谷歌 Bigtable 利用 GFS 作为其文件存储系统，HBase 利用 HDFS 作为其文件存储系统，并利用 MapReduce 来处理 HBase 中的海量数据，利用 ZooKeeper 提供协同服务，将数据存储和并行计算完美地结合在了一起。

⑥ Hive（数据仓库）。

Hive 是一个基于 Hadoop 的数据仓库工具，可以用于对 Hadoop 文件中的数据集进行数据整理、特殊查询和分析存储。Hive 使用类 SQL 的 HiveSQL（简称 HQL）来实现数据查询，并将 HQL 转化为在 Hadoop 上执行的 MapReduce 任务。Hive 常用于离线数据分析，可以让不熟悉 MapReduce 的开发人员，使用 HQL 实现数据查询分析，从而降低了大数据处理的应用门槛。

⑦ Pig（数据流处理）。

Pig 是一种数据流语言和运行环境，适合于使用 Hadoop 和 MapReduce 平台来查询大型半结构化数据集。Pig 定义了一种称作 Pig Latin 的数据流语言作为 MapReduce 编程的抽象，其为 Hadoop 应用程序提供了一种更加接近结构化查询语言（SQL）的接口。同时，Pig 简化了 Hadoop 常见的工作任务，可以加载数据、表达转换数据以及存储最终结果。

⑧ Mahout（数据挖掘算法库）。

Mahout 是 Apache 软件基金会旗下的一个开源项目，提供了一些可扩展的机器学习领域经典算法的实现，例如聚类、分类、推荐过滤、频繁子项挖掘，旨在帮助开发人员更加方便快捷地创建智能应用程序。此外,通过使用 Apache Hadoop 库,Mahout 可以有效地扩展到云中。

⑨ Oozie(工作流调度系统)。

Oozie 是一个可扩展的工作流体系,用于协调多个 MapReduce 作业的执行,它能够管理一个复杂的系统,并基于外部事件来执行。其中,Oozie 工作流是放置在控制依赖有向无环图(Direct Acyclic Graph,DAG)中的一组指定了执行顺序的动作(例如,Hadoop 的 MapReduce 作业、Pig 作业等)。

⑩ Tez(DAG 计算框架)。

Tez 是一个支持 DAG 作业的计算框架,它直接源于 MapReduce 框架,核心思想是将 Map 和 Reduce 两个操作进一步拆分,即 Map 被拆分成 Input、Processor、Sort、Merge 和 Output,Reduce 被拆分成 Input、Shufle、Sort、Merge、Processor 和 Output 等,这些拆分后的元操作可以任意灵活组合,从而产生新的操作,这些操作经过一些控制程序组装后,可形成一个大的 DAG 作业。

⑪ Storm(分布式实时大数据处理框架)。

Storm 是推特开源的分布式实时大数据处理框架,被称为实时版 Hadoop。随着越来越多的场景比如网站统计、推荐系统、预警系统、金融系统(高频交易、股票)等,对 Hadoop 的 MapReduce 高延迟无法容忍,大数据实时处理解决方案(流计算)的应用日趋广泛,目前已是分布式技术领域中的最新爆发点,而 Storm 更是流计算技术中的佼佼者和主流。

⑫ Spark(内存计算框架)。

Spark 是一个 Apache 项目,它被标榜为"快如闪电的集群计算",拥有一个繁荣的开源社区,并且是目前最活跃的 Apache 项目之一。Spark 提供了一个更快、更通用的数据处理平台。和 Hadoop 相比,Spark 可以让程序在内存中运行时速度提升 100 倍,或者在磁盘上运行时速度提升 10 倍。

⑬ Flume(日志收集工具)。

Flume 是 Cloudera 公司提供的开源日志收集系统,具有分布式、高可靠、高容错、易于定制和扩展等特点。它将数据从产生、传输、处理并最终写入目标路径的过程抽象为数据流。在具体的数据流中,Flume 支持在数据源中定制数据发送方,从而支持收集各种不同协议的数据。同时,Flume 数据流具有对日志数据进行简单处理的能力,如过滤、格式转换等。此外,Flume 还具有将日志写入各种数据接收方(可定制)的能力。

⑭ Sqoop(数据库 ETL/同步工具)。

Sqoop 是 SQL-to-Hadoop 的缩写,主要用于在传统数据库和 Hadoop 之间传输数据,可以将一个关系型数据库(如 MySQL、Oracle、Postgres 等)中的数据导入 Hadoop 的 HDFS 中,也可以将 HDFS 的数据导入关系型数据库中。Sqoop 利用数据库技术描述数据架构,并充分利用了 MapReduce 的并行化和容错性。

⑮ Ambari(安装、部署、配置和管理工具)。

Apache Ambari 是一个支持 Apache Hadoop 集群的安装、部署、配置和管理的 Web 工具。Ambari 目前已支持大多数 Hadoop 组件,包括 HDFS、MapReduce、Hive、Pig、HBase、ZooKeeper、Sqoop 等。

(2)大数据应用

近年来,随着大数据技术的逐渐成熟,大量成功的大数据应用不断涌现。包含工业、金融、餐饮、电信、能源、生物和娱乐等在内的社会各行各业都已经显现了融入了大数据的痕迹。

- 互联网：借助大数据技术，可以分析客户行为，进行商品推荐和针对性广告投放。
- 制造业：利用工业大数据提升制造业水平，包括产品故障诊断与预测、生产工艺改进、生产过程能耗优化、工业供应链分析、生产计划与排程等。
- 金融：大数据在高频交易、社交情绪分析和信贷风险分析三大金融创新领域发挥了重大作用。
- 生物医学：大数据可以实现流行病预测、智慧医疗、健康管理，同时还可以解读DNA，了解更多生命的奥秘。
- 智慧城市：利用大数据可以实现智能交通、环保监测、城市规划和智能安防等。
- 能源：随着智能电网的发展，电力公司可以掌握海量的用户用电信息，利用大数据技术分析用户用电模式，改进电网运行，合理设计电力需求响应系统，确保电网运行安全。

尽管大数据已经在很多行业领域的应用中崭露头角，但就其效果和深度而言，当前大数据应用尚处于初级阶段，根据大数据预测未来、指导实践的深层次应用将成为未来的发展重点。按照数据开发应用深入程度的不同，可将众多的大数据应用分为三个层次，即描述性分析应用、预测性分析应用和指导性分析应用，具体内容见表1.8。

表 1.8　大数据应用的三个层次

三个层次	内容
描述性分析应用	指从大数据中总结、抽取相关的信息和知识，帮助人们分析发生了什么，并呈现事物的发展历程
预测性分析应用	指从大数据中分析事物之间的关系、发展模式等，并据此对事物发展的趋势进行预测
指导性分析应用	指在前两个层次的基础上，分析不同决策将导致的后果，并对决策进行指导和优化

当前，在大数据应用的实践中，描述性、预测性分析应用居多，指导性的深层次分析应用偏少。应用层次越深，计算机承担的任务越多、越复杂，效率提升也越大，价值也越大。然而，随着研究应用的不断深入，人们逐渐意识到前期在大数据分析应用中大放异彩的深度神经网络尚存在基础理论不完善、模型不具可解释性、鲁棒性较差等问题。因此，虽然当前应用层次最深的指导性分析应用已在人机博弈等非关键性领域取得较好的应用效果，但是它在自动驾驶、政府决策、军事指挥、医疗健康等领域的应用价值更高，且在与人类生命、财产、发展和安全紧密关联的领域，要真正获得有效应用，仍面临一系列待解决的重大基础理论和核心技术挑战。未来，随着应用领域的拓展、技术的提升、数据共享开放机制的完善，以及产业生态的成熟，具有更大潜在价值的预测性和指导性分析应用将是发展的重点。

（3）大数据安全

随着大数据作为战略资源的地位日益凸显，人们越来越强烈地意识到制约大数据发展最大的短板之一就是，数据治理体系远未形成，如数据资产地位的确立尚未达成共识，数据的确权、流通和管控面临多重挑战；数据壁垒广泛存在，阻碍了数据的共享和开放；法律法规发展滞后，导致大数据应用存在安全与隐私风险；等等。

如此种种因素，制约了数据资源中所蕴含价值的挖掘与转化，其中，隐私、安全与共享利用之间的矛盾问题尤为凸显。

一方面，数据共享开放的需求十分迫切。近年来人工智能应用取得的重要进展，主要源于对海量、高质量数据资源的分析和挖掘，从而获得从不同角度观察、认知事物的全方位视图。而对于单一组织机构而言，靠自身的积累难以聚集足够的高质量数据，单个系统、组织的数据往往仅包含事物某个片面、局部的信息，因此，只有通过共享开放和数据跨域流通才能建立信息完整的数据集。

另一方面，数据的无序流通与共享，又可能导致隐私保护和数据安全方面的重大风险，必须对其加以规范和限制。我国在个人信息保护方面也开展了较长时间的工作，针对互联网环境下的个人信息保护，制定了《全国人民代表大会常务委员会关于加强网络信息保护的决定》《电信和互联网用户个人信息保护规定》《全国人民代表大会常务委员会关于维护互联网安全的决定》和《消费者权益保护法》等相关法律文件。特别是 2016 年 11 月 7 日，全国人大常委会通过的《中华人民共和国网络安全法》中明确了对个人信息收集、使用及保护的要求，并规定了个人对其个人信息进行更正或删除的权利。2019 年，国家互联网信息办公室发布了《数据安全管理办法（征求意见稿）》，向社会公开征求意见，明确了个人信息和重要数据的收集、处理、使用和安全监督管理的相关标准和规范。

同时，这些法律法规也将在客观上不可避免地增加数据流通的成本、降低数据综合利用的效率。如何兼顾发展和安全、平衡效率和风险，在保障安全的前提下，不因噎废食，不对大数据价值的挖掘利用造成过分的负面影响，是当前全世界在数据安全中面临的共同课题。

2. 大数据发展趋势

未来五年，大数据市场依旧会保持稳定增长，一方面是政策的支持，另一方面得益于人工智能、5G、区块链、边缘计算的发展。随着融合深度的增强和市场潜力不断被挖掘，融合发展给大数据企业带来的益处和价值正在日益显现。大数据的主要市场机会集中在各实体企业对海量数据的处理、挖掘应用上，而这些应用必然带动"数据存储设备和提供解决方案""大数据的分析、挖掘和加工类企业"等环节的爆发性发展。中国经过几年的探索和尝试，基础设施建设已经初步形成，数据的重要性和价值也逐渐获得共识，数据治理、数据即服务、数据安全将受到广泛关注。因此，未来五年大数据软件和服务的支出占比将进一步扩大，而相关硬件市场将保持平稳增长。

（1）技术发展趋势

① 数据分析领域快速发展。

数据分析在数据处理过程中占据十分重要的位置，未来预计会成为大数据技术的核心。大数据蕴藏价值，但是大数据的价值需要用 IT 技术去发现、去探索，单纯的数据积累并不能够代表其价值的大小。随着产业应用层级的快速发展，如何发现大数据中的价值已经成为市场及企业用户密切关注的方向，因此大数据分析领域也将获得快速的发展。数据分析得到的结果将应用于大数据相关的各个领域。未来大数据技术的进一步发展，与数据分析技术是密切相关的。

② 广泛采用实时性的数据处理方式。

近年来，人们获取信息的速度越来越快，为了更好地满足人们的需求，大数据系统的处理方式也需要不断地与时俱进。大数据强调数据的实时性，因而对数据的处理也要体现出实时性，如在线个性化推荐、股票交易、实时路况分析等数据处理的时间要求在分钟甚至秒级。未来实时性的数据处理方式将会成为主流，这将给大数据技术的发展带来新的挑战。

③ 与云计算的关系愈加密切。

云计算是 IT 资源的虚拟化，大数据则是海量数据的高效处理。云计算为大数据提供弹性可扩展的基础设施支撑环境以及数据服务的高效模式，大数据则为云计算提供新的商业价值，大数据技术与云计算技术有着密切的联系。例如，亚马逊利用云的数据 BI 托管服务，谷歌 BigQuery 的数据分析服务，IBM 的 Bluemix 云平台，等等，这些都是基于云的大数据分析平台。未来，随着云计算技术的不断发展和完善、平台的日趋成熟，大数据技术也会相应得到快速提升。

④ 开源大数据商业化进一步深化。

随着闭源软件在数据分析领域的地盘不断缩小，老牌 IT 厂商正在改变商业模式，向开源靠拢，并加大专业服务和系统集成方面的力度，帮助客户向开源的、面向云的分析产品迁移。Hadoop 技术的加速发展，是开源大数据商业化的例证。

⑤ 大数据一体机将陆续发布。

在未来几年里，数据仓库一体机、NoSQL 一体机及其他一些融合多种技术的一体化设备将进一步快速发展。未来，中国的华为、浪潮等公司在大数据一体机上预计将有更大的作为。

（2）产业发展趋势

现阶段大数据已经形成产业规模，并且上升到国家战略层面，大数据技术和应用正呈现纵深发展趋势。面向大数据的云计算技术、大数据计算框架等不断推出，新型大数据挖掘方法和算法大量出现，大数据新模式、新业态层出不穷，传统行业开始利用大数据实现转型升级。展望未来，大数据产业将有如下几个发展趋势。

① 大数据和实体经济深度融合。

近年来，大数据与实体经济融合发展的步伐不断加快，以大数据为代表的信息技术在企业、行业和区域等各个层面深层次渗透，并产生了较为深远的影响。例如，大数据与工业的深度融合推动产业质量效益持续提升，并引领工业向智能化生产、网络化协同、个性化定制、服务化延伸融合升级；大数据与农业的深度融合推动农业生产管理水平持续优化，支撑农业产业经济效益不断提高，引领农业持续向生产管理精准化、质量追溯全程化、市场销售网络化融合升级；大数据与服务业的深度融合推动新业态新模式涌现，促进服务业转型升级，引领服务业持续向平台型、智慧型、共享型融合升级。

未来，大数据产业发展层次将从企业级创新应用向行业级创新应用深化，数据价值和数据效能将加速释放，助推生产方式创新、生产效率提升和商业模式产业化，支撑实体经济加速转型升级。

② 大数据与区块链融合发展。

在公共管理领域，实现跨部门的数据资源共享能大幅减少信息检索与处理时间。区块链技术凭借不可篡改、可追溯等特性，对数据流通和共享等关键环节的意义重大。在国家关于区块链的重要指示中指出，区块链技术可以进一步推动政府数据的开放和共享，区块链是当前大数据对于数据的采集、管理、加工和分析的有效补充。在生产和服务领域，"区块链+大数据"能够促进跨行业、企业间的数据共享，前所未有地让人、设备、商业、企业与社会各方更高效地协同起来，通过降低各方的信任成本，大幅提高商业和社会运转的效率以及价值的流通。

③ 大数据在政府治理领域将得到广泛应用。

由天府大数据国际战略与技术研究院等单位联合发布的《2018 全球大数据发展分析报告》指出，政府在履行社会管理和社会服务的过程中掌握了 70%的高价值数据，但大量沉淀的政务数据资源未被分析加工，无法给监管服务带来"数据红利"，未来政府大数据将从"数据资产管理"走向"大监管大服务"。在数据治理方面，政府的基础数据库、主题数据库、数据中台、大数据平台和数字资产管理，以及与此相关的电子政务内外网、政务云建设将持续推进。在监管应用方面，与社会治理相关的城市数字平台（城市大脑）、数字信用体系、应急管理系统建设是热点，可以通过大数据全方位提升政府的社会治理能力和市场监管水平。

习　　题

1. 阐述信息技术发展史上的三次信息化浪潮及其具体内容。
2. 什么是大数据？大数据的"4V"特征指的是什么？
3. 什么是结构化、非结构化、半结构化数据？
4. 解释以下术语：云计算、人工智能、物联网。
5. 大数据和云计算之间有何联系？
6. 怎么理解大数据和云计算、人工智能、物联网之间的联系？

第 2 章　大数据采集

近年来，随着网络和信息技术的不断发展，人类产生的数据量正在呈指数级增长。有效地收集、整合和清理这些海量数据是对其进一步分析利用的基础。本章将介绍大数据采集的概念和几种常用的数据采集工具，包括海量日志采集系统 Flume 和分布式发布订阅消息系统 Kafka。

2.1　大数据采集概述

2.1.1　大数据的来源

在大数据时代，数据的来源众多，科学研究、企业应用、互联网网站、监控摄像头和传感器等都在源源不断地产生新数据。例如，在一个典型的制造型企业中，大量传感器不断地采集现场生产过程数据；安装在城市道路卡口的摄像头随时记录着车辆通行的视频等。

这些分散在各处的异构数据，就需要用相应的大数据采集技术对其进行收集和整合。大数据采集技术是指对数据进行提取（extract）、转换（transform）、加载（load）操作（即 ETL 操作），将不同来源的数据整合成一个新的数据集，为后续的查询和分析处理提供统一的数据视图。

2.1.2　大数据的采集

在大数据的生命周期中，数据采集处于第一个环节。传统的数据采集过程中，数据的来源单一，且可以存储、管理和分析的数据量也相对较小，大多采用关系型数据库和并行数据仓库即可处理。然而，随着数据量的爆炸式增长，传统的数据采集方法逐渐无法满足人们的需求。大数据环境下的数据来源非常丰富，且数据类型多样，存储和分析挖掘的数据量变得庞大，对数据展现的要求也较高，并且很看重数据处理的高效性和可用性。

目前主要存在以下三种大数据采集技术。

1. 系统日志采集

系统日志采集主要用于收集公司业务平台、Web 应用程序等产生的大量日志数据，并提供给离线和在线的大数据分析系统使用。系统日志采集工具均采用分布式架构，能够满足每秒数百 MB 的日志数据采集和传输需求。高可用性、高可靠性、可扩展性是系统日志采集工具所具有的基本特征。目前使用最广泛的、用于系统日志采集的海量数据采集工具有 Apache Chukwa、Apache Flume、脸书的 Scribe 和 LinkedIn 的 Kafka 等。

2. 网络数据采集

网络数据采集是指通过网络爬虫或网站公开 API 等方式从网站上获取数据信息的过

程。网络爬虫会从一个或若干初始网页的 URL 开始，获得各个网页上的内容，可以将非结构化数据、半结构化数据从网页中提取出来，并以结构化数据的形式存储在本地存储系统中。网络爬虫按照系统结构和实现技术，大致可以分为以下几种类型：通用网络爬虫（General Purpose Web Crawler）、聚焦网络爬虫（Focused Web Crawler）、增量式网络爬虫（Incremental Web Crawler）、深层网络爬虫（Deep Web Crawler）。实际的网络爬虫系统通常是几种爬虫技术相结合实现的。

3. 感知设备数据采集

感知设备数据采集是指通过传感器、摄像头和其他智能终端自动采集信号、图片或视频来获取数据。大数据智能感知系统需要实现对结构化、半结构化、非结构化的海量数据的智能化识别、定位、跟踪、接入、传输、信号转换、监控、初步处理和管理等，其关键技术包括针对大数据源的智能识别、感知、适配、传输、接入等。

2.2　海量日志采集系统 Flume

2.2.1　Flume 简介

Flume 是一个分布式、高可靠和高可用的海量日志采集、聚合和传输系统。Flume 支持在日志系统中定制各类数据发送方，用于从不同的数据源收集数据。它的数据源可以是本地文件、实时日志、REST 消息等；同时，Flume 提供对数据进行简单处理并写到各种数据接收方（例如 HDFS、HBase 等）的功能。

Flume 最早由 Cloudera 公司基于 Java 语言开发，于 2009 年成为 Apache 软件基金会下的一个孵化项目。Flume 的初始发行版本（即 Flume 0.9x）目前被统称为 Flume OG（Original Generation，第一代），但随着 Flume 功能的扩展，Flume OG 代码工程臃肿、核心组件设计不合理、核心配置不标准等缺点逐渐暴露，尤其是在 Flume OG 的最后一个发行版本 0.94.0 中，日志传输不稳定的现象尤为严重。为了解决这些问题，Cloudera 对 Flume 进行了里程碑式的改进：重构核心组件、核心配置以及代码架构，重构后的版本（Flume 1.x）统称为 Flume NG（Next Generation，下一代）。Flume 的最新版本可从 http://flume.apache.org/download.html 下载。

为什么需要 Flume 呢？一般来说，在 Hadoop 集群上会有成千上万台产生数据的服务器，当这样庞大数量的服务器尝试将数据写入 HDFS 或者 HBase 集群时，必定会使数据接收方的服务器承受巨大的压力。因此，从 HDFS 或 HBase 等数据接收方隔离生产应用程序，使生产应用程序产生的海量数据以一种可控的、良好组织的方式推送到目的地是十分重要的，这就是 Flume 诞生的原因。

2.2.2　Flume 的组成

Flume 运行的最小独立单位是 Agent（代理）。Flume 通过 Agent 获取应用服务器产生的数据，再将数据写入 HDFS 或者 HBase 等数据接收方。每个 Agent 含有三个核心组件：Source、Channel 和 Sink。Source 负责从数据源获取事件到 Agent，并将其写入一个或多个 Channel 中。Channel 是一个用于存储已接收到的数据的缓冲区。Sink 负责从 Channel 中读取数据并将它们转发到下一个 Agent 或最终存储目的地。每个 Agent 可以有多个 Source、Channel 和 Sink。图 2.1 描述了 Flume 的整体架构。

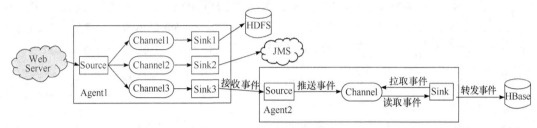

图 2.1　Flume 的整体架构

在介绍 Agent 的核心组件之前，先介绍事件（Event）的概念。事件是 Flume 传输数据的基本单位。事件由报头（header）和主体（body）组成。报头的数据结构是一个键值对（map），以 key/value 的形式保存该事件的属性信息和路由信息。报头中不包含事件的内容，只是为了进行路由转发和标记事件的优先级。事件的主体是一个字节数组，其中包含了真正被传输的数据。下面的代码展示了所有 Event 接口。

```
package org.apache.flume
public interface Event {
    public Map<String, String> getHeaders();
    public void setHeaders(Map<String, String> headers);
    public byte[] getBody();
    public void setBody(byte[] body);
}
```

从代码中可以看出，若 Event 的接口不同，则实现类的数据内部表示可能不同，只要其对外接口是指定格式的 header 和 body 即可。通常，应用程序使用 Flume 的 EventBulider 类来创建 Event。EventBulider 类提供了四个常用方法来创建 Event，如下所示：

```
public class EventBuilder {
    public static Event withBody(byte[] body, Map<String, String> headers);
    public static Event withBody(byte[] body);
    public static Event withBody(String body, Charset charset, Map<String,
String> headers);
    public static Event withBody(String body, Charset charset);
}
```

第一个方法将 body 看作字节数组，header 看作 Map 集合。第二个方法将 body 看作字节数组，但是不设置 header。第三个和第四个方法可以用来创建 Java String 实例的 Event，使用提供的字符集转换为编码的字节数组，用作 Event 的 body。

了解了事件的相关概念后，下面详细介绍 Flume Agent 的核心组件：Source、Channel 和 Sink。

1. Source

Source 是数据的收集端，负责捕获数据并对其进行特殊的格式化后将数据封装到事件中，再将事件批量放到一个或多个 Channel 中。Source 可以从外部数据源接收数据，也可以接收其他 Agent 的 Sink 转发的数据。外部数据源能够以多种方式将流式数据发送给 Flume。常用的方式包括：远程过程调用（Remote Procedure Call，RPC）、TCP 或 UDP 协议、Exec 执行命令。

Flume 根据数据源的特性将 Source 分为事件驱动型和轮询拉取型两大类。事件驱动型 Source 的工作模式是数据源主动发送数据给 Flume，并驱动 Flume 接收数据，如 Exec Source、Avro Source、Thrift Source 和 HTTP Source。轮询拉取型 Source 的工作模式是 Flume 主动周期性地从数据源获取数据，如 Syslog Source、Spooling Directory Source、JMS Source 和 Kafka Source。此外，用户还可以对 Source 进行自定义开发。Source 的主要类型见表 2.1。

表 2.1　Source 的主要类型

Source 类型	说明
Exec Source	执行某个命令或者脚本，并将执行结果的输出作为数据源
Avro Source	提供基于 Avro 协议的 Server，将其绑定到某个端口上，等待 Avro 协议客户端发送过来的数据
Thrift Source	提供基于 Thrift 协议的 Server，将其绑定到某个端口上，等待 Thrift 协议客户端发送过来的数据
HTTP Source	支持基于 HTTP 的 POST 或 GET 方式获取的数据，支持 JSON、BLOB 等数据格式
Syslog Source	采集系统 Syslog 数据，支持 UDP 和 TCP 两种协议
Spooling Directory Source	监控指定目录内的数据变更
JMS Source	从 JMS 系统（消息、主题）中读取数据
Kafka Source	从 Kafka 中获取数据
Netcat TCP Source	监控流经某个端口的数据，将每一个文本行数据作为输入

2. Channel

Channel 是位于 Source 和 Sink 之间的缓冲区，其作用类似于队列，用于临时缓存 Agent 中的事件，且允许 Source 和 Sink 运行在不同的读写速率上。多个 Source 可以安全地写入同一 Channel 中，多个 Sink 也可以从同一个 Channel 中读取数据。但是，一个 Sink 只能从一个 Channel 中读取数据，而不能从多个 Channel 中读取数据。如果多个 Sink 从相同的 Channel 中读取数据，系统可以保证只有一个 Sink 会从 Channel 中读取一个特定的事件。

Flume 中提供的 Channel 主要有两种：Memory Channel 和 File Channel。

（1）Memory Channel

Memory Channel 是内存中的 Channel，其中的事件被保存在堆上。Channel 的容量受到组成内存空间的 RAM 大小的限制。Memory Channel 支持高吞吐量，但不提供可靠性保证，因为它在内存中保存所有的数据，当机器宕机或重启时可能会丢失数据。

（2）File Channel

File Channel 是 Flume 的持久型 Channel。由于 File Channel 将所有的事件写入磁盘，所以在程序关闭或机器宕机的情况下也不会丢失数据，同时它的容量要比 Memory Channel 大得多，但吞吐量低于 Memory Channel。另外，File Channel 通过把多个磁盘挂载到不同的挂载点，并允许用户配置多个磁盘使用，而 Channel 以循环的方式向不同磁盘中写数据。

3. Sink

Sink 负责从 Channel 中读取事件并传输到下一个 Agent 或者最终的数据接收方。每个 Sink 只能从一个 Channel 中读取事件。

用户可以使用不同类型的 Sink 将数据传输到不同的目标存储（如 HDFS、HBase、Kafka、Solr 和本地文件系统等），或者传输到下一级 Agent。Sink 的主要类型见表 2.2。

表 2.2　Sink 的主要类型

Sink 类型	说明
HDFS Sink	将数据写入 HDFS
Logger Sink	将数据写入日志文件
Avro Sink	数据被转换成 Avro Event，并发送给下一跳的 Flume Agent
Thrift Sink	数据被转换成 Thrift Event，并发送给下一跳的 Flume Agent
File Roll Sink	将数据保存在本地文件系统中
HBase Sink	将数据写入 HBase 数据库
Kafka Sink	将数据写入 Kafka
MorphlineSolr Sink	将数据发送到 Solr 搜索服务器（集群）

2.2.3　Flume 的工作流程

Flume 的基本工作流程：通过 Source 从不同数据源获取数据，并将数据封装为事件写入相应的 Channel 中；然后 Sink 从 Channel 中读取事件，并将数据传输至数据接收方。为了提高效率，Flume 以事务为单位来处理事件。每个 Flume 事务中包含一个或多个事件，当事务中的所有事件都读/写成功后，事务才可以被提交；否则回滚该事务。Flume 事务的工作流如图 2.2 所示。

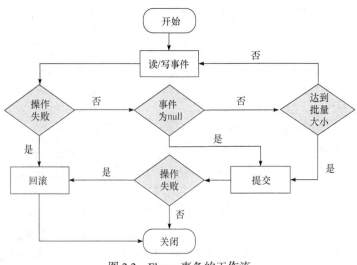

图 2.2　Flume 事务的工作流

Flume 的事务机制保证了数据传输的可靠性。当 Source 将事件写入 Channel 中或 Sink 读取来自 Channel 的事件时，都会利用 Channel 启动一个事务。下面具体介绍 Source 的写入过程和 Sink 的读取过程。

1. Source 的写入过程

每个 Source 都有一个 Channel 处理器。当 Source 需要写事件到 Channel 时，事务由 Channel 处理器来处理，所以 Source 无须自己处理事务。Channel 处理器在接收到 Source 的写事件后，将这些事件传到一个或多个由 Source 配置的拦截器（Interceptor）中。拦截器基于某些标准，如正则表达式，来对事件的内容进行过滤、为事件添加新报头、移出现有报头或修改/删除事件等。一旦拦截器处理完事件，就会把事件返回给 Channel 处理器。Channel 处理器将事件传递给 Channel 选择器。Channel 选择器为每个事件选择合适的 Channel，并把需要写入的 Channel 列表返回给 Channel 处理器。最后，Channel 处理器启动一个写事务，将这些事件批量写入对应的 Channel。Source 的写入过程如图 2.3 所示。

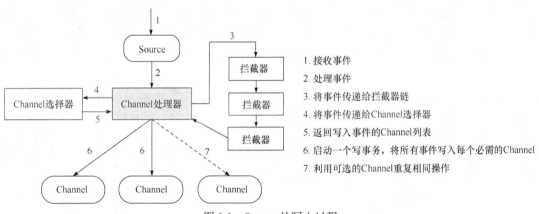

图 2.3　Source 的写入过程

Flume 内置两种 Channel 选择器，分别是复制（Replicating）Channel 选择器和多路复用（Multiplexing）Channel 选择器。复制是指 Source 将事件复制多份，分别传递到多个 Channel 中，每个 Channel 接收到的事件都是相同的。多路复用是指 Source 根据一些映射关系，将不同种类的事件发送到不同的 Channel 中去。多路复用 Channel 选择器是一种专门用于动态路由事件的 Channel 选择器，它基于一个特定的事件头进行路由，选择事件应该写入的 Channel。

当批量事件被成功写入 Channel 后，Channel 处理器才可以提交事务。若出错或超时，Channel 处理器将回滚该事务。

2. Sink 的读取过程

一个或多个 Sink 可以组成一个 Sink 组（Sink Group）。Flume 配置框架为每个 Sink 组实例化一个 Sink 运行器（Sink Runner），来运行 Sink 组。每个 Sink 组有一个 Sink 处理器（Sink Processor），负责从 Sink 组中选择一个 Sink 去处理事件。Sink 运行器负责运行 Sink，而 Sink 处理器决定了哪个 Sink 应该从 Channel 中拉取事件。图 2.4 说明了 Sink 组的工作原理。

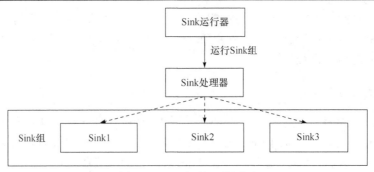

图 2.4　Sink 组的工作原理

Flume 自带两类 Sink 处理器：Load-Balancing Sink 处理器和 Failover Sink 处理器。下面分别说明它们各自的选择策略。

① Load-Balancing Sink 处理器从 Sink 组的所有 Sink 中选择一个 Sink 处理来自 Channel 的事件。如果 Sink 写入一个失败的 Agent 或者速度太慢的 Agent，会导致超时，Sink 处理器就会选择另一个 Sink 写数据。Load-Balancing Sink 处理器的选择策略可以是随机选择或者轮询。随机选择策略将随机从 Sink 组中选择一个 Sink；轮询策略使 Sink 以循环的方式被选择。Load-Balancing Sink 处理器保证在任何时刻每个 Agent 只有一个 Sink 在写数据。

② Failover Sink 处理器从 Sink 组中根据优先级顺序选择 Sink。Failover Sink 处理器为所有 Sink 配置一个优先级并保存在一个 Map 中，另外还用一个队列保存失败的 Sink。Failover Sink 处理器每次从 Map 中选择优先级最高的 Sink 来写数据，并每隔一段时间对失败队列中的 Sink 进行检测，若有 Sink 恢复正常，则将其插入 Map 中。但是，即使已经失败的最高优先级的 Sink 重新上线，Failover Sink 处理器也不会选择使用该 Sink，除非目前活跃的 Sink 遇到错误或失败。

Sink 组在读取事件时会启动一个事务，当 Channel 中的批量事件被成功读取并写入存储系统或下一个 Agent 后，该事务才可以被提交，此时 Channel 中的事件也会被标记为删除，且不能被其他 Sink 再次使用；若出错或失败，则回滚该事务至 Channel。

2.2.4　Flume 的数据流模型

如 2.2.2 节所述，每个 Flume Agent 中可以有多个 Source、Channel 和 Sink，但是在单个 Agent 中，这些组件的数量必须谨慎配置，防止硬件崩溃。在 Flume 中，数据流是指一个或多个 Agent 用来将数据推送到另一个 Agent，并最终推送到存储或索引系统的过程。Flume 的主要数据流模型有以下四种。

1. 单 Agent 数据流模型

在单个 Agent 内由单个 Source、Channel 和 Sink 建立一个单一的数据流模型，如图 2.5 所示。Source 从网络服务器中收集事件并写入 Channel，Sink 从 Channel 中读取事件并将事件最终写入 HDFS 文件系统中。

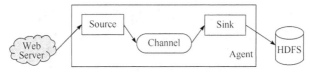

图 2.5　单 Agent 数据流模型

2. 多 Agent 串行传输数据流模型

多个 Agent 可以串联在一起,形成一个串行传输数据流。如图 2.6 所示,通过 Avro RPC 将数据从 Agent foo 传输到 Agent bar,再传输到最终数据接收方。一般情况下,应该控制这种串行连接的 Agent 的数量,因为 Agent 数量越多,数据流经过的路径越长,如果其中一个点出现故障,将会影响整个路径上的 Agent 数据采集服务。

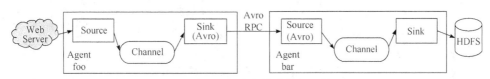

图 2.6　多 Agent 串行传输数据流模型

3. 多 Agent 汇聚数据流模型

在流式日志收集系统中,一个常见的场景是网络中不同的客户端生成大量日志数据,并将这些数据发送到少数几个连接到存储子系统的聚集节点上,由这些节点对日志进行聚集合并后,将日志写入不同的存储目的地。如图 2.7 所示,将来自不同服务器的 Agent1、Agent2、Agent3 收集到的数据汇聚到一个中心节点 Agent4 上,再由 Agent4 统计并将数据写入 HDFS 中。通常这种情况下,我们称 Agent1、Agent2、Agent3 为 flume_agent,称 Agent4 为 flume_collector,即聚集节点。

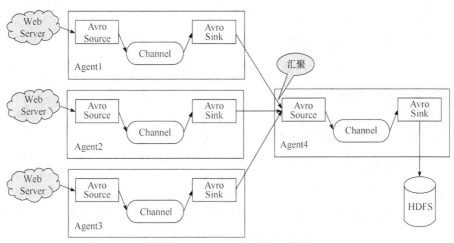

图 2.7　多 Agent 汇聚数据流模型

4. 单 Agent 多路传输数据流模型

通过 Flume 内置的多路复用功能,Flume 可将事件流复用到一个或多个目的地。一个 Agent 中可以由一个 Source 、多个 Channel 和多个 Sink 组成多路数据流,其多路传输数据流模型如图 2.8 所示。一个 Source 接收外部数据源的事件，并将事件发送到三路 Channel 中去，然后不同的 Sink 拉取不同 Channel 内的事件，再对事件进行不同的处理。

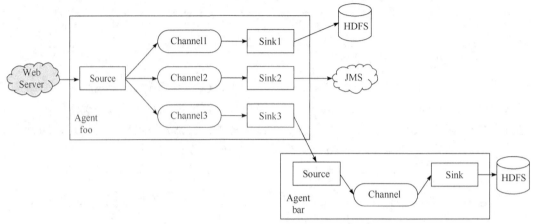

图 2.8　单 Agent 多路传输数据流模型

2.2.5　Flume 实战

1. Flume 的安装

（1）下载并解压 Flume

Flume 的下载地址：http://flume.apache.org/download.html。以下以 apache-flume-1.9.0-bin.tar.gz 为例介绍 Flume 的安装和配置。

在下载文件夹中按【Ctrl+Alt+T】组合快捷键打开终端（或者在文件夹中单击右键打开终端），在终端中输入以下命令，即可将 Flume 安装到/usr/local/目录下。

```
$ sudo tar -zxf apache-flume-1.9.0-bin.tar.gz -C /usr/local
```

进入安装目录，将解压的文件 apache-flume-1.9.0-bin 重命名为 flume，以方便使用，命令如下：

```
$ cd /usr/local/
$ sudo mv ./apache-flume-1.9.0-bin/ ./flume
```

接着将 flume 目录权限赋予 hadoop 用户，命令如下：

```
$ sudo chown -R hadoop ./flume
```

（2）配置环境变量

进入/usr/local/flume/conf 目录下，复制 flume-env.sh.template 文件并将其重命名为 flume-env.sh，打开和修改 flume-env.sh 配置文件，命令如下：

```
$ cd /usr/local/flume/conf
$ sudo cp flume-env.sh.template flume-env.sh
$ sudo vim flume-env.sh
```

在打开的 flume-env.sh 文件中找到如下内容，并将其修改为当前系统的 Java 根目录地址，如图 2.9 所示。

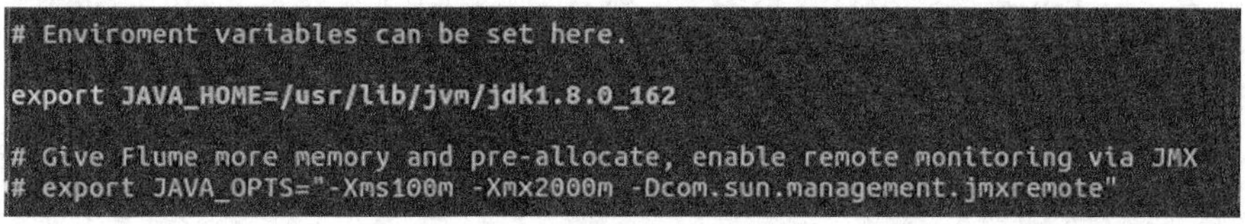

图 2.9 修改 Java 根目录

Flume 的配置文件修改完成后，使用 vim 修改系统环境变量，命令如下：

```
$ vim ~/.bashrc
```

在打开的.bashrc 文件中加入如下内容：

```
export FLUME_HOME = /usr/local/flume
export PATH = $PATH:$FLUME_HOME/bin
```

保存.bashrc 文件并退出 vim 编辑器。继续执行如下命令让.bashrc 文件的配置立即生效。

```
$ source ~/.bashrc
```

（3）验证 Flume 是否安装成功

可通过如下命令查看 Flume 的版本信息，验证 Flume 是否安装成功。

```
$ cd /usr/local/flume
$ ./bin/flume-ng version
```

若显示如图 2.10 所示信息，则说明 Flume 安装成功。

图 2.10 查看 Flume 的版本信息

2. Flume 的配置

Flume 的用法十分简单，主要工作就是编写一个配置文件，并在其中描述 Flume Agent 中 Source、Channel 和 Sink 的具体实现，然后运行该 Agent 实例。配置文件一般存放在 Flume 安装目录下的 conf 目录中。

Flume 配置使用属性文件格式，即用换行符分隔的键值对来表示某个参数的配置值，命令如下：

```
key1 = value1
key2 = value2
```

下面介绍 Flume Agent 的配置过程。

（1）配置活跃列表

首先，配置文件需要列出 Agent 中所涉及的组件，即 Agent 的活跃列表。Agent 中有一些组件可以有若干实例，如 Source、Channel 和 Sink 等。为了能够识别这些组件的每一个实例的配置，需要对每一个组件进行命名。配置文件使用下面的格式列出 Source、Sink、Sink 组和 Channel 的名称。

```
agent1.sources = source1 source2
agent1.sinks = sink1 sink2 sink3 sink4
agent1.sinkgroups = sg1 sg2
agent1.channels = channel1 channel2
```

上面的配置片段表示名为 agent1 的 Flume Agent 带有两个 Source、四个 Sink、两个 Sink 组和两个 Channel。如果某些部件虽然罗列出了配置参数，但不在活跃列表中，则这些部件不会被创建、配置或启动。其他组件，如拦截器和 Channel 选择器等，则不需要存在于活跃列表中，当与其有关的组件（如 Source、Sink 等）是活跃的，它们就会被自动创建并激活。

（2）配置组件的具体内容

在列出活跃列表之后，需要配置每一个组件的具体内容，如组件的类型、容量、地址等。组件的配置使用下面的格式表示：

```
<agent-name>.<component-type>.<component-name>.<configuration-parameter> = <value>
```

其中，<agent-name>就是活跃列表中配置的 Agent 的名称；<component-type>是组件的类型，Source 的<component-type>是 sources，Channel 的是 channels，Sink 的是 sinks，Sink 组的是 sinkgroups；<component-name>是活跃列表中的组件名称；<configuration-parameter>是组件的参数名称。

对于 Source、Channel、Sink 和拦截器，配置文件中必须使用 type 参数实例化组件。指定 type 参数的示例如下：

```
agent1.sources.source1.type = avro
agent1.channels.channel1.type = memory
agent1.sinks.sink1.type = hdfs
```

该示例表示实例化了 agent1 的一个名为 source1 的 Avro Source、一个名为 channel1 的 Memory Channel 和一个名为 sink1 的 HDFS Sink。

除了 type 参数，每个组件中还有其他一些常用的参数，下面将一一介绍 Source、Channel 和 Sink 的常用参数。

① Source 的配置参数见表 2.3。

表 2.3　Source 的配置参数

参数	说明
type	必填项，说明 Source 的类型。常用的 Source 类型见表 2.1
channels	必填项，指定 Source 写入事件的 Channel。若写入多个 Channel 则用空格分隔
interceptors	代表一连串拦截器的名单
selector	代表 Channel 选择器

② Channel 的配置参数。

Memory Channel 的配置参数见表 2.4。

表 2.4　Memory Channel 的配置参数

参数	说明
type	必填项，说明 Channel 的类型。Memory Channel 的 type 为 memory
capacity	Channel 可以保存事件的最大数量
transactionCapacity	可以在单个事务中放入或取走事件的最大数量
byteCapacity	Channel 允许使用的最大堆空间（以字节为单位）
keep-alive	每次等待放入或取走事件完成的最大时间周期（以秒为单位）

File Memory 的配置参数见表 2.5。

表 2.5　File Memory 的配置参数

参数	说明
type	必填项，说明 Channel 的类型。File Channel 的 type 为 file
capacity	Channel 可以保存事件的最大数量
transactionCapacity	可以在单个事务中放入或取走事件的最大数量
checkpointDir	Channel 写出到检查点的目录
dataDirs	File Channel 保存事件的磁盘目录
useDualCheckpoints	是否支持检查点，值只能为 true 或 false。若值为 true，则必须设置 backupCheckpointDir 参数
backupCheckpointDir	支持检查点的目录。如果主检查点是损坏或不完整的，Channel 可以从备份中恢复数据。此参数必须指向不同于 checkpointDir 的目录
checkpointInterval	连续检查点之间的时间间隔（以秒为单位）
maxFileSize	每个数据文件的最大容量（以字节为单位）
keep-alive	每次等待放入或取走事件完成的最大时间周期（以秒为单位）

③ Sink 的配置参数见表 2.6。

表 2.6　Sink 的配置参数

参数	说明
type	必填项，说明 Sink 的类型。常用的 Sink 类型见表 2.2
channels	必填项，指定 Sink 读取事件的 Channel

Sink 的其余配置参数与 Sink 的类型有关，此处不再一一列举，相关的参数介绍请参照本节最后的 Flume Agent 配置示例。

（3）通过 Channel 将 Source 和 Sink 连接起来

实例化并配置好 Source、Channel 和 Sink 的相关参数之后，还需要将 Source 和 Sink 绑定到指定的 Channel 上。

　　假设已经实例化了一个名为 source1 的 Source、一个名为 sink1 的 Sink 和两个 Channel（名为 channel1 和 channel2），将 source1 和 sink1 绑定到 channel1，同时将 source1 绑定到 channel2 的具体格式如下：

```
# 一个 Source 可以绑定多个 Channel
agent1.sources.source1.channels = channel1
agent1.sources.source1.channels = channel2
# 一个 Sink 只能绑定一个 Channel
agent1.sinks.sink1.channel = channel1
```

　　以上三步就是 Flume Agent 的配置步骤。下面的例子展示了具有多个组件的 Flume Agent 的配置，其中一些组件拥有子组件。在该名为 agent 的 Agent 中，有一个 Source、两个 Channel 和两个 Sink。Source 是一个 HTTP Source，命名为 httpSrc。该 Source 写入两个内存 Channel（memory1 和 memory2）。数据通过 hdfsSink 和 hbaseSink 最终写入 HDFS 和 HBase。配置文件还创建了一个拦截器，用于 HTTP Source 转发所有接收到的事件。图 2.11 描述了该 Flume Agent 实例的架构。

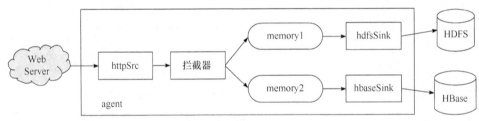

图 2.11　Flume Agent 实例的架构

```
# 配置活跃列表
agent.sources = httpSrc
agent.channels = memory1 memory2
agent.sinks = hdfsSink hbaseSink
# 实例化 Source
agent.sources.httpSrc.type = http
# 配置绑定的 IP 地址/主机名以及端口号
agent.sources.httpSrc.bind = 0.0.0.0
agent.sources.httpSrc.port = 4353
# 配置是否启用 SSL
agent.sources.httpSrc.ssl = true
agent.sources.httpSrc.keystore = /tmp/keystore
agent.sources.httpSrc.keystore-password = UsingFlume
# 配置拦截器
agent.sources.httpSrc.interceptors = hostInterceptor
agent.sources.httpSrc.interceptors.hostInterceptor.type = host
# 配置实例化 Memory Channel
agent.channels.memory1.type = memory
agent.channels.memory2.type = memory
# 配置实例化 hdfsSink
agent.sinks.hdfsSink.type = hdfs
# 配置 Sink 写入 HDFS 的路径
```

```
agent.sinks.hdfsSink.hdfs.path = /Data/UsingFlume
# 配置文件名的前缀
agent.sinks.hdfsSink.hdfs.filePrefix = UsingFlumeData
# 配置实例化 hbaseSink
agent.sinks.habseSink.type = asynchbase
# 配置 Sink 写入 HBase 的表, 该表必须已经在 HBase 中被创建
agent.sinks.hbaseSink.table = UsingFlumeTable
# 配置 Source 要写入的 Channel
agent.sources.httpSrc.channels = memory1 memory2
# 配置 hdfsSink 要读取的 channel
agent.sinks.hdfsSink.channel = memory1
# 配置 hbaseSink 要读取的 channel
agent.sinks.hbaseSink.channel = memory2
```

3. 示例: 从 Netcat Source 获取数据到日志文件

Netcat Source 可以监控流经某个端口的数据,将每一个文本行数据作为 Source 的输入。Logger Sink 可以将数据写入日志文件中。下面的实例将以 Netcat Source、Memory Channel 和 Logger Sink 为组合,从指定端口获取数据,并将数据内容采集到日志文件中。

(1) 新建配置文件

进入 Flume 安装目录下的 conf 目录,新建 flume-conf.properties.example 配置文件。

```
$ cd /usr/local/flume
$ sudo vim conf/flume-conf.properties.example
```

Flume Agent 的具体配置如下:

```
# 配置活跃列表
a1.sources = r1
a1.sinks = k1
a1.channels = c1
# 配置 source
a1.sources.r1.type = netcat
a1.sources.r1.bind = localhost
a1.sources.r1.port = 44444
# 配置 sink
a1.sinks.k1.type = logger
# 配置 channel
a1.channels.c1.type = memory
a1.channels.c1.capacity = 1000
a1.channels.c1.transactionCapacity = 100
# 将 source 和 sink 与 channel 绑定
a1.sources.r1.channels = c1
a1.sinks.k1.channel = c1
```

(2) 启动 Flume Agent

使用如下命令运行 Flume Agent:

```
$ ./bin/flume-ng agent -n a1 -c conf -f conf/flume-conf.properties.example
-Dflume.root.logger = INFO,console
```

flume-ng 脚本接受的命令行参数描述见表 2.7。

表 2.7　flume-ng 脚本接受的命令行参数

参数	描述
-n	使用的 agent 名称，它必须被置在命令行上的 flume-ng agent 之后
-f	配置文件的名称，若此项缺省，agent 将不会运行
-c	使用的配置目录，若没有指定，则使用./conf
-C	添加到类路径的目录列表
-d	flume 运行时不打印运行信息。如果运行时没有该选项，将打印出 flume 运行时的所有信息
--plugins-path	如果没有使用./plugins.d 目录作为包含自定义类的 JARs 的目录，那么该参数的值用于插件检查
-h	将打印出详细的帮助

（3）使用 telnet 给 Flume 发送 event

另外打开一个终端，输入如下命令：

```
$ telnet localhost 44444
# 44444 为配置文件 flume-conf.properties.example 中设置的端口号
```

终端响应如图 2.12 所示。

```
hadoop@nico-virtual-machine:~$ telnet localhost 44444
Trying 127.0.0.1...
Connected to localhost.
Escape character is '^]'.
```

图 2.12　使用 telnet 连接 Flume Agent 的终端响应

此时表示已经连接成功，可以在终端中输入一些数据，例如，输入字符串"hello world!"，则在之前创建 Agent 的终端中会输出相应的字符串，如图 2.13 所示。

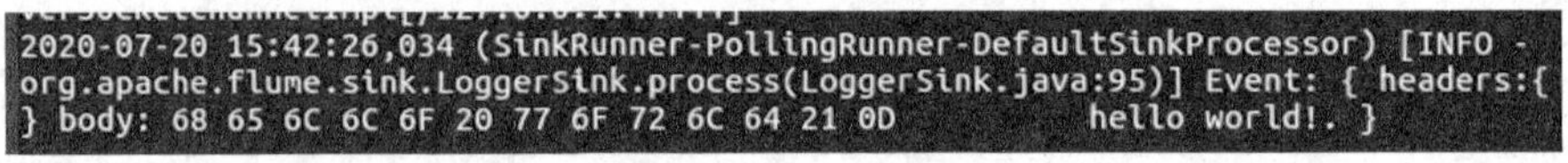

```
2020-07-20 15:42:26,034 (SinkRunner-PollingRunner-DefaultSinkProcessor) [INFO -
org.apache.flume.sink.LoggerSink.process(LoggerSink.java:95)] Event: { headers:{
} body: 68 65 6C 6C 6F 20 77 6F 72 6C 64 21 0D                    hello world!. }
```

图 2.13　Agent 终端输出

至此，我们已成功配置并启动了一个 Netcat Source + Memory Channel + Logger Sink 的 Flume Agent。

4. 示例：从 Spool Source 获取日志到 HDFS

Spool Directory Source 可以监控指定目录内的数据变更。下面的实例将以 Spool Directory Source、File Channel 和 HDFS Sink 为组合，监控并采集客户端目录产生的日志，并将日志内容采集到 HDFS 文件系统。

（1）启动 Hadoop 集群

由于需要将数据采集到 HDFS，所以要先启动 Hadoop 集群的 HDFS 服务。

```
$ cd /usr/local/hadoop
```

```
$ ./sbin/start-dfs.sh
```

（2）新建配置文件

进入 Flume 安装目录下的 conf 目录，新建一个配置文件。

```
$ cd /usr/local/flume
$ sudo vim conf/spool-hdfs.conf
```

Flume Agent 的具体配置如下：

```
# 配置活跃列表
spool-hdfs-agent.sources = spool-source
spool-hdfs-agent.sinks = hdfs-sink
spool-hdfs-agent.channels = memory-channel
# 配置 source
spool-hdfs-agent.sources.spool-source.type = spooldir
spool-hdfs-agent.sources.spool-source.spoolDir = /usr/local/flume/spool
# 配置 sink
spool-hdfs-agent.sinks.hdfs-sink.type = hdfs
spool-hdfs-agent.sinks.hdfs-sink.hdfs.path = hdfs://localhost/flume/spool/
%Y%m%d%H%M
spool-hdfs-agent.sinks.hdfs-sink.hdfs.useLocalTimeStamp = true
spool-hdfs-agent.sinks.hdfs-sink.hdfs.fileType = CompressedStream
spool-hdfs-agent.sinks.hdfs-sink.hdfs.writeFormat = Text
spool-hdfs-agent.sinks.hdfs-sink.hdfs.codeC = gzip
spool-hdfs-agent.sinks.hdfs-sink.hdfs.filePrefix = wsk
spool-hdfs-agent.sinks.hdfs-sink.hdfs.rollInterval = 30
spool-hdfs-agent.sinks.hdfs-sink.hdfs.rollSize = 1024
spool-hdfs-agent.sinks.hdfs-sink.hdfs.rollCount = 0
# 配置 memory-channel
spool-hdfs-agent.channels.memory-channel.type = memory
spool-hdfs-agent.channels.memory-channel.capacity = 1000
spool-hdfs-agent.channels.memory-channel.transactionCapacity = 100
# 将 source 和 sink 与 memory-channel 绑定
spool-hdfs-agent.sources.spool-source.channels = memory-channel
spool-hdfs-agent.sinks.hdfs-sink.channel = memory-channel
```

（3）准备测试数据

进入/usr/local/flume 目录，按照配置文件中的内容新建目录 spool，并向 spool 中添加一个测试文件 test.txt（文件内容可以为任意字符串），然后等待 Flume 采集数据。

```
$ cd /usr/local/flume
$ sudo mkdir spool
$ cd spool
$ sudo vim test.txt
```

（4）启动 Flume Agent

使用如下命令运行 Flume Agent：

```
$ cd /usr/local/flume
$ ./bin/flume-ng agent --conf conf --conf-file ./conf/spool-hdfs.conf --name
```

```
spool-hdfs-agent -Dflume.root.logger = INFO,console
```

（5）查看采集结果

打开浏览器，进入网址 http://localhost:9870，单击 Utilities→Browse the file system，进入 HDFS 的 Web 界面，查看数据采集结果，如图 2.14 所示。

图 2.14　指定目录的数据采集结果

至此，我们已成功配置并启动了一个 Spool Source + File Channel + HDFS Sink 的 Flume Agent。

2.3　分布式发布订阅消息系统 Kafka

2.3.1　Kafka 简介

Kafka 是一个高吞吐量、分布式的发布——订阅消息系统，主要用于处理活跃的流式数据，使得数据能够在各个子系统中高性能、低延迟地不停流转。

Kafka 最初由 LinkedIn 公司开发，之后成为 Apache 项目的一部分（Kafka 官网网址：http://kafka.apache.org/），因其可水平扩展和具有高吞吐量等特性而被广泛使用。Kafka 的核心模块使用 Scala 语言开发，支持多语言（如 Java、C/C++、Python、Go、Erlang、Node.js 等）客户端。目前越来越多的开源分布式处理系统（如 Flume、Apache Storm、Spark、Flink 等）支持与 Kafka 集成。

作为目前颇受欢迎的消息系统，Kafka 具有如下特性。

1. 高吞吐量、低延迟

高吞吐量是 Kafka 设计的主要目标。Kafka 将数据写到磁盘，充分利用了磁盘的顺序读写特性。同时，Kafka 在数据写入及数据同步时采用了零拷贝（zero-copy）技术和 sendFile 方法调用，可在两个文件描述符之间直接传递数据。这种数据传递操作可完全在内核中操作，从而避免了内核缓冲区与用户缓冲区之间的数据拷贝，操作效率极高。

2. 可扩展性

Kafka 可基于分布式的集群实现消息系统的可扩展。换句话说，我们利用 Kafka，可将多台廉价的 PC 服务器搭建成一个大规模的消息系统,从而支持对海量数据的处理。Kafka 依赖 ZooKeeper 来对集群进行协调管理,这样使得 Kafka 更加容易进行水平扩展,同时在机器扩展时无须将整个集群停机,集群能够自动感知、重新进行负责均衡及数据复制。

3. 消息持久化

Kafka 在设计上采用时间复杂度为 O(1) 的磁盘结构,即使是存储海量的信息(如 TB 级),其性能和数据量的大小关系也不大。同时 Kafka 将数据持久化到磁盘上,只要磁盘空间足够大,数据就可以一直追加,而不像一般的消息系统那样直接删除使用过的消息。Kafka 提供了相关配置让用户自己决定消息的保存时间,为消费者提供了更灵活的处理方式,因此 Kafka 能够在没有性能损失的情况下提供一般消息系统所不具备的性能特性。

4. 支持多个生产者和消费者

Kafka 可以无缝支持多个生产者,不管客户端使用单个主题还是多个主题,很适合用来从多个前端系统收集数据,并以统一的格式对外提供数据。除了支持多个生产者外,Kafka 也支持多个消费者从一个单独的消息流上读取数据,而且消费者之间互不影响。多个消费者可以组成一个群组,它们共享一个消息流,并保证整个群组对每个给定的消息只处理一次。

5. 容错性

Kafka 允许集群中的节点失效,如果分区副本数量为 n,则最多允许 $n-1$ 个节点失效。

6. 高并发

Kafka 单节点支持上千个客户端同时读写数据,每秒有上百兆字节的数据吞吐量,基本上达到了一般网卡处理速度的极限。

7. 轻量级

Kafka 的代理是无状态的,即代理不记录消息是否被消费。消费偏移量的管理交由消费者自身来维护。同时集群本身几乎不需要生产者和消费者的状态信息,这就使得 Kafka 变得非常轻量。

8. 安全机制

Kafka 支持以下几种安全机制:
- 通过 SSL 和 SASL 安全协议支持生产者、消费者与代理连接时的身份验证;
- 支持代理与 ZooKeeper 连接时的身份验证;
- 通信时数据加密;
- 客户端有读写权限认证;
- 支持与外部其他认证授权服务的集成。

2.3.2　Kafka 的架构

一个典型的 Kafka 集群包含若干个生产者、若干个 Kafka 集群节点、若干个消费者以及一个 ZooKeeper 集群。生产者使用推送的方式将消息发布到集群节点，消费者使用拉取的方式从集群节点中订阅并消费消息。Kafka 使用集群节点来接收生产者和消费者的请求，并把消息持久化到本地磁盘。另外，Kafka 通过 ZooKeeper 管理集群配置以及在消费者发生变化时进行负载均衡。图 2.15 显示了 Kafka 的基本架构。

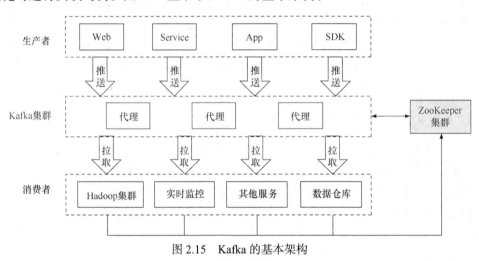

图 2.15　Kafka 的基本架构

下面介绍 Kafka 架构中的基本概念。

1. 消息和批次

消息是 Kafka 通信的基本单位，由一个固定长度的消息头和一个可变长度的消息体组成。消息可以看成是数据库里的一条"记录"。为了提高效率，消息被分批次写入 Kafka。这里，批次就是一组消息的集合，这些消息属于同一个主题和分区。把消息分批次传输可以减少网络开销。但是批次内的消息越多，单位时间内处理的消息就越多，单个消息的传输时间就越长。

2. 主题和分区

Kafka 将一组消息抽象归纳为一个主题（Topic），一个主题就是对消息的一个分类，每个主题又可以被分为若干个分区（Partition），如图 2.16 所示。分区以文件的形式存储在文件系统中。消息以追加的方式写入分区，然后以先入先出的顺序被读取。消息在分区中的编号被称为偏移量（Offset），每个分区中的编号是相互独立的。每个分区由一系列有序、不可变的消息组成，是一个有序队列。但是 Kafka 只能保证一个分区内消息的有序性，并不能保证跨分区消息的有序性。图 2.16 所示的主题有四个分区，消息被追加写入每个分区的尾部。

Kafka 通过分区来实现数据冗余和伸缩性。分区可以分布在不同的服务器上，即一个主题可以布置在多个服务器上，以此来提供比单个服务器更强大的性能。

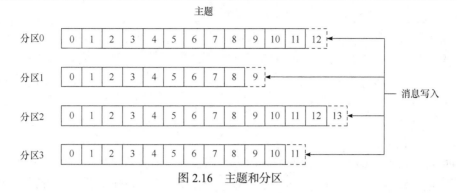

图 2.16 主题和分区

3. 副本

Kafka 集群通过数据冗余来实现容错。Kafka 支持以分区为单位对消息进行冗余备份，每个分区都可以配置至少一个副本（Replica）。分区的副本分布在集群的不同代理上，以提高可用性。从存储角度来看，分区的每个副本在逻辑上被抽象为一个日志（Log）对象，即分区的副本与日志对象是一一对应的。

Kafka 保证一个分区的多个副本之间的数据一致性。Kafka 选择该分区的一个副本作为 Leader 副本，而该分区的其他副本即为 Follower 副本，只有 Leader 副本负责处理客户端的读/写请求，Follower 副本只负责从 Leader 副本中同步数据。Leader 副本和 Follower 副本的角色并不是固定不变的，如果 Leader 副本失效，则系统会通过相应的选举算法从 Follower 副本中选出新的 Leader 副本。

Kafka 在 ZooKeeper 集群中动态维护了一个 ISR（In-Sync Replica），即保存同步的副本列表。该列表保存了与 Leader 副本保持消息同步的所有副本对应的代理节点 id。如果某 Follower 副本宕机或是延迟太多，则该 Follower 副本节点将从 ISR 列表中移除。

4. 代理

Kafka 集群中的一台或多台服务器被称为代理（Broker），每一个代理都有唯一的标识 id（非负整数）。代理接收来自生产者的消息，为消息设置偏移量，并提交消息至磁盘进行保存；同时，代理也为消费者提供服务，对消费者读取分区的请求做出响应，并返回已经提交到磁盘上的消息。每个集群会自动从集群的活跃成员中选举出一个代理作为集群控制器。控制器负责管理工作，包括将分区分配给代理、监控代理、选出分区的 Leader 副本、协调分区迁移等。

Kafka 的代理采用的是无状态机制，即代理是没有副本的，所以一旦代理宕机，该代理的信息都将不可用。但是 Kafka 的消息本身是持久化的，代理在宕机重启后可以读取消息的日志信息，从而恢复消息本身。消息保存一定时间（通常为七天）后会被删除。

5. 生产者

生产者（Producer）是指负责创建消息、发布消息到 Kafka 集群的终端或服务器。生产者产生的消息会以推送（Push）模式被发布到一个特定的主题上。在默认情况下，生产者会把消息均衡地分布到主题的所有分区上，而不关心特定消息会被写到哪个分区。但是在某些情况下，生产者会把消息直接写入指定的分区。

以日志采集为例，涉及生产者的消息生成和发布过程分为三部分：一是为监控本地日志文件或者目录是否有变化，如果有内容变化，则将变化的内容逐行读取到内存的消息队列中；二是连接 Kafka 集群，包括配置一些参数信息，如压缩与超时设置等；三是将已经获取的数据通过上述连接推送到 Kafka 集群。

6. 消费者

消费者（Consumer）是指读取消息的终端或服务。消费者可以订阅一个或多个主题，并按照消息生成的顺序以拉取（Pull）模式读取消息。在 Kafka 中每一个消费者都属于一个特定的消费者组（Consumer Group），如图 2.17 所示。消费者组内部采用队列（Queue）消费模型。在同一个消费者组中，每个消费者消费不同的分区，但每个分区只能被一个消费者使用。同一个主题的一条消息只能被同一个消费者组下的某一个消费者消费，但不同消费者组的消费者可同时消费该消息。消费者组是 Kafka 用来实现对一个主题消息进行单播和多播的手段。实现消息单播只需让所有消费者属于同一个消费者组，消息多播则需要让所有消费者均属于不同的消费者组。

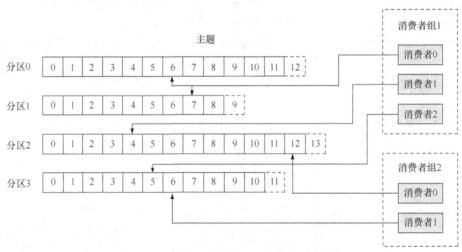

图 2.17　Kafka 的消费者和消费者组

7. ZooKeeper

ZooKeeper 分布式服务框架是 Apache Hadoop 的一个子项目，主要用来解决分布式应用中经常遇到的一些数据管理问题，如统一命名服务、状态同步服务、集群管理、分布式应用配置项的管理等。

Kafka 利用 ZooKeeper 保存相应元数据信息，如图 2.18 所示。Kafka 元数据信息包括代理节点的信息、Kafka 集群信息、旧版消费者信息及其消费偏移量信息、主题信息、分区状态信息、分区副本分配方案信息、动态配置信息等。Kafka 在启动或运行过程中会在 ZooKeeper 上创建相应代理节点来保存元数据信息，Kafka 通过在这些节点注册相应监听器来监听节点元数据的变化，并交由 ZooKeeper 管理维护 Kafka 集群。同时，通过这种方式，ZooKeeper 能够很方便地对 Kafka 集群进行水平扩展及数据迁移。

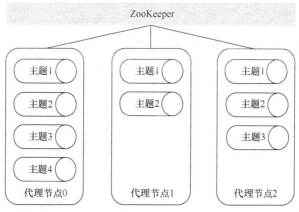

图 2.18　Kafka 利用 ZooKeeper 保存相应元数据信息

2.3.3　Kafka 的应用场景

消息系统是大数据处理一个非常重要的组件，用来解决应用解耦、异步通信、流量控制等问题。Kafka 主要有以下几种应用场景。

1. 活动跟踪

Kafka 最初的使用场景是跟踪用户的活动。网站用户与前端应用程序发生交互时，前端应用程序会生成用户活动的相关消息。这些消息可以是静态的信息，比如页面访问次数和点击量；也可以是一些复杂的操作，比如添加用户资料等。这些消息被发布到一个或多个主题上，由后端应用程序负责读取，并生成相应的统计报告。

2. 传递消息

Kafka 的另一个基本用途是传递消息。应用程序向用户发送通知（比如邮件）就是通过传递消息来实现的。这些应用程序可以生成消息，而不需要关心消息的格式，也不需要关心消息是如何发送的。有一个公共应用程序会读取这些消息，并对它们进行如下处理：格式化消息、将多个消息放在同一个通知里发送、根据用户配置的首选项来发送数据。使用公共应用程序的好处在于，不需要在多个应用程序上开发重复的功能。与大多数消息传递系统相比，Kafka 具有高吞吐量、内置分区、支持数据副本和容错的特性，这让它成为了大规模消息处理应用的良好解决方案。

3. 收集度量指标和日志

Kafka 也可以用于收集应用程序和系统的度量指标以及日志，如 CPU 占用率、I/O、内存、连接数、每秒事务数（TPS）、每秒查询率（QPS）等。应用程序定期将度量指标发布到 Kafka 主题上，监控系统或告警系统会读取这些消息。Kafka 收集到的日志消息可以被路由到专门的日志搜集系统（比如 Elasticsearch）或安全分析应用。很多公司采用 Kafka 与 ELK（Elasticsearch、Logstash 和 Kibana）整合构建应用服务监控系统。

4. 数据复制与备份

Kafka 作为一种分布式的外部日志管理系统，可以实现节点之间的数据复制和备份，并且充当失败节点恢复数据的重新同步机制。例如，我们把数据库的更新发布到 Kafka 上，应用程序通过监控事件流接收数据库的实时更新。这种变更日志流也可以用于把数据库的更新复制到远程系统上，或者将多个应用程序的更新合并到一个单独的数据库视图上。如果应用程序发生故障，可以通过重放这些日志来恢复系统状态。同时，Kafka 可以与 HDFS 和 Flume 进行整合，这样就可以方便地将 Kafka 采集的数据持久化到其他外部系统。

5. 数据流处理

Kafka 可以让多个用户在由多个阶段组成的处理流水线中同时处理数据流，其中原始输入数据流从 Kafka 主题中被消耗，然后再被聚合、丰富或以其他方式转换为新主题以进一步做后续处理。例如，用于推荐新闻的处理管道可能从简易信息聚合（Really Simple Syndication，RSS）提要中抓取文章内容并将其发布到"文章"主题；进一步的处理可能包含规范化或去除重复内容，并将已清理的文章内容发布到新主题；最终处理阶段可能会尝试向用户推荐该内容。从 0.10.0.0 版本开始，Apache Kafka 提供了一个轻量级但功能强大的流处理库 Kafka Streams，用于完成上述数据流处理。

2.3.4　Kafka 实战

由于 Kafka 的运行依赖于 ZooKeeper，所以在安装 Kafka 之前需要先安装 ZooKeeper。

1. ZooKeeper 的安装和配置

（1）下载并解压 ZooKeeper

以下以 zookeeper-3.4.6.tar.gz 为例介绍 ZooKeeper 的安装与配置，其下载地址为：https://archive.apache.org/dist/zookeeper/zookeeper-3.4.6/。

在下载文件夹中按【Ctrl+Alt+T】组合快捷键打开终端（或者在文件夹中单击右键打开终端），在终端中输入以下命令，即可将 ZooKeeper 安装到/usr/local/目录下。

```
$ sudo tar -zxf zookeeper-3.4.6.tar.gz -C /usr/local
```

进入安装目录，将解压的文件 zookeeper-3.4.6 重命名为 zookeeper 以方便使用，命令如下：

```
$ cd /usr/local
$ sudo mv zookeeper-3.4.6/ zookeeper
```

下面把 zookeeper 目录权限赋予 hadoop 用户，命令如下：

```
$ sudo chown -R hadoop ./zookeeper
```

（2）修改配置文件

关于 ZooKeeper 配置文件中几个基础配置项的说明见表 2.8。

表 2.8　ZooKeeper 配置

配置项	默认值	说明
dataDir	/tmp/zookeeper	存储快照文件的目录，默认情况下，事务日志也会存储在该目录下。由于事务日志的写性能直接影响 ZooKeeper 的性能，建议同时配置参数 dataLogDir
dataLogDir	/tmp/zookeeper	事务日志输出目录
clientPort	2181	ZooKeeper 对外端口
tickTime	2000 ms	ZooKeeper 中的一个时间单元。ZooKeeper 中所有时间都以这个时间单元为基准进行整数倍配置
initLimit	10	Follower 在启动过程中，会从 Leader 同步所有最新数据，确定自己能够对外服务的起始状态。当 Follower 在 initLimit 个 tickTime 里还没有完成数据同步时，则 Leader 认为 Follower 连接失败
syncLimit	5	指 Leader 与 Follower 之间通信请求和应答的时间长度。若 Leader 在 syncLimit 个 tickTime 里还没有收到 Follower 应答，则认为该 Leader 已下线

请读者根据自己服务器的环境，修改 zoo.cfg 文件中的参数配置。这里只修改 dataDir 和 dataLogDir 两个配置项，其他几个基础配置项保持默认值。首先，在/usr/local/zookeeper 目录下创建两个文件夹 dataDir 和 dataLogDir，命令如下：

```
$ cd /usr/local/zookeeper
$ sudo mkdir dataDir dataLogDir
```

之后进入 conf 目录，复制 zoo_sample.cfg 文件并将其重命名为 zoo.cfg，然后将其打开，命令如下：

```
$ cd ./conf
$ sudo cp zoo_sample.cfg zoo.cfg
$ sudo vim zoo.cfg
```

在打开的 zoo.cfg 文件中修改如下内容：

```
dataDir = /usr/local/zookeeper/dataDir
dataLogDir = /usr/local/zookeeper/dataLogDir
```

（3）配置系统环境变量

使用 vim 打开环境变量配置文件，命令如下：

```
$ vim ~/.bashrc
```

然后在打开的.bashrc 文件中加入如下内容：

```
export ZOOKEEPER_HOME = /usr/local/zookeeper
export PATH = $PATH:$JAVA_HOME/bin:$ZOOKEEPER_HOME/bin
```

继续执行如下命令让.bashrc 文件的配置立即生效。

```
$ source ~/.bashrc
```

（4）验证 ZooKeeper 是否安装成功

进入 ZooKeeper 的安装目录，启动 ZooKeeper 服务，命令如下：

```
$ cd /usr/local/zookeeper/bin
$ sudo ./zkServer.sh start
```

执行命令后若出现如图 2.19 所示结果，说明 ZooKeeper 已经成功启动。

图 2.19　启动 ZooKeeper 后的结果

使用 jps 命令查看运行进程。若出现如图 2.20 所示结果，则说明 ZooKeeper 安装成功。

```
$ jps
```

图 2.20　使用 jps 查看 ZooKeeper 进程

2. Kafka 的安装和配置

（1）下载并解压 Kafka

Kafka 的下载地址：http://kafka.apache.org/downloads。以下以 kafka_2.11-0.10.1.0.tgz 为例，其中 2.11 表示 Scala 的版本，0.10.1.0 表示 Kafka 的版本。下载 Kafka 后，使用如下命令即可将 Kafka 安装到/usr/local 目录下：

```
$ sudo tar -zxvf kafka_2.11-0.10.1.0.tgz -C /usr/local
```

进入安装目录，将解压的文件 kafka_2.11-0.10.1.0 重命名为 kafka，以方便使用，命令如下：

```
$ cd /usr/local
$ sudo mv kafka_2.11-0.10.1.0/ kafka
```

下面把 kafka 目录权限赋予 hadoop 用户，命令如下：

```
$ sudo chown -R hadoop ./kafka
```

（2）修改配置文件

Kafka 的安装目录下有一个 config 目录，其中存放了 Kafka 的配置文件。每个配置文件的说明见表 2.9。

表 2.9　Kafka 配置文件说明

配置文件	说明
server.properties	Kafka 服务器的配置，此配置文件用来配置 Kafka 服务器
consumer.properites	消费者配置，此配置文件用于开启消费者，此处使用默认即可
producer.properties	生产者配置，此配置文件用于开启生产者，此处使用默认即可

Kafka 服务器配置文件 server.properties 的关键参数说明见表 2.10。

表 2.10　Kafka 的服务器配置文件参数说明

配置项	默认值	说明
broker.id	0	broker.id 是指各台服务器对应的 id，是每一个 broker 在集群中的唯一表示，是一个非负整数
log.dirs	/data/kafka-logs	Kafka 数据的存放地址，若有多个地址，则用逗号分割，如/data/kafka-logs-1，/data/kafka-logs-2
port	9092	broker server 服务端口
zookeeper.connect	localhost:2181	ZooKeeper 集群的地址，可以是多个。多个地址之间用逗号分隔，如 hostname1: port1，hostname2: port2，hostname3: port3
message.max.bytes	6525000	表示消息体的最大大小，单位是字节

这里我们只配置 log.dirs 参数，用于存储 Kafka 的日志，其他参数保持默认值。首先，在/usr/local/kafka 目录下创建一个文件夹 dataLogDir，命令如下：

```
$ cd /usr/local/kafka
$ sudo mkdir dataLogDir
```

然后进入 config 目录，打开 server.properties 文件，命令如下：

```
$ cd ./conf
$ sudo vim server.properties
```

在打开的 server.properties 文件中做如下修改内容：

```
log.dirs = /usr/local/kafka/dataLogDir
```

由于本机已经安装了 ZooKeeper，所以在安装 Kafka 单机版本时，不需要对 zookeeper.connect 配置进行修改，其他配置文件也暂不修改。

（3）配置系统环境变量

使用 vim 打开环境变量配置文件，命令如下：

```
$ vim ~/.bashrc
```

然后在打开的.bashrc 文件中加入如下内容：

```
export KAFKA_HOME = /usr/local/kafka
export PATH = $PATH:$JAVA_HOME/bin:$KAFKA_HOME/bin
```

继续执行如下命令让.bashrc 文件的配置立即生效。

```
$ source ~/.bashrc
```

（4）验证 Kafka 是否安装成功

启动 Kafka 之前，要保证 ZooKeeper 已经正常启动。进入 Kafka 安装路径下的 bin 目录，执行启动 KafkaServer 命令。

```
$ cd /usr/local/kafka/bin
$ sudo ./kafka-server-start.sh ../config/server.properties
```

若输出如图 2.21 所示信息，则说明 Kafka 已成功启动。接下来可以在这个终端中查看 Kafka 的执行日志。

```
[2020-07-30 19:03:26,261] INFO Kafka version : 0.10.1.0 (org.apache.kafka.common
.utils.AppInfoParser)
[2020-07-30 19:03:26,279] INFO Kafka commitId : 3402a74efb23d1d4 (org.apache.kaf
ka.common.utils.AppInfoParser)
[2020-07-30 19:03:26,281] INFO [Kafka Server 0], started (kafka.server.KafkaServ
er)
```

图 2.21　启动 Kafka 并查看日志

3. 在 Kafka 中发送和接收消息

下面我们将在 Kafka 中创建一个生产者和一个消费者，实现简单的消息发送和接收过程。

（1）创建一个主题

Kafka 通过主题对同一类的数据进行管理。同一类的数据使用同一个主题可以使数据处理变得更加便捷。

在 Kafka 解压目录下打开终端，创建一个名为 test 的主题，命令如下：

```
$ cd /usr/local/kafka
$ bin/kafka-topics.sh --create --zookeeper localhost:2181 --replication-
factor 1 --partitions 1 --topic test
```

若创建主题成功，将看到如图 2.22 所示结果。

```
^Chadoop@nico-virtual-machine:/usr/local/kafka$ bin/kafka-topics.sh --create --z
keeper localhost:2182 --replication-factor 1 --partitions 1 --topic test
Created topic "test".
```

图 2.22　在 Kafka 中创建 test 主题

在创建 topic 后可以通过输入以下命令来查看已经创建的 topic。

```
$ bin/kafka-topics.sh --list --zookeeper localhost:2181
```

（2）创建一个消费者

在 Kafka 解压目录下打开终端，输入如下命令，可以创建一个用于消费 test 主题的消费者。

```
$ bin/kafka-console-consumer.sh --bootstrap-server localhost:9092 --topic
test --from-beginning
```

（3）创建一个生产者

打开一个新的终端，执行如下命令创建生产者。

```
$ cd /usr/local/kafka
$ bin/kafka-console-producer.sh --broker-list localhost:9092 --topic test
```

生产者创建成功后，就可以向消费者发送消息，如图 2.23 所示。

```
hadoop@nico-virtual-machine:~$ cd /usr/local/kafka
hadoop@nico-virtual-machine:/usr/local/kafka$ bin/kafka-console-producer.sh --br
oker-list localhost:9092 --topic test
ok
hello world!
```

图 2.23　生产者发送消息

消费者接收消息如图 2.24 所示。

```
hadoop@nico-virtual-machine:/usr/local/kafka$ bin/kafka-console-consumer.sh --bo
otstrap-server localhost:9092 --topic test --from-beginning
ok
hello world!
```

图 2.24　消费者接收消息

习　　题

1. 数据的来源有哪些？
2. 有哪些数据采集的方法？
3. Flume 由哪些组件组成？请简单阐述每一个组件的功能。
4. Flume 的数据流模型有哪些？每一种模型各有什么特点？
5. 什么是 Kafka？Kafka 有哪些特性？
6. Kafka 是如何实现数据可靠性的？说说你的理解。

第 3 章　大数据存储基础

大数据存储是大数据处理与分析的基础，高效、安全地存储与读写数据是保证大数据处理效率的关键。作为 Hadoop 的核心技术之一，Hadoop 分布式文件系统（Hadoop Distributed File System，HDFS）是分布式计算中数据存储管理的基础。它所具有的高容错性、高可靠性、高可扩展性、高吞吐率等特性，为大规模数据集的应用处理带来了很多便利。本章主要介绍 HDFS，详细阐述它的重要概念、体系结构、存储原理和读写过程，并且介绍一些 HDFS 编程实践方面的内容。

3.1　HDFS 简介

在第 1 章的学习中，我们了解到现如今随着数据生产规模持续扩大，生产速度持续加快，需要存储的数据量也越来越大，而传统存储方式的存储容量有限，单纯通过增加硬盘个数来扩展存储容量，在容量大小、容量增长速度、数据备份、数据安全等方面都差强人意。那么我们能否将多个文件系统综合成一个大的文件系统，然后把数据存储在这个大的系统中呢？分布式文件系统（Distributed File System，DFS）由此诞生，它允许文件通过网络连接的方式，在多台主机上进行多副本存储，实际上就是通过网络来访问文件，而在用户和程序看来就像访问本地磁盘。目前已得到广泛应用的分布式文件系统有谷歌文件系统（GFS）和 Hadoop 分布式文件系统（HDFS）等，后者是前者的开源实现。

大数据处理架构 Hadoop 的两大核心是 HDFS 和 MapReduce，分别用于解决大数据中海量数据分布式存储和分布式处理两大关键问题。HDFS 是基于流数据模式访问和处理超大文件的需求而开发的分布式文件系统，可以运行于廉价的商用服务器上。HDFS 所具有的高容错性、高可靠性、高可扩展性、高吞吐率等特征可为海量数据提供不怕故障的存储，为超大数据集的处理带来诸多便利，使其成为大数据领域使用最多的分布式存储系统。

3.1.1　HDFS 的设计目标

总体而言，HDFS 要实现以下几个设计目标。

1. 超大文件存储

这里的"超大文件"指的是具有几百 MB、几百 GB 甚至几百 TB 大小的文件。目前已经存在存储 PB 级数据的 Hadoop 集群。

2. 流式数据访问

流式数据访问可以简单理解为：读取数据文件就像打开水龙头一样，可以不停地读取。

HDFS 设计的思路为 "一次写入、多次读取"。由于数据集通常由数据源生成，或是从数据源复制而来，接着在此基础上进行各类分析，每次分析都将涉及该数据集的大部分甚至全部数据，所以每次读写的数据量都很大。因此对整个系统来说，读取整个数据集的时间延迟比读取第一条记录的时间延迟更重要，即 HDFS 更重视数据的吞吐量，而不是数据的访问时间。

3. 简单的文件模型

在 HDFS 中，一个文件一旦经过创建、写入、关闭后，一般不再进行修改，这样做可以保证数据的一致性。

4. 兼容廉价的硬件

HDFS 不需要运行在昂贵且具有高可靠性的硬件上，它可以兼容廉价的、异构的设备组成集群。但这样的集群不可避免地存在节点故障率较高的情况。针对此问题，HDFS 设计了完善的容错机制，可以让系统继续运行但不让用户察觉到明显的中断。

3.1.2　HDFS 的局限性

HDFS 的特殊设计，在实现上述目标的同时，也产生了一定的局限性，主要表现在以下三个方面。

1. 不适合低延迟数据访问

HDFS 是为了高数据吞吐量的应用而优化的，这要以高时间延迟为代价。因此要求低时间延迟数据访问的应用，比如几十毫秒的范围，不适合在 HDFS 上运行。对于这样的访问需求，下一章中介绍的 HBase 将会是更好的选择。

2. 大量小文件无法高效存储

HDFS 采用主从（Master/Slave）结构模型来存储数据，其文件系统中所有元数据的管理由名称节点负责，因此该文件系统能存储的文件总数受限于名称节点的内存容量。大量小文件的存储，会造成名称节点内存不足。

3. 不支持多用户写入及任意修改文件

由于 HDFS 中的文件可能只有一个写入者（Writer），而且写操作总是将数据添加到文件的末尾，所以它不支持具有多个写入者的操作，也不支持在文件的任意位置进行修改。可能之后会支持这些操作，但是它们相对比较低效。

3.2　HDFS 的体系架构

一个完整的 HDFS 文件系统通常运行在由网络连接的一组计算机（或称为节点）组成的集群之上，在不同节点上运行着不同类型的守护进程，这些进程相互配合、互相协作，共同为用户提供高效的分布式存储服务。HDFS 的体系架构如图 3.1 所示。

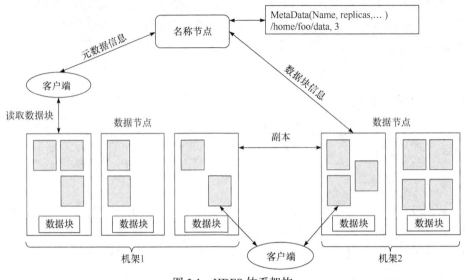

图 3.1　HDFS 体系架构

HDFS 采用主从结构模型，一个 HDFS 集群包括一个名称节点（NameNode）和若干个数据节点（DataNode），客户端（Client）则可存在多个。在 HDFS 中，一个文件被分成一个或多个数据块（Block），并存储在一组数据节点上。名称节点执行文件系统命名空间的打开、关闭、重命名文件等操作，同时负责管理数据块到具体数据节点的映射。在名称节点的统一调度下，数据节点负责处理文件系统客户端的读写请求，完成数据块的创建、删除和复制。数据节点一般分布在不同的机架上。

接下来介绍 HDFS 体系架构中的几个核心概念。

3.2.1　数据块

数据块是 HDFS 的基本存储单位，其默认大小为 64 MB。与单一磁盘上的文件系统相似，HDFS 上的文件也被分为以数据块为大小的分块，作为单独的单元进行存储。但与其不同的是，HDFS 中小于一个数据块大小的文件不会占据整个数据块的空间，文件多大就占用多少存储空间。

为何 HDFS 中的一个数据块大小为 64 MB？HDFS 的数据块比磁盘的块大，目的是减小寻址开销。通过让一个数据块足够大，使得从磁盘转移数据的时间能够远远大于定位这个块开始端的时间。因此，传送一个由多个数据块组成的文件的时间就取决于磁盘数据传输速率。

HDFS 采用抽象的数据块概念的优点如下：

① 支持大规模文件存储：由于一个大规模文件被拆分成若干个数据块，不同的数据块被分发到不同的节点上进行存储，所以可存储文件的大小不会受到单个节点的存储容量限制。

② 简化系统设计：因为数据块大小是固定的，可以很容易地计算出一个节点可存储的数据块数量。由于元数据不需要和数据块一起存储，可以由其他系统负责管理。

③ 便于数据备份：每个数据块都可在多个节点上进行冗余存储，大大提高了系统的容错性和可用性。

3.2.2　名称节点和数据节点

在上面的小节中，我们提到 HDFS 集群有两种节点，以主从结构模型运行，即一个名称节点（主节点）和多个数据节点（从节点）。

名称节点作为中心服务器，负责管理文件系统的命名空间及客户端对文件的访问，它保存了两个核心的数据结构，即命名空间镜像文件（FsImage）和编辑日志（EditLog），其中 FsImage 用于维护文件系统树以及文件系统树中所有的文件和文件夹的元数据，是 HDFS 的一张快照，记录了这个时刻 HDFS 上所有的数据块和目录、各自的状态、位于哪些数据节点、各自的权限、各自的副本个数等信息，EditLog 则记录了所有针对文件的创建、删除、重命名等操作。名称节点也维护了文件与数据块的映射表以及数据块与数据节点的映射表。名称节点的数据结构如图 3.2 所示。

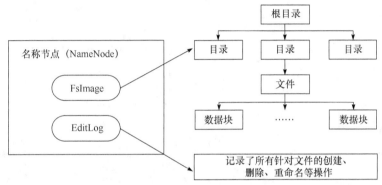

图 3.2　名称节点的数据结构

数据节点是文件系统中真正存储数据的地方，负责处理文件系统客户端的读写请求。数据节点在名称节点的统一调度下进行数据块的创建、删除和复制。客户端可以向数据节点请求写入或者读取数据块。每个数据节点会周期性地向名称节点发送"心跳"信息，报告自己的状态，没有按时发送"心跳"信息的数据节点会被标记为"宕机"，这时系统不会再给它分配任何 I/O 请求。

用户在使用 HDFS 时，仍然可以像在普通文件系统中那样，使用文件名去存储和访问文件。实际上，在系统内部，一个文件会被切分成若干个数据块，这些数据块被分布存储到若干个数据节点上。当客户端需要访问一个文件时，首先把文件名发送给名称节点，名称节点根据文件名找到对应的数据块（一个文件可能包含多个数据块），再根据每个数据块的信息找到实际存储各个数据块的数据节点的位置，并把数据节点位置发送给客户端，最后客户端直接访问这些数据节点获取数据。在整个访问过程中，名称节点并不参与数据的传输。这种设计方式使一个文件的数据能够在不同的数据节点上实现并发访问，大大提高了数据访问速度。

3.2.3　第二名称节点

第二名称节点（SecondaryNameNode）是 HDFS 主从结构中的备用节点，主要用于定期合并 FsImage 文件和 EditLog 文件，是一个辅助名称节点的守护进程。在生产环境下，第二名称节点一般单独部署在一台服务器上。

　　在名称节点运行期间，HDFS 会不断发生更新操作，这些更新操作将被写入 EditLog 文件中，因此 EditLog 文件会逐渐变大。在名称节点正常运行期间，不断变大的 EditLog 文件对系统性能不会产生显著影响。但当名称节点重启时，由于需要将 FsImage 文件加载到内存中并逐条执行 EditLog 文件中的记录，从而使 FsImage 文件保持最新，但过大的 EditLog 文件就会导致整个过程非常缓慢，使 HDFS 系统在启动过程中长期处于"安全模式"，无法正常对外提供读写操作。

　　为有效解决该问题，HDFS 在设计中采用了第二名称节点，该节点可以定期完成 EditLog 文件与 FsImage 文件的合并操作以减小 EditLog 文件大小，从而缩短名称节点重启所需时间。第二名称节点工作流程如图 3.3 所示。

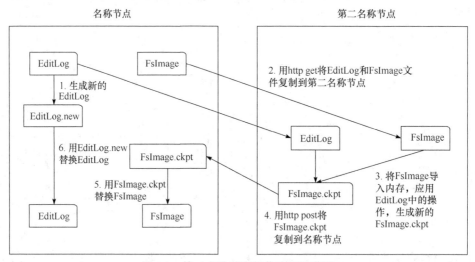

图 3.3　第二名称节点工作流程示意图

　　从图中可以看出，每隔一段时间，第二名称节点会与名称节点进行通信，请求其停止使用 EditLog 文件（这里假设这个时刻为 t1），并将新的写操作暂时写入一个新的文件 EditLog.new 中；然后，第二名称节点把名称节点中的 FsImage 文件和 EditLog 文件拉回到其本地，并对二者执行合并操作使得 FsImage 文件保持最新；合并结束后，第二名称节点将最新的 FsImage 文件发回给名称节点；名称节点收到后（这里假设这个时刻为 t2），首先会用新的 FsImage 文件去替换旧的 FsImage 文件，同时用包含了 t1 时刻到 t2 时刻之间的更新操作的 EditLog.new 文件去替换旧的 EditLog 文件，从而减小了 EditLog 文件的大小。

　　从上面的过程可以看出，第二名称节点相当于为名称节点设置了一个"检查点"，周期性地备份名称节点中的元数据信息。当名称节点发生故障时，可以用第二名称节点中记录的元数据信息进行系统恢复。但是需要注意的是通过这种方法恢复的元数据信息并没有包含 t1 时刻到 t2 时刻之间的更新操作（即 EditLog.new 文件所包含的信息），因此如果名称节点在 t1 时刻和 t2 时刻期间发生故障，系统就会丢失部分元数据信息。

3.3　HDFS 运行原理

　　前面我们介绍了 HDFS 分布式文件系统的体系架构，接下来我们将进一步学习 HDFS

的运行原理，包括副本机制、数据出错与恢复以及 HDFS 文件读写的流程。

3.3.1 副本机制

HDFS 被设计成适合运行在廉价通用硬件上的分布式文件系统，而廉价的服务器很容易出现故障，这就要求 HDFS 是一个具有高容错性的系统。为了实现在节点故障时数据不会丢失，HDFS 运用副本机制使系统保持高容错性。副本机制即分布式数据复制技术，是分布式计算的一个重要组成部分。

HDFS 将每个文件存储成一系列的数据块，除了最后一个数据块外，其余所有的数据块都是同样大小的。文件的所有数据块都会有副本，并且每个文件的数据块大小和副本系数都是可配置的，应用程序可以通过配置副本系数来指定某个文件的副本数目。副本系数可以在文件创建的时候指定，也可以在之后改变。HDFS 的副本存放策略如图 3.4 所示。

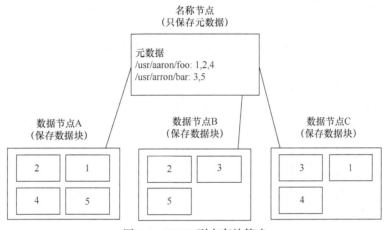

图 3.4 HDFS 副本存放策略

使用副本机制有以下几个优点：

① 提高系统可靠性：系统不可避免地会产生故障和错误，拥有多个副本的文件系统不会出现无法访问的情况，从而提高了系统的可用性。另外，系统可通过其他完好的副本对发生错误的副本进行修复，从而提高系统的容错性。

② 实现负载均衡：副本可以对系统的负载量进行扩展。多个副本存放在不同的服务器上，可以有效地分担工作量。

③ 提高访问效率：将副本创建在访问频度较大的区域，即访问节点的附近，可减少通信开销，从而提高整体的访问效率。

副本机制包括副本的流水线复制、副本的存放和读取等策略，它在很大程度上影响着整个分布式文件系统的读写性能，是分布式文件系统的核心内容。接下来将详细介绍这三部分内容。

1. 副本流水线复制

当客户端向 HDFS 文件写入数据的时候，一开始是写入本地临时文件中。假设该文件的副本系数设置为 3，当本地临时文件累积到一个数据块的大小时，客户端会从名称节点获取一个数据节点列表用于存放副本，然后客户端开始向第一个数据节点传输数据，第一个数据节点分小批（大小为 4KB）地接收数据，将每一部分写入本地并同时传输该部分到列表中的第二个数据节点。第二个数据节点同样分小批地接收数据、写入本地并同时传输给第三个数据节点。最后，第三个数据节点接收数据并将其存储在本地。综上，副本以流水线式的方式从前一个数据节点将数据复制到下一个数据节点，直到满足副本系数为止。

2. 副本存放策略

副本的存放是 HDFS 可靠性和性能的关键。HDFS 采用一种称为机架感知（rack-aware）的策略来改进数据的可靠性、可用性和网络带宽的利用率。大型 HDFS 实例一般运行在计算机集群上。在集群中，计算机存放在不同的机架上，不同机架上的计算机通过交换机进行通信。在大多数情况下，同一个机架内的两台机器间的带宽会比不同机架的两台机器间的带宽大。

通过机架感知的过程，名称节点可以确定每个数据节点所属的机架编号。一个简单但没有优化的存放策略就是将副本存放在不同的机架上，这样可有效防止当某个机架失效时数据的完全丢失。但由于这种策略的写操作需要传输数据块到多个机架，这将增加写操作的代价。新版本 HDFS 中副本在机架上的存放策略如下。

第一个副本：放置在同客户端，即上传文件的数据节点；如果是集群外提交，则随机挑选一个磁盘读取速度不太慢、CPU 不太忙的节点。

第二个副本：放置在与第一个副本不同的机架中的节点中。

第三个副本：放置在与第二个副本相同机架中的不同节点中。

如果还有更多的副本则随机放在节点中。

这种新策略减少了机架间的数据传输消耗，提高了写操作的效率。此外，由于机架的错误远远比节点的错误少，所以这个策略不会影响到数据的可靠性和可用性。

3. 副本读取策略

为降低整体的带宽消耗和读取延时，HDFS 会尽量让程序读取离它最近的副本。如果一个 HDFS 集群跨越多个数据中心，那么客户端也将首先读取本地数据中心的副本。

3.3.2　数据出错与恢复

HDFS 设计兼容廉价的硬件，因此其出错是一种常态，所以 HDFS 设计的主要目标之一是即使在出错的情况下也要保证数据存储的可靠性。常见的三种出错情况：名称节点出错、数据节点出错和数据出错。下面分别介绍这三种出错情况下 HDFS 的恢复机制。

1. 名称节点出错

名称节点是文件系统的核心，保存了所有的元数据信息，其两大核心数据结构为 FsImage 和 EditLog。Hadoop 采用两种机制确保名称节点的安全。第一种，把名称节点的元数据信息存储到其他文件系统中（如远程挂载的网络文件系统）；第二种，运行一个第二名称节点，名称节点宕机后利用第二名称节点进行数据恢复，但在前文介绍第二名称节点时提到过，这种恢复方法仍可能会丢失部分数据。因此，一般将上述两种方式结合使用，即当名称节点发生故障时，首先从远程挂载的网络文件系统中获取备份的元数据信息，将其放到第二名称节点上进行恢复，并把第二名称节点用作名称节点。

2. 数据节点出错

前文中提到，每个数据节点会周期性地向名称节点发送"心跳"信号以报告自己的状态。当数据节点发生故障时，名称节点可通过"心跳"信号的缺失来检测这一情况，并将这些近期不再发送心跳信号的数据节点标记为"宕机"，且不再将新的 I/O 请求发给它们。任何存储在宕机数据节点上的数据将不再有效。同时，数据节点的宕机可能会引起一些数据块的副本系数低于指定值，名称节点会定期检查这种情况，一旦发现就会启动数据块的复制操作。

3. 数据出错

当数据节点出现存储设备错误、网络错误或者软件漏洞等情况时可能会造成从某个数据节点获取的数据块是损坏的。为辨别此类情况，当客户端创建一个新的 HDFS 文件时，会计算这个文件每个数据块的校验和，并将校验和作为一个单独的隐藏文件保存在 HDFS 文件的同一路径下；当客户端读取文件时，它会检验从数据节点获取的数据与相应的校验和文件中的校验和是否匹配，如果不匹配，客户端可以选择从其他数据节点获取该数据块的副本，并向名称节点报告这个数据块出错。

3.3.3　HDFS 文件读流程

HDFS 的文件读取流程如图 3.5 所示，主要包括以下几个步骤。

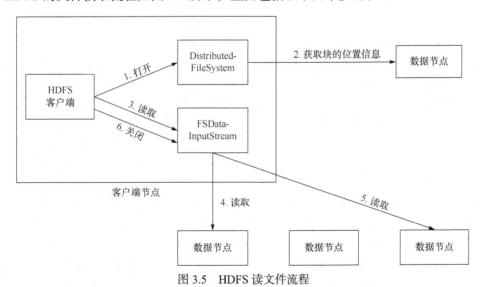

图 3.5　HDFS 读文件流程

① 客户端发出读数据命令后，首先创建一个配置（Configuration）对象，其构造方法默认加载 HDFS 配置文件（即 hdfs-site.xml 和 core-site.xml，这两个文件有访问 HDFS 所需的参数值）。随后通过配置对象初始化文件系统（FileSystem）对象，同时在 HDFS 底层实

例化分布式文件系统（DistributedFileSystem）对象。真正对 HDFS 文件系统进行操作的是 DistributedFileSystem。

② 调用文件系统的 open 方法打开文件，DistributedFileSystem 远程调用名称节点，获得客户端读取文件开始部分数据块的位置。由于 HDFS 文件系统中的数据块存在副本存储机制，所以名称节点返回的保存该数据库的名称节点地址存在多个，将其按照距离客户端远近进行排序。

③ 返回一个文件系统数据输入流（FSDataInputStream）对象给客户端，该对象同时封装了分布式文件系统输入流（DFSInputStream）对象。在 HDFS 文件系统中具体的输入流是 DFSInputStream。

④ 客户端获得输入流对象后，调用其 read 方法开始读取数据。读取时根据第②步中的排序结果选择距离客户端最近的数据节点。

⑤ 如果客户端需要读取的文件信息未获得或者未获取完全，则继续远程调用名称节点，获得下一数据块的存储地址，并重复第④步数据读取的过程，直到客户端所需文件读取完成。

⑥ 当客户端读取数据完毕时，调用 FSDataInputStream 的 close 方法关闭输入流，完成整个读流程。

在读取数据的过程中，如果客户端在与数据节点通信时出现错误，则尝试连接包含此数据块的下一个最近的数据节点。

HDFS 读取数据的过程中，客户端通过调用名称节点来获取数据所在的位置，并将其按照距离客户端远近顺序返回，而具体的数据读取由客户端通过名称节点返回的数据位置直接向数据节点读取。这样数据流动在集群中是通过数据节点分散进行的，这种设计能使 HDFS 有很好的并发性。此外，值得注意的是操作数据的并不是客户端直接接触的 FileSystem、FSDataInputStream 等类，而是它们在底层对应的 DistributedFileSystem、DFSDataInputStream 等类。

3.3.4　HDFS 文件写流程

写文件是一个比较复杂的过程，但理解这个过程可以帮助我们更好地理解数据流。我们考虑的情况是创建一个新的文件，向其写入数据后关闭该文件，过程中不发生任何异常情况。HDFS 的写文件流程如图 3.6 所示，主要包括以下几个步骤。

① 和文件读流程一样，先通过配置初始化文件系统（FileSystem）对象，同时在 HDFS 底层实例化分布式文件系统（DistributedFileSystem）对象。客户端通过调用 DistributedFileSystem 中的 create 方法来创建新文件。

② DistributedFileSystem 远程调用名称节点，在文件系统的命名空间中新建文件。在新建文件前先执行检查操作，如文件是否存在、客户端是否有创建权限等。新建文件后返回一个数据输出流（FSDataOutputStream）对象。该对象同时封装了分布式文件系统输出流（DFSOutputStream）对象。在 HDFS 文件系统中具体的输出流是 DFSInputStream。

③ 客户端获得输出流对象后，将数据进行分包并将分包写入输出流对象的内部队列中。

④ 输出流向名称节点申请保存数据块的若干个数据节点并形成一个数据传输管道

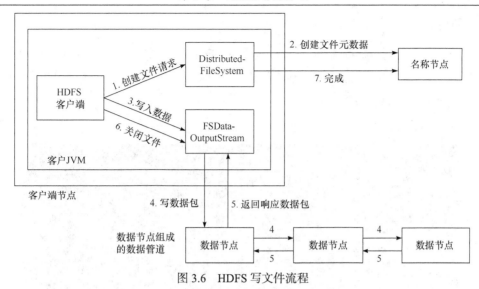

图 3.6　HDFS 写文件流程

（以副本系数 3 为例，数据传输管道中有三个数据节点），并将队列中的分包首先发送至数据传输管道的第一个数据节点，第一个数据节点再将数据发送到第二个数据节点，第二个数据节点再将数据发送到第三个数据节点，依次类推，进行"流水线复制"。

⑤ 当"流水线复制"完成以后，逆着数据传输管道向发送者依次发送"确认包"，即第三个数据节点将"确认包"发至第二个数据节点，第二个数据节点将"确认包"发送至第一个数据节点，最终确认消息达到客户端。

⑥ 当客户端结束写入数据，则调用 FSDataInputStream 的 close 方法关闭输出流。此操作将队列中剩下的包刷新到数据节点中，并等待确认。最后通知名称节点写入完毕，关闭文件，完成整个写流程。

HDFS 写数据的过程中，由于 HDFS 的副本存储机制，所以存在沿着数据传输管道依次"流水线复制"，并逆着数据传输管道依次发送确认包的过程。同样值得注意的是，操作数据的并不是客户端直接接触的 FileSystem、FSDataOutputStream 等类，而是它们在底层对应的 DistributedFileSystem、DFSDataOutputStream 等类。

3.4　HDFS 编程实践

HDFS 是 Hadoop 核心组件之一。如果计算机已经安装了 Hadoop，其中就已经包含了 HDFS 组件，不需要另外安装。接下来介绍 Linux 操作系统中关于 HDFS 文件操作的常用 Shell 命令，利用 Web 界面查看和管理 Hadoop 文件系统以及通过 Java API 的方式进行 HDFS 编程。

在学习 HDFS 编程实践前，我们需要启动 Hadoop（版本是 Hadoop3.1.3），即执行如下命令：

```
$ cd /usr/local/hadoop
$ ./sbin/start-dfs.sh        # 启动 hadoop
```

3.4.1　利用 Shell 命令与 HDFS 进行交互

Hadoop 支持很多 Shell 命令，其中 fs 是 HDFS 最常用的命令。利用 fs 命令可以查看 HDFS 文件系统的目录结构、上传和下载数据、创建文件等。我们可以在终端输入如下命令，查看 fs 总共支持哪些命令。运行结果如图 3.7 所示。

```
$ ./bin/hadoop fs
```

```
hadoop@hadoop-VirtualBox:/usr/local/hadoop$ ./bin/hadoop fs
Usage: hadoop fs [generic options]
        [-appendToFile <localsrc> ... <dst>]
        [-cat [-ignoreCrc] <src> ...]
        [-checksum <src> ...]
        [-chgrp [-R] GROUP PATH...]
        [-chmod [-R] <MODE[,MODE]... | OCTALMODE> PATH...]
        [-chown [-R] [OWNER][:[GROUP]] PATH...]
        [-copyFromLocal [-f] [-p] [-l] [-d] [-t <thread count>] <localsrc> ... <dst>]
        [-copyToLocal [-f] [-p] [-ignoreCrc] [-crc] <src> ... <localdst>]
        [-count [-q] [-h] [-v] [-t [<storage type>]] [-u] [-x] [-e] <path> ...]
        [-cp [-f] [-p | -p[topax]] [-d] <src> ... <dst>]
        [-createSnapshot <snapshotDir> [<snapshotName>]]
        [-deleteSnapshot <snapshotDir> <snapshotName>]
        [-df [-h] [<path> ...]]
        [-du [-s] [-h] [-v] [-x] <path> ...]
        [-expunge [-immediate]]
        [-find <path> ... <expression> ...]
        [-get [-f] [-p] [-ignoreCrc] [-crc] <src> ... <localdst>]
        [-getfacl [-R] <path>]
        [-getfattr [-R] {-n name | -d} [-e en] <path>]
        [-getmerge [-nl] [-skip-empty-file] <src> <localdst>]
        [-head <file>]
        [-help [cmd ...]]
        [-ls [-C] [-d] [-h] [-q] [-R] [-t] [-S] [-r] [-u] [-e] [<path> ...]]
        [-mkdir [-p] <path> ...]
        [-moveFromLocal <localsrc> ... <dst>]
        [-moveToLocal <src> <localdst>]
        [-mv <src> ... <dst>]
        [-put [-f] [-p] [-l] [-d] <localsrc> ... <dst>]
        [-renameSnapshot <snapshotDir> <oldName> <newName>]
        [-rm [-f] [-r|-R] [-skipTrash] [-safely] <src> ...]
        [-rmdir [--ignore-fail-on-non-empty] <dir> ...]
        [-setfacl [-R] [{-b|-k} {-m|-x <acl_spec>} <path>]|[--set <acl_spec> <path>]]
        [-setfattr {-n name [-v value] | -x name} <path>]
        [-setrep [-R] [-w] <rep> <path> ...]
        [-stat [format] <path> ...]
        [-tail [-f] [-s <sleep interval>] <file>]
        [-test -[defswrz] <path>]
        [-text [-ignoreCrc] <src> ...]
        [-touch [-a] [-m] [-t TIMESTAMP ] [-c] <path> ...]
        [-touchz <path> ...]
        [-truncate [-w] <length> <path> ...]
        [-usage [cmd ...]]
```

图 3.7　fs 支持的命令

我们也可以在终端输入 help 和某个具体命令来查看该命令应如何使用。例如，可以输入如下命令查看 put 命令如何使用，运行结果如图 3.8 所示。

```
$ ./bin/hadoop fs -help put
```

接下来介绍两类 HDFS 的文件操作。

1. 目录操作

需要注意的是，Hadoop 系统安装好以后，在第一次使用 HDFS 时，首先需要在 HDFS 中创建用户目录。本书全部采用用户 hadoop 登录 Linux 系统，因此需要在 HDFS 中为用户

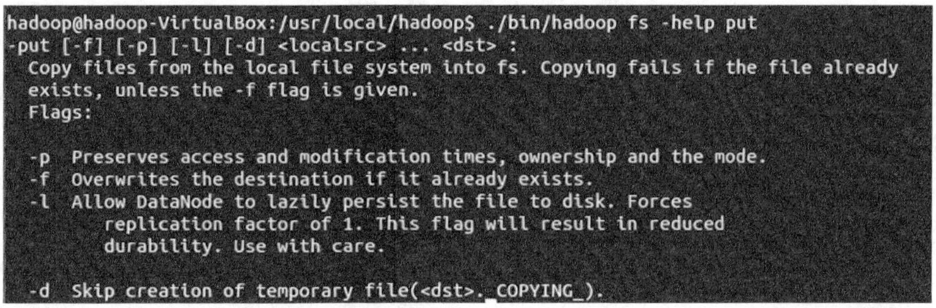

```
hadoop@hadoop-VirtualBox:/usr/local/hadoop$ ./bin/hadoop fs -help put
-put [-f] [-p] [-l] [-d] <localsrc> ... <dst> :
  Copy files from the local file system into fs. Copying fails if the file already
  exists, unless the -f flag is given.
  Flags:

  -p  Preserves access and modification times, ownership and the mode.
  -f  Overwrites the destination if it already exists.
  -l  Allow DataNode to lazily persist the file to disk. Forces
        replication factor of 1. This flag will result in reduced
        durability. Use with care.

  -d  Skip creation of temporary file(<dst>._COPYING_).
```

图 3.8　查看 put 命令的作用

hadoop 创建一个用户目录，命令如下：

```
$ cd /usr/local/hadoop
$ ./bin/hdfs dfs -mkdir -p /user/hadoop
```

该命令表示在 HDFS 中创建一个 "/user/hadoop" 目录，"-mkdir" 是创建目录的操作，"-p" 表示如果是多级目录，则父目录和子目录一起创建。这里 "/user/hadoop" 就是一个多级目录，因此必须使用参数 "-p"，否则会出错。这样，"/user/hadoop" 目录就成为用户 hadoop 对应的用户目录，可以使用如下命令显示 HDFS 中与当前用户 hadoop 对应的用户目录下的内容。

```
$ ./bin/hdfs dfs -ls .
```

该命令中，"-ls" 表示列出 HDFS 某个目录下的所有内容，"." 表示 HDFS 中的当前用户目录，也就是 "/user/hadoop" 目录。因此，上面的命令和下面的命令是等价的。

```
$ ./bin/hdfs dfs -ls /user/hadoop
```

如果要列出 HDFS 上的所有目录，可以使用 ls 命令，如下：

```
$ ./bin/hdfs dfs -ls
```

因此，如果我们需要在 HDFS 的根目录下创建一个名称为 input 的目录，则需要使用 mkdir 命令，如下：

```
$ ./bin/hdfs dfs -mkdir /input
```

这里我们采用了相对路径形式。实际上这个 input 目录创建成功以后，它在 HDFS 中的完整路径是 "/user/hadoop/input"。

此外，我们可以使用 rm 命令删除一个目录。比如，使用如下命令删除刚才在 HDFS 中创建的 "/input" 目录。

```
$ ./bin/hdfs dfs -rm -r /input
```

上面命令中，"-r" 参数表示删除 "/input" 目录及其子目录下的所有内容。如果要删除的一个目录包含了子目录，则必须使用 "-r" 参数，否则会执行失败。

2. 文件操作

在实际应用中，经常需要从本地文件系统向 HDFS 中上传文件，或者把 HDFS 中的文件下载到本地文件系统中。

为进行文件操作的举例，下面首先使用 vim 编辑器在本地 Linux 文件系统的"/home/hadoop/"目录下创建一个文件 myLocalFile.txt，并在该文件中任意输入一些单词，比如，输入如下三行：

```
Hadoop
Spark
BigData
```

然后，使用 put 命令把本地文件系统的该文件上传到 HDFS 中当前用户目录的 input 目录下，也就是上传到 HDFS 的"/user/hadoop/input/"目录下，命令如下：

```
$ ./bin/hdfs dfs -put /home/hadoop/myLocalFile.txt  input
```

可以使用 ls 命令查看一下文件是否成功上传到 HDFS 中，命令如下：

```
$ ./bin/hdfs dfs -ls input
```

该命令执行后会显示类似图 3.9 所示的信息。

```
hadoop@hadoop-VirtualBox:/usr/local/hadoop$ ./bin/hdfs dfs -ls input
Found 10 items
-rw-r--r--   1 hadoop supergroup       8260 2020-06-10 19:34 input/capacity-scheduler.xml
-rw-r--r--   1 hadoop supergroup       1075 2020-06-10 19:34 input/core-site.xml
-rw-r--r--   1 hadoop supergroup      11392 2020-06-10 19:34 input/hadoop-policy.xml
-rw-r--r--   1 hadoop supergroup       1133 2020-06-10 19:34 input/hdfs-site.xml
-rw-r--r--   1 hadoop supergroup        620 2020-06-10 19:34 input/httpfs-site.xml
-rw-r--r--   1 hadoop supergroup       3518 2020-06-10 19:34 input/kms-acls.xml
-rw-r--r--   1 hadoop supergroup        682 2020-06-10 19:34 input/kms-site.xml
-rw-r--r--   1 hadoop supergroup        758 2020-06-10 19:34 input/mapred-site.xml
-rw-r--r--   1 hadoop supergroup         21 2020-09-15 16:03 input/myLocalFIle.txt
-rw-r--r--   1 hadoop supergroup        690 2020-06-10 19:34 input/yarn-site.xml
```

图 3.9　命令执行结果

此外，可以使用 cat 命令查看 HDFS 中的 myLocalFile.txt 文件的内容，命令如下：

```
$ ./bin/hdfs dfs -cat input/myLocalFile.txt
```

也可以使用 get 命令把 HDFS 中的 myLocalFile.txt 文件下载到本地文件系统中的"/home/hadoop/下载/"目录下，命令如下：

```
$ ./bin/hdfs dfs -get input/myLocalFile.txt  /home/hadoop/下载
```

最后，我们可以使用 cp 命令把文件从 HDFS 中的一个目录复制到 HDFS 中的另外一个目录中。比如，把 HDFS 的"/user/hadoop/input/myLocalFile.txt"文件复制到 HDFS 的另外一个目录"/input"中（注意，这个 input 目录位于 HDFS 根目录下），可以使用如下命令：

```
$ ./bin/hdfs dfs -cp input/myLocalFile.txt  /input
```

3.4.2　利用 Web 界面管理 HDFS

在配置好 Hadoop 集群以后，可以打开 Linux 自带的 Firefox 浏览器，访问

http://localhost:50070，即可看到 HDFS 的 Web 管理界面。Web 管理界面如图 3.10 所示，在该页面可以查看数据节点情况、数据情况，并进行一些简单的数据上传、下载等操作。

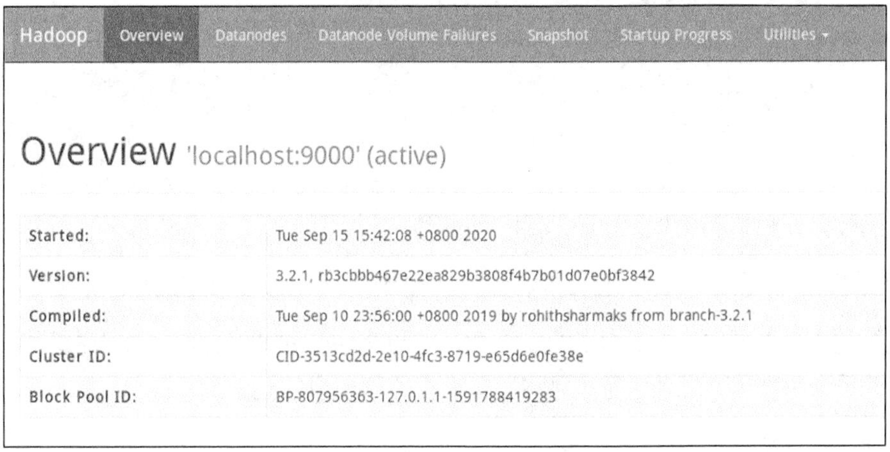

图 3.10　HDFS Web 管理界面

3.4.3　使用 Java API 访问 HDFS

HDFS 提供的 Java API 是本地访问 HDFS 的最重要的方式，所有的文件访问方式都建立在这些应用接口之上。FileSystem 类是与 HDFS 文件系统进行交互的 API，也是使用最为频繁的 API。

1. 使用 Hadoop URL 读取数据

从 Hadoop 中的 HDFS 分布式文件系统中读取数据的最简单的方法是通过使用 java.net.URL 对象来打开一个数据流，并从中读取数据。一般的调用格式如下：

```
InputStream in = null;
try{
    in = new URL("hfs:///文件路径").openStream();
}finally{
    IOUtils.closeStream(in);
}
```

这里需要注意的是，通过 FsUrlStreamHandlerFactory 实例来调用 URL 中的 setURLStreamHandlerFactory 方法在一个 Java 虚拟机中只能调用一次，因此一般都放在一个静态方法中来执行。如果程序的其他部分也设置了同样的这个对象，那么就会导致无法从 Hadoop 读取数据。所以我们将介绍另一种方法，下述范例展示的程序是以标准输出方式显示 Hadoop 文件系统中的文件，类似于 UNIX 中的 cat 命令。

```
public class URLCat{
    static{
        URL.setURLStreamHandlerFactory(new FsUrlStreamHandlerFactory());
    }
    public static void main(String[] args)throws Exception{
        nputStream in = null;
```

```
    try{
      in = new URL(args[0]).openStream();
      //其中args[0]表示的就是在命令行中输入的要访问的URL的地址
      IOUtils.copyBytes(in,System.out,4096,false);
    }finally{
        IOUtils.closeStream(in);
    }
  }
}
```

编译代码，导出为 URLcat.jar 文件，执行命令如下：

```
$ hadoop jar URLcat.jar hdfs://master:9000/usr/hadoop/test
```

执行完成后，屏幕上输出 HDFS 文件/usr/hadoop/test 中的内容。该程序是从 HDFS 读取文件的最简单的方式，即用 java.URL 对象打开数据流。

2. 通过 FileSysterm API 读取数据

在实际开发中,访问HDFS最常用的类是FileSystem类。Hadoop 文件系统中通过Hadoop Path 对象来定位文件。可以将路径视为一个 Hadoop 文件系统 URL，如 hdfs://localhost/usr/tom/test.txt。FileSystem 是一个通用的文件系统 API。获取 FileSystem 实例有以下三种静态方法。

```
public static FileSystem get(Configuration conf)throws IOException
public static FileSystem get(URI uri, Configuration conf)throws IOException
public static FileSystem get(URI uri, Configuration conf, String user)throws
IOException
```

第一种方法返回一个默认的文件系统;第二种方法通过 URI 来指定要返回的文件系统，如果 URI 中没有相应的标识则返回本地文件系统；第三种方法返回文件系统的原理与第二种方法是相同的，但它同时又限定了该文件系统的用户，这在安全方面是很重要的。

下面分别给出几个常用操作的代码示例。

（1）读取文件

实现该功能的 HDFS 命令如下：

```
$ hadoop fs -cat /user/hadoop/words.txt
```

代码示例如下：

```
package com.hdfs.client;
import java.io.IOException;
import java.io.InputStream;
import java.net.URI;
import org.apache.hadoop.conf.Configuration;
import org.apache.hadoop.fs.FileSystem;
import org.apache.hadoop.fs.Path;
import org.apache.hadoop.io.IOUtils;
/* 读取 HDFS 文件, FileSystem 扮演输入流的角色 */
```

```
public class FileSystemCat{
    public static void main(String[] args)throws IOException{
        //HDFS 文件路径
        String uri = "hdfs://master:9000/user/hadoop/words.txt";
        //Configuration 对象封装了 HDFS 客户端和集群的配置，静态加载模式
        Configuration conf = new Configuration();
        //工厂方法获取 FileSystem 实例
        FileSystem fs = FileSystem.get(URI.create(uri), conf);
        InputStream in = null;
        try{
            //获取输入流，InputStream 子类 FSDataInputStream
            in = fs.open(new Path(uri));
            //输出到系统屏幕
            IOUtils.copyBytes(in, System.out, 4096, false);
        } finally{
            IOUtils.closeStream(in);
        }
    }
}
```

将上述新建的 FiliSystemCat 类通过单击鼠标右键导出为 JAR file，命名为"FiliSystemCat.jar"。启动 Hadoop，执行 JAR，命令如下（在 JAR 文件目录下执行，且存在 HDFS 的/user/hadoop/words.txt）：

```
$ hadoop jar FiliSystemCat.jar com.hdfs.client.FiliSystemCat
```

运行结果：控制台输出 words.txt 的文件内容。

（2）写入文件

实现该功能的 HDFS 命令如下：

```
$ hadoop fs -copyFromLocal /home/hadoop/words.txt /user/hadoop/words.txt
```

代码示例如下：

```
package com.hdfs.client;
import java.io.BufferedInputStream;
import java.io.FileInputStream;
import java.io.IOException;
import java.io.InputStream;
import java.io.OutputStream;
import java.net.URI;
import org.apache.hadoop.conf.Configuration;
import org.apache.hadoop.fs.FileSystem;
import org.apache.hadoop.fs.Path;
import org.apache.hadoop.io.IOUtils;
/*
 * 拷贝本地文件内容到 HDFS 文件
 * FileSystem 扮演输出流的角色
 */
public class FileCopyFromLocal {
    public static void main(String[] args) throws IOException{
```

```
        //本地文件路径
        String source="/home/hadoop/words.txt";
        //HDFS 文件路径
        String destination="hdfs://master:9000/user/hadoop/words.txt";
        //获取输入流
        InputStream in=new BufferedInputStream(new FileInputStream(source));
        //Hadoop 配置文件加载
        Configuration conf new Configuration();
        //获取 FIleSystem 实例
        FileSystem fs=FileSystem.get(URI.create(destination), conf);
        OutputStream out = null;
        try {
                //获取输出流，OutputStream 子类 FSDataOutputStream
                //FSDataOutputStream 不允许在文件中定位，因为 HDFS 只允许顺序写入或者末尾
                  追加
                out=fs.create(new Path(destination));
                //输出到输出路径
                IOUtils.copyBytes(in, out, 4096, true);
        } finally {
                IOUtils.closeStream(out);
                IOUtils.closeStream(in);
            }
        }
}
```

　　将上述新建的 FileCopyFromLocal 类通过单击鼠标右键导出为 JAR file，命名为 "FileCopyFromLocal.jar"。启动 Hadoop，执行 JAR，命令如下（在 JAR 文件目录下执行，且存在/home/Hadoop/words.txt 文件）：

```
$ hadoop jar FileCopyFromLocal.jar com.hdfs.client.FileCopyFromLocal
```

　　运行结果：控制台没有输出。
　　使用 hadoop fs 命令查看 /user/hadoop/目录下是否有 words.txt 文件，如下：

```
$ hadoop fs -ls /user/hadoop/
```

　　（3）创建 HDFS 目录
　　实现该功能的 HDFS 命令如下：

```
$ hadoop fs -mkdir /user/hadoop/test
```

　　代码示例如下：

```
package com.hdfs.client;
import java.io.IOException;
import java.net.URI;
import org.apache.hadoop.conf.Configuration;
import org.apache.hadoop.fs.FileSystem;
import org.apache.hadoop.fs.Path;
/* 创建 HDFS 目录 */
public class CreateDir{
```

```
public static void main(String[] args){
    //HDFS 目录路径
    String uri = "hdfs://master:9000/user/hadoop/test";
    //加载 HDFS 配置信息
    Configuration conf = new Configuration();
    try{
        //工厂方法获取 FileSystem 实例
        FileSystem fs = FileSystem.get(URI.create(uri), conf);
        //创建目录
        fs.mkdirs(new Path(uri));
    }catch(IOException e){
        e.printStackTrace();
    }
}
}
```

将上述新建的 CreateDir 类通过单击鼠标右键导出为 JAR file，命名为 "CreateDir.jar"。启动 Hadoop，执行 JAR，命令如下（在 JAR 文件目录下执行）：

```
$ hadoop jar CreateDir.jar com.hdfs.client.CreateDir
```

运行结果：控制台没有输出。

可以使用 hadoop fs 命令查看 /user/hadoop/目录下是否有 test 目录，如下：

```
$ hadoop fs -ls /user/hadoop/
```

（4）删除 HDFS 上的文件或目录

实现该功能的 HDFS 命令如下：

```
$ hadoop fs -rm /user/hadoop
```

代码示例如下：

```
package com.hdfs.client;
import java.io.IOException;
import java.net.URI
import org.apache.hadoop.conf.Configuration;
import org.apache.hadoop.fs.FileSystem;
import org.apache.hadoop.fs.Path;
/* 删除文件目录 */
public class DeleteFile{
    public static void main(String[] args){
        //HDFS 文件路径
        String uri = "hdfs://master:9000/user/hadoop/test";
        //加载 HDFS 配置信息
        Configuration conf = new Configuration();
        try{
            FileSystem fs = FileSystem.get(URI.create(uri), conf);
            //删除目录路径，test 的上级目录
            Path delef = new Path("hdfs://master:9000/user/hadoop");
            //非递归删除，只能删除空文件夹，否则报错
```

```
        boolean isDeleted = fs.delete(delef, false);
        //递归删除文件夹及文件夹下的文件
        //boolean isDeleted = fs.delete(delef, true);
        System.out.println(isDeleted);
    } catch(IOException e){
        e.printStackTrace();
      }
    }
}
```

将上述新建的 DeleteFile 类通过单击鼠标右键导出为 JAR file，命名为"DeleteFile.jar"。启动 Hadoop，执行 JAR，命令如下（在 JAR 文件目录下执行）：

```
$ hadoop jar DeleteFile.jar com.hdfs.client.DeleteFile
```

运行结果：控制台没有输出。

可以使用 hadoop fs 命令查看/user/目录下是否还有 hadoop 目录，如下：

```
$ hadoop fs -ls /user/
```

（5）列出目录下的文件或目录名称

实现该功能的 HDFS 命令如下：

```
$ hadoop fs -ls /user/
```

代码示例如下：

```
package com.hdfs.client;
import java.io.IOException;
import java.net.URI;
import org.apache.hadoop.conf.Configuration;
import org.apache.hadoop.fs.FileStatus;
import org.apache.hadoop.fs.FileSystem;
import org.apache.hadoop.fs.Path;
/* 列出文件夹下的文件及文件夹列表*/
public class ListFiles{
    public static void main(String[] args){
        //HDFS 文件路径
        String uri = "hdfs://master:9000/user";
        //加载 HDFS 配置信息
        Configuration conf = new Configuration();
        try{
            FileSystem fs = FileSystem.get(URI.create(uri), conf);
            //获取文件夹下的文件及文件夹状态
            FileStatus[] stats = fs.listStatus(new Path(uri));
            //遍历
            for(int i = 0; i < stats.length; i++){
                System.out.println(stats[i].getPath().toString());
            }
            fs.close();
        } catch(IOException e){
```

```
        e.printStackTrace();
      }
    }
}
```

将上述新建的 ListFiles 类通过单击鼠标右键导出为 JAR file，命名为"ListFiles.jar"。启动 Hadoop，执行 JAR，命令如下（在 JAR 文件目录下执行）：

```
$ hadoop jar ListFiles.jar com.hdfs.client.ListFiles
```

运行结果：控制台输出 HDFS 文件目录"/user/"下的文件及文件夹名。

可以使用 hadoop fs 命令验证是否与/user/目录下所有文件及文件夹名一致，如下：

```
$ hadoop fs -ls /user/
```

习　　题

1. 试述分布式文件系统设计的需求。
2. HDFS 有何特点？主要应用在哪些场合？
3. 试述 HDFS 中的块与普通文件系统中的块的区别。
4. HDFS 设置抽象块的好处是什么？
5. HDFS 中的名称节点与数据节点分别有什么作用？
6. HDFS 中第二名称节点有什么作用？
7. HDFS 只设置唯一一个名称节点，在简化系统设计的同时也带来了一些局限性，请阐述局限性具体表现在哪些方面。
8. 试述 HDFS 的冗余数据保存策略。
9. 试述机架感知的概念，以及在 HDFS 中用到机架感知的场景。
10. 试述 HDFS 是如何探测错误发生，以及如何进行恢复的。
11. 请阐述 HDFS 在不发生故障的情况下读文件的过程。
12. 请阐述 HDFS 在不发生故障的情况下写文件的过程。

第 4 章　大数据存储进阶

随着数据规模的不断增大，无论是在数据的高并发性方面，还是在数据的高可扩展性和高可用性方面，传统的关系型数据库已难以满足这些需求，而非关系型数据库 NoSQL 因其支持超大规模数据存储、拥有灵活的数据模型等特点得到了快速发展。本章首先详细介绍 NoSQL 数据库理论知识，并比较关系型数据库与 NoSQL 数据库之间的差异，然后详细介绍 Hadoop 架构中经典的 NoSQL 数据库——HBase。

4.1　从关系型数据库到 NoSQL 数据库

4.1.1　关系型数据库

1. 关系型数据库概述

相比 NoSQL 数据库，关系型数据库对于我们来说更为熟悉。关系型数据库以科德提出的关系数据模型为基础，把所有的数据都通过行和列的二维表形式来展现，给人更容易理解的直观感受。主流的关系型数据库有 Oracle、DB2、MySQL、Microsoft SQL Server、Microsoft Access 等。每种数据库的语法、功能和特性也各具特色。

关系型数据库强调 ACID 特性，即原子性（Atomicity）、一致性（Consistency）、隔离性（Isolation）、持久性（Durability），代表的含义如下。

（1）原子性

原子性意味着以数据库中的事务执行作为原子，不可再分。整个语句要么执行，要么不执行，不会有中间状态。比如银行转账，从 A 账户转 100 元至 B 账户，分为两个步骤：①从 A 账户取 100 元；②存 100 元至 B 账户。这两步或一起完成，或都不完成；否则如果只完成了第①步，而第②步失败，那钱会无端地少了 100 元。

（2）一致性

事务在开始和结束时，应该始终满足一致性约束。比如，系统要求 A+B=100，那么事务如果改变了 A 的数值，则 B 的数值也要相应进行修改来满足一致性要求。

（3）隔离性

如果有多个事务同时执行，彼此之间不需要知晓对方的存在，而且执行时事务间互不影响。数据库允许多个并发事务同时对数据进行读写和修改。隔离性可以防止多个事务在并发执行时，由于交叉执行而导致数据不一致的情况发生。比如，有个交易要求从 A 账户转 100 元至 B 账户，在这个交易还未完成的情况下 B 查询自己的账户是看不到新增加的100 元的。

（4）持久性

事务的持久性是指事务运行成功以后，对系统状态的更新是持久的，不会无故撤销。

事务一旦提交，即使出现了任何事故（比如断电等），也会持久化保存在数据库中。

2. 关系型数据库的优势

关系型数据库的优势主要有以下几点。

（1）数据一致性

由于关系型数据库强调 ACID 特性，所以它可以维护数据之间的一致性。

（2）操作方便

通用的 SQL 语言使关系型数据库的操作变得非常方便，并可支持 JOIN 等复杂查询。

（3）易于理解

二维表结构是非常贴近逻辑世界的一个概念。采用二维表结构的关系模型相对于网状、层次等其他模型来说更容易理解。

（4）服务稳定

最常用的关系型数据库产品如 Oracle、MySQL 等的性能卓越，服务稳定，很少出现宕机异常。

关系型数据库能够保持数据的一致性是它最大的优势，因此在需要严格保证数据一致性和处理完整性的情况下，关系型数据库是最优选择。

3. 关系型数据库的不足

虽然关系型数据库的性能非常高，但它毕竟是一个通用型的数据库，并不能完全适应所有用途。具体来说，它有以下几点不足。

（1）高并发下 I/O 压力大

对传统关系型数据库来说，硬盘 I/O 是一个很大的瓶颈。如今许多网站的用户访问并发性极高，往往达到每秒上万次读写请求，而在关系型数据库中数据按行存储。即使只针对其中某一列进行运算，也需将整行数据从存储设备读入内存中，导致硬盘 I/O 消耗较高。

（2）难以快速处理海量数据

在传统关系型数据库中，随着数据量的增大，查询速度会越来越慢。一张有上百个字段的数据表在有千万条级别的数据量时，其响应速度会变得非常缓慢。

（3）为维护索引付出的代价大

传统关系型数据库在读写数据时需要考虑主键、外键和索引等因素，因此随着数据量的剧增，关系型数据库的读写能力将大幅降低。

（4）难以横向扩展

随着企业规模的扩大，数据量不断增加，数据库也需要相应扩展。但关系型数据库无法简单地通过添加更多的硬件和服务节点来扩展其性能和负载能力，往往需要停机维护，进行数据迁移。

（5）表结构扩展不方便

由于关系型数据库中存储的是结构化数据，其表结构 schema 是固定的，所以扩展不方便。如果需要修改表结构，则需要执行 DDL（Data Definition Language）语句并锁表，这会导致部分服务不可用。

综上，关系型数据库最明显的不足在于它在高并发情况下的能力瓶颈，尤其是数据写入/更新频繁时会出现数据库 CPU 使用率高、SQL 执行慢、客户端报数据库连接池不够等错误。

4.1.2　NoSQL 简介

关系型数据库从 20 世纪 70 年代到 21 世纪前 10 年都处于数据库领域的主流地位。随着 Web 2.0 时代的到来，它在应对互联网 Web 2.0 网站，特别是超大规模和高并发的 SNS 类型的 Web 2.0 纯动态网站时，显得力不从心，暴露了许多难以解决的问题，这时非关系型数据库即 NoSQL 数据库应运而生。

NoSQL 是 Not Only SQL 的缩写，意思是"不仅仅有 SQL"，而不是从字面意思理解的"不要 SQL"。NoSQL 数据库是在大数据时代的背景下产生的，它可以处理分布式、规模庞大、类型不确定、完整性没有保证的"杂乱"数据，这是传统的关系型数据库所不能胜任的。

通常 NoSQL 数据库有以下几个特点。

1. 易于扩展

对企业来说，关系型数据库是一开始的普遍选择。然而关系型数据库无法横向扩展，纵向扩展的空间也十分有限，往往只能通过硬件升级来实现，无法应对企业快速增长的数据管理需求。而 NoSQL 数据库在设计之初就是分布式、横向扩展的，因此非常适合解决大数据存储的问题。当数据库服务器无法满足数据存储和数据访问的需求时，只需要增加多台服务器，将用户请求分散到多台服务器上，即可减少出现单台服务器性能瓶颈的可能性。

2. 灵活的数据模型

关系型数据库的数据模型定义十分严格，存储数据时需要提前定义数据表的组织和结构。这对于敏捷开发模式来说十分不方便，因为每次完成新特性时，通常都需要改变数据库模式。NoSQL 数据库则摒弃了约束严格的关系数据模型，转而采用更为灵活的键值、列族等非关系数据模型，各类应用可以灵活地存储数据而无须修改表结构，或者只需增加更多的列，而无须进行数据的迁移。

3. 与云计算紧密融合

云计算具有很好的水平扩展能力，可以根据资源使用情况进行自由伸缩，各种资源可以动态加入或退出，NoSQL 数据库可以凭借自身良好的横向扩展能力，充分自由地利用云计算基础设施，很好地融入云计算环境中，构建基于 NoSQL 的云数据库服务。

综上，NoSQL 适用于以下两种场景：一是待处理的数据量很大，或对数据访问的效率要求很高，从而必须将数据放在集群上；二是想采用一种更为方便、灵活的数据交互方式来提高应用程序开发效率。

4.1.3　NoSQL 的基础理论

NoSQL 的基础理论有三个：CAP 理论、BASE 理论和最终一致性理论。

1. CAP 理论

CAP 理论由 Eric Brewer 教授于 2000 年在 ACM PODC 会议上的主题报告中提出，这个理论是 NoSQL 数据库的基础。后来 Seth Gilbert 和 Nancy Lynch 两人证明了 CAP 理论的正确性。CAP 理论如图 4.1 所示。

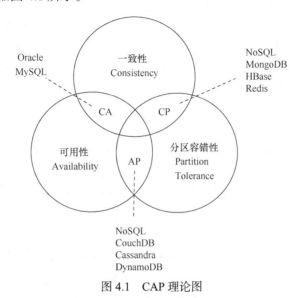

图 4.1　CAP 理论图

CAP 理论中，字母"C"、"A"和"P"分别代表了一致性（Consistency）、可用性（Availability）和分区容错性（Partition Tolerance）三个特征。

（1）一致性

一致性指的是系统在执行某项操作之后，分布式环境中多点的数据是一致的，或者说所有节点在同一时间的数据完全一致。一致性可以从客户端和服务端两个不同的视角理解。从客户端的角度来看，一致性主要指多个用户并发访问时更新的数据如何被其他用户获取的问题。从服务端的角度来看，一致性是指用户进行数据更新时如何将数据同步到整个系统以保证数据的一致性。一致性是在并发读写时才会出现的问题，因此在理解一致性的问题时，一定要注意结合考虑并发读写的场景。

（2）可用性

可用性是指用户在访问数据时，系统能否在正常响应时间内返回结果。简单而言就是客户端可以一直正常访问数据并得到系统的正常响应，不会出现系统操作失败或者访问超时等问题。

（3）分区容错性

分区容错性是指分布式系统在遇到某节点或网络分区故障的时候，分离的系统仍然能正常运作，对外提供服务。分区容错性可视为在系统中采用多副本策略。

CAP 理论的核心：一个分布式系统不可能同时满足一致性、可用性和分区容错性这三个需求，最多只能同时满足其中两个，因此，根据 CAP 原理将数据库分成了满足 CA 原则、满足 CP 原则和满足 AP 原则三大类。

① CA 原则：满足一致性、可用性而放弃分区容错性的系统为单点集群，即将所有内

容都放到同一台机器上，可扩展性较差。传统的关系型数据库（如 Oracle、MySQL 等）采用了这种设计原则。

② CP 原则：满足一致性、分区容错性而放弃可用性的系统，在网络出现分区故障时受影响的服务需要等待数据一致后才能继续执行，因此在等待期间系统无法对外提供服务。部分 NoSQL 数据库（如 HBase、MongoDB 等）采用了这种设计原则。

③ AP 原则：满足可用性、分区容错性而放弃一致性的系统允许系统返回不一样的数据。部分 NoSQL 数据库（如 CouchDB、DynamoDB 等）采用了这种设计原则。

在实践中，可根据实际情况进行 CAP 不同特性的权衡，或者在软件层面提供配置方式，由用户决定如何选择 CAP 策略。

2. BASE 理论

BASE 理论是针对 NoSQL 数据库而言的，它是对 CAP 理论中一致性和可用性进行权衡的结果，源于提出者在大规模分布式系统上实践的总结，其核心思想是无法做到强一致性，但每个应用都可以根据自身的特点，采用适当方式达到最终一致性。BASE 理论的三要素概括如下。

（1）基本可用（Basically Available）

基本可用是指在分布式系统出现故障时，允许损失部分功能，从而保证核心功能或者当前最重要的功能可用。比如，一个分布式存储系统由 10 个节点构成，当其中 1 个节点发生故障不可被访问时，剩余 9 个节点的数据仍可以被正常访问，即可称该系统"基本可用"。

（2）软状态（Soft State）

"软状态"是与"硬状态"相对的一种提法。关系型数据库 ACID 特性中的原子性要求多个节点的数据副本都是一致的，这是一种"硬状态"。而"软状态"则允许系统中存在中间状态，这个状态不影响系统的可用性，即允许不同节点的副本之间存在暂时不一致的情况。

（3）最终一致性（Eventually Consistent）

最终一致性是指经过一段时间后，所有节点的数据都将会达到一致。例如，银行系统中的非实时转账操作，允许 24 小时内用户账户的状态在转账前后是不一致的，但要求 24 小时后账户数据必须正确。

总体来说，BASE 理论面向的是大型高可用性、可扩展性的分布式系统。不同于 ACID 特性中的强一致性，BASE 理论提出通过牺牲强一致性来获得可用性，并允许数据短时间内的不一致，但是必须最终达到一致状态。在实际分布式场景中，不同业务对数据的一致性要求不一样，因此在设计中，ACID 和 BASE 理论往往可以结合使用。

3. 最终一致性理论

最终一致性是 BASE 理论的核心，也是 NoSQL 数据库的主要特点。最终一致性理论通过弱化一致性，提高系统的可伸缩性、可靠性和可用性。对于大多数 Web 应用而言，它们并不需要强一致性，因此牺牲一致性来换取高可用性，是多数分布式数据库产品的方向。

亚马逊首席技术官 Werner Vogels 在 2008 年发表的一篇文章中对最终一致性进行了非常详细的介绍。他认为最终一致性是一种特殊的弱一致性，即系统能够保证在没有其他新的更新操作的情况下，数据最终一定能够达到一致的状态，因此所有客户端对系统的数据访问都能够获取到最新的值。同时，在没有发生故障的前提下，数据达到一致状态的时间延迟，取决于网络延迟、系统负载和数据复制方案设计等因素。

最终一致性根据更新数据后各进程访问到数据的时间和方式的不同，又可以分为以下几种方式。

（1）因果一致性

如果进程 A 在更新完某个数据后通知了进程 B，那么进程 B 在之后对该数据的访问和修改都是基于 A 更新后的值。与此同时，和进程 A 无因果关系的进程 C 的数据访问则没有这样的限制。

（2）"读己之所写"（Read-Your-Writes）一致性

当进程 A 更新一个数据之后，它自身总是能访问到更新过的最新值，而不会看到旧值。这是因果一致性的一个特例。

（3）会话（Session）一致性

它把访问存储系统的进程放到会话的上下文中。只要会话还存在，系统就保证"读己之所写"一致性。如果由于某些情形令会话终止而需要建立新的会话，则系统保证不会延续到新的会话，也就是说，执行更新操作之后，客户端能够在同一个会话中始终读取到该数据的最新值。

（4）单调（Monotonic）读一致性

如果进程已经读取过数据对象的某个值，那么任何后续访问都不会返回在那个值之前的值。

（5）单调写一致性

系统保证来自同一个进程的写操作顺序执行。

上述最终一致性的不同方式可以进行组合。例如，单调读一致性和"读己之所写"一致性就可以组合实现。从实践的角度来看，这两者的组合会读取自己更新的数据，一旦读取到最新的版本，就不会再读取旧版本，对基于此架构上的程序开发来说，会减少很多额外的烦恼。

4.1.4　NoSQL 的四大类型

NoSQL 数据库并没有统一的数据模型，两种不同的 NoSQL 数据库之间的差异程度远远超过两种关系型数据库之间的不同。不同的 NoSQL 数据库各有所长。一个优秀的 NoSQL 数据库必然特别适用于某些场合。

常见的 NoSQL 数据库分为键值数据库、列族数据库、文档数据库和图数据库四种。

1. 键值数据库

键值数据库使用简单的键值对集合来存储数据，其中键作为唯一标识符。键和值都可以是从简单对象到复杂复合对象的任何内容。键值数据库是高度可分区的，并且允许以其他类型的数据库无法实现的规模进行水平扩展。键值存储非常适合不涉及过多数据关系或业务关系且拥有简单数据模型的应用，同时能有效减少读写磁盘的次数，比关系型数据库有更好的读写性能。表 4.1 列出了键值数据库的相关信息。

表 4.1　键值数据库

项目	相关信息
相关产品	Redis、Memcached、Riak
数据模型	<key,value> 键值对，通过哈希表来实现
应用场景	内容缓存，如会话、配置文件、参数等；频繁读写、拥有简单数据模型的应用
优点	扩展性好，灵活性好，大量操作时性能高
缺点	数据无结构化，只能通过键来查询值

2. 列族数据库

列族数据库是以列相关存储架构进行数据存储的数据库。数据库由多个行构成，每行数据包含多个列族，不同的行可以具有不同数量的列族，属于同一列族的数据会被存放在一起。每行数据通过行键进行定位，与这个行键对应的是一个列族。从这个角度来说，列族数据库也可以被视为一个键值数据库。列族可以被配置成支持不同类型的访问模式。一个列族也可以被设置成放入内存当中，以消耗内存为代价来换取更好的响应性能。表 4.2 列出了列族数据库的相关信息。

表 4.2　列族数据库

项目	相关信息
相关产品	Bigtable、HBase、Cassandra
数据模型	以列族存储，将同一列数据存储在一起
应用场景	分布式数据存储与管理
优点	可扩展性强，查找速度快，复杂性低
缺点	功能局限，不支持事务的强一致性

3. 文档数据库

文档数据库旨在将半结构化数据存储为文档，通常用 XML、JSON 等文档格式来封装和编码数据。在文档数据库中，文档是数据库的最小单位。一个文档可以包含非常复杂的数据结构，如嵌套对象，且每个文档可以有完全不同的数据结构。此外，每个文档包含了所有的有关信息而没有任何外部的引用，是"自描述"的，这使其很容易就可以完成数据迁移。文档数据库既可以根据键来构建索引，也可以根据文档内容构建索引，这是文档数据库不同于键值数据库的地方。表 4.3 列出了文档数据库的相关信息。

表 4.3　文档数据库

项目	相关信息
相关产品	MongoDB、CouchDB
数据模型	<key,value>，value 是一个文档
应用场景	Web 应用，存储面向文档或类似的半结构化的数据
优点	数据结构灵活，可以根据 value 构建索引
缺点	缺乏统一查询语法

4. 图数据库

图数据库应用图形理论来存储实体之间的关系信息，包括顶点以及连接顶点的边。最常见的例子就是社会网络中人与人之间的关系。在大数据时代，随着社交、电商、金融、零售、物联网等行业的快速发展，现实社会织起了一张张庞大而复杂的关系网，传统关系型数据库很难处理这些关系运算，而图数据库的独特设计恰恰弥补了这个缺陷。表 4.4 列出了图数据库的相关信息。

表 4.4　图数据库

项目	相关信息
相关产品	Neo4j、InfoGrid
数据模型	图结构，包括顶点和连接顶点的边
应用场景	社交网络、推荐系统，专注构建关系图谱
优点	支持复杂的图形算法
缺点	复杂性高，只能支持一定的数据规模

4.2　分布式数据库 HBase 概述

4.2.1　HBase 简介

前面一节，我们介绍了 NoSQL 数据库的内容，对其有了一个大致的理解。接下来我们将介绍 Hadoop 架构中经典的 NoSQL 数据库——HBase 数据库，通过学习 HBase 进一步加深对 NoSQL 数据库的理解。

HBase 是一个基于 HDFS 的面向列的分布式数据库，源于谷歌的 BigTable 论文。前面章节提过，HDFS 是基于流式数据访问的，低时间延迟的数据访问并不适合在 HDFS 上运行，所以，如果需要实时地随机访问超大规模数据集，使用 HBase 是更好的选择。

在 NoSQL 数据库领域，HBase 本身不是最优秀的，但得益于它与 Hadoop 的整合，HBase 拥有了更广阔的发展空间。下面介绍 HBase 具备的显著特性，这些特性让 HBase 成为当前和未来最实用的数据库之一。

1. 容量巨大

HBase 的单表可以有百亿行、百万列，并且可以在横向和纵向两个维度插入数据，具有很大的弹性。当关系型数据库单个表的记录在亿条级别时，查询和写入的性能都会呈指数级下降，这种庞大的数据量对传统关系型数据库来说是一种灾难。而 HBase 在限定某个列的情况下，对于单表存储百亿条甚至更多的数据时都不会产生性能问题。

HBase 采用 LSM 树（Log-Structured Merge-Tree），即日志结构合并树，作为内部数据存储结构，这种结构会周期性地将较小文件合并成大文件，以减少对磁盘的访问。

2. 列式存储

与面向行式存储的关系型数据库不同，HBase 面向列式存储和权限控制。它里面的每个列是单独存储的，且支持基于列的独立检索。通过图 4.2 所示的例子可以直观地看出行式存储与列式存储的区别。

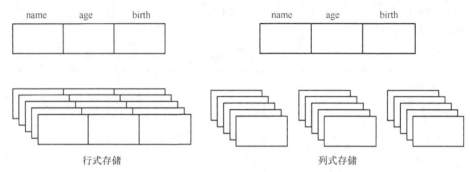

图 4.2　行式存储与列式存储

相较于行式存储，列式存储最大的优点之一就是可以大幅度节省系统的 I/O 开销。这是因为在进行数据查询的时候，行式存储需要读取每行的完整内容，再从完整内容中筛选出这次查询所需要的属性。当某一行数据属性很多，而我们只需要查询其中的一个属性时，完整地读取每一行数据就会造成极大的资源浪费。而在列式存储中，同一个列族的数据会存储在一起，查询某个属性时可以只对单独的列进行处理，而不需要处理与查询无关的数据行，这样就极大地节省了系统的 I/O 开销。

3. 稀疏性

通常在传统的关系型数据库中，每一列的数据类型是事先定义好的，会占用固定的内存空间。在此情况下，属性值为空（NULL）的列也需要占用存储空间。而在 HBase 中的数据都是以字符串形式存储的，为空的列并不占用存储空间。因此 HBase 的列式存储解决了数据稀疏性问题，在很大程度上节省了系统的存储开销。

4. 扩展性强

HBase 架构在 HDFS 之上，理所当然地支持分布式表，也继承了 HDFS 的可扩展性。HBase 的扩展是横向的。横向扩展是指在扩展时不需要提升服务器本身的性能，只需添加服务器到现有集群即可。

此外，HBase 会对数据表进行分区，并将分区分别存储在集群中不同的节点上，当添加新的节点时，集群就重新调整，在新的节点启动 HBase 服务器，动态地实现扩展。这里需要指出，HBase 的扩展是热扩展，即在不停止现有服务的前提下，可以随时增加或者减少节点。

5. 高可靠性

HBase 架构在 HDFS 上，HDFS 的多副本存储让它在出现故障时可以自动恢复，同时

HBase 内部也提供预写日志（WAL）和副本（Replication）机制，防止数据丢失，具有很好的可靠性。

4.2.2　HBase 数据模型

1. HBase 数据模型的核心概念

在 HBase 中，与传统关系型数据库一样，其数据模型同样由表组成。表也是由行和列组成的。但 HBase 中同一列可以存储不同时刻的值，同时多个列组成一个列族。接下来将介绍 HBase 数据模型中的几个核心概念。

（1）表（Table）

HBase 将数据组织进一张张的表里。表由行和列组成，列划分为若干个列族。

（2）行（Row）

每张 HBase 表由若干行组成，每个行由行键（Row Key）来进行唯一标识，所有对表的访问都要用到表的行键。在创建表时，行键不用也不能被预先定义，它将在添加数据时首次被确定。

（3）列族（Column Family）

列族可以简单地认为是一系列"列"的集合。HBase 表中的每个列都归属于某个列族。在 HBase 中，列族是以单独的文件进行存储的，每个列族都有一组存储属性，例如，其值是否应缓存在内存中，数据如何压缩或其行编码方式等。

列族是表的模式（Schema）的一部分，而列不是。列族必须在使用表之前定义。列族一旦确定后，就不能轻易修改，因为它会影响到 HBase 真实的物理存储结构，但是列族中的列限定符以及其对应的值可以动态增删。

（4）列限定符（Column Qualifier）

列限定符被添加到列族中，以提供给定数据段的索引。对于列族"content"，列限定符 1 可能是"content:html"，而列限定符 2 可能是"content:pdf"。虽然列族在创建表时是固定的，但列限定符是可变的，并且在不同行之间可以差别很大。

（5）单元格（Cell）

单元格是行、列族和列限定符的组合，并且包含值和时间戳。时间戳表示值的版本。

（6）时间戳（Timestamp）

时间戳与每个值一起编写，并且是给定版本的值的标识符。默认情况下，时间戳表示写入数据时 Region 服务器上的时间，但可以在将数据放入单元格时指定不同的时间戳值。

下面用一个实例来阐述 HBase 的数据模型。图 4.3 是一张用来存储学生信息的 HBase 表，学号作为行键来唯一标识每个学生。表中设计了"information"作为列族来保存学生的相关信息，列族中包含了 3 个列限定符——"name"、"major"和"email"，分别用来保存学生的姓名、专业和电子邮箱信息。学号为"202050003"的学生存在两个版本的电子邮箱，时间戳分别为 t1 和 t2。时间戳较大的数据版本是最新的数据。

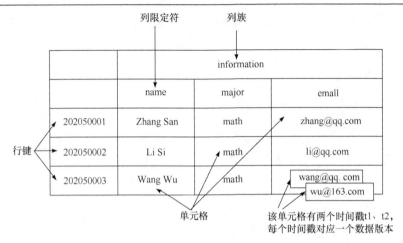

图 4.3　存储学生信息的 HBase 表

2. HBase 概念视图

在关系型数据库中只能通过表的主键或唯一字段定位到某一条数据。例如，使用典型的关系表结构来描述学生成绩（scores）表，见表 4.5，其中主要字段依次为姓名（name）、年级（grade）、数学成绩（math）、艺术成绩（art），主键为 name。

表 4.5　学生成绩（scores）表

name	grade	math	art
Tom	1	60	95
Jerry	2	89	87

由于主键唯一标识了一行记录，所以我们很容易按姓名查询到某位同学的所有成绩。但是遇到下列问题该如何应对呢？

① 如果新加一门课程，能否在不修改表结构的情况下去保存新的课程成绩？

② 如果某位同学的数学课程参加了补考，那他的两次成绩是否都可以保存？

③ 如果某位同学只参加了一门课程的考试，而其他课程都没有成绩，我们是否可以只保存有成绩的课程来节省存储空间？

对于问题①和②，在不修改表结构的情况下关系型数据库是不能实现的，即使通过修改表结构实现了，也不能保证后续的需求不会再发生变化，而针对问题③，在关系型数据库中，按表结构的字段类型定义，一条记录的某个字段无论是否为 NULL 都会占用存储空间，那么我们将不能有选择地保存数据来节省存储空间。很明显，关系型数据库无法解决上面几个在实际运用中经常出现的需求，但 HBase 可以完美地解决这些问题。

我们将学习成绩（scores）表转换为在 HBase 中的概念视图，见表 4.6。表中的列包含了行键、时间戳和两个列族（grade、course），行包含了"Jerry"和"Tom"两行数据。每次对表操作都必须指定行键、列族、列限定符，每次操作增加一条数据，每一条数据对应一个时间戳。该时间戳是自动生成的，从上往下按倒序排列，不必用户管理。HBase 中的每次操作只针对一个列键。例如，在 t5 时刻，用户指定"Tom"的"math"成绩为"60"，操作如下：先找到行键"Tom"，然后指定列族为"course"，列限定符为"math"，最后进行赋值，即"course: math=60"，t5 时刻的时间将自动插入到其时间戳列中。

表 4.6　scores 表在 HBase 中的概念视图

行键（name）	时间戳	列族（grade）		列族（course）	
	t6			course:art	95
Tom	t5			course:math	60
	t4	grade:	1		
	t3			course:art	87
Jerry	t2			course:math	89
	t1	grade:	2		

现在基于 HBase 回答前面的三个问题。

① 如果现在为学生 Jerry 新增英语课程成绩，那么指定行键"Jerry"，直接为"course: english"赋值英语成绩即可。

② 如果学生 Jerry 参加了数学课程的补考，那么指定行键"Jerry"，直接为"course: math"赋值补考数据成绩即可。上一次考试的时间同时也保存在数据表中，可通过时间戳进行区分。

③ 前面提过 HBase 基于稀疏存储设计，在概念视图中存在很多空白项，这些空白项并不会被实际存储。总之，有数据就存储，无数据则忽略，可以很好地节省存储空间。通过接下来介绍的 HBase 物理视图可以更好地体会这一点。

3. HBase 物理视图

概念视图有助于我们从逻辑上理解 HBase 的数据结构。但在实际存储时，概念视图是按照列族来存储的，一个新的列限定符可以随时加入到已存在的列族中，这也是列族必须在创建表时预先定义的原因。表 4.6 中的概念视图对应的物理视图见表 4.7 和表 4.8，它们分别展示了列族 grade 和列族 course 的集中存储。

表 4.7　scores 表在 HBase 中的物理视图（1）

行键（name）	时间戳	列族	
		列关键字	值
Jerry	t1	grade:	2
Tom	t4	grade:	1

表 4.8　scores 表在 HBase 中的物理视图（2）

行键（name）	时间戳	列族	
		列关键字	值
Tom	t6	course:art	95
	t5	course:math	60
Jerry	t3	course:art	87
	t2	course:math	89

在表 4.6 的概念视图中，我们可以看到有些列是空的，而在表 4.7、表 4.8 的物理视图中，这些空的列实际上没有被存储。

4.2.3　HBase 体系结构

HBase 体系结构借鉴了谷歌的 BigTable，是典型的主从模型。除了底层 HDFS 存储外，HBase 包含四个核心功能模块，它们分别是客户端（Client）、协调服务模块（ZooKeeper）、Master 服务器（Master）和 Region 服务器（RegionServer）。这些核心模块之间的关系如图 4.4 所示。

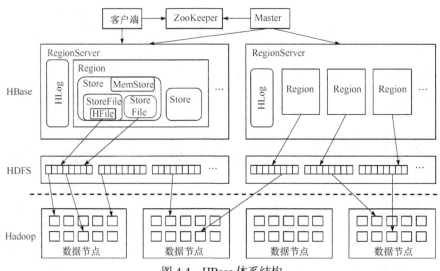

图 4.4　HBase 体系结构

1. 客户端

客户端是整个 HBase 系统的入口，可以通过客户端直接操作 HBase。客户端包含访问 HBase 的接口，同时在缓存中维护着已经访问过的 Region 位置信息，用来加快后续数据访问过程。客户端使用 HBase 的 RPC 机制与 Master 服务器和 Region 服务器进行通信，其中，客户端与 Master 服务器进行 RPC 通信来进行管理方面的操作；而对于数据读写类操作，客户端则会与 Region 服务器进行 RPC 交互。

2. ZooKeeper 服务器

ZooKeeper 服务器负责管理 HBase 中多个 Master 服务器的选举，保证在任何时候集群中总有唯一一个 Master 服务器在运行。ZooKeper 还存储所有 Region 的寻址入口，这部分内容我们在下一节的"Region 定位"部分会详细展开。此外，每个 Region 服务器都需要到 ZooKeeper 中进行注册。ZooKeeper 服务器则实时监控每个 Region 服务器的上线和下线信息，并通知给 Master 服务器。

3. Master 服务器

Master 服务器主要负责表和 Region 服务器的管理工作，包括以下几点：
* 管理用户对表的增、删、改、查操作。

- 管理 Region 服务器的负载均衡，调整 Region 分布。
- 在 Region 分裂后，负责新 Region 的分配。
- 在 Region 服务器停机后，负责失效 Region 服务器上的 Region 迁移。

Master 服务器没有单点故障问题，在 HBase 中可以启动多个 Master 服务器，通过 ZooKeeper 的选举机制来保证系统中总有一个 Master 服务器在运行。

4. Region 服务器

Region 服务器是 HBase 系统中最核心的组件，负责响应用户 I/O 请求，切分运行中变得过大的 Region，以及向 HDFS 中读写数据。Region 服务器包含两部分：HLog 部分和 Region 部分，其中 HLog 是预写日志，保证系统发生故障时能够恢复到正常的状态，在下一节的"预写日志"部分我们会详细介绍其机制。

4.2.4　HBase 工作原理

1. 表和 Region

在一个 HBase 中，存储了许多表，表中包含的行的数量非常庞大，它们无法存储在一台机器上，需要分布存储到多台机器上，因此，需要根据行键的值对表中的行进行分区。
如图 4.5 所示，每个行区间构成一个分区，被称为"Region"，包含了位于某个值域区间内所有完整的行数据。

HBase 表默认最初只有一个 Region，其默认大小为 100～200 MB。随着记录数不断增加而变大后，Region 会持续增大。当一个 Region 的大小达到一个阈值时，就会被分成两个新的 Region。Region 是 HBase 中分布式存储和负载均衡的最小单位，即不同的 Region 可以分布在不同的 Region 服务器上，但同一个 Region 不会拆分到多个服务器上。每个 Region 服务器负责管理一个 Region 集合，通常一个 Region 服务器上会放置 10～1 000 个 Region。

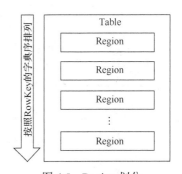

图 4.5　Region 划分

Region 虽然是分布式存储和负载均衡的最小单元，但并不是物理存储的最小单元。如图 4.6 所示，一个 Region 由一个或者多个 Store 组成，每个 Store 保存一个列族，每个 Store

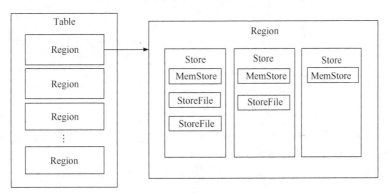

图 4.6　Region 的组成结构

又包含一个 MemStore 和零个或多个 StoreFile。用户读写的数据先保存在缓存 MemStore 中，当 MemStore 的大小达到一个阈值（默认 128 MB）时，系统会周期性地调用 Region.flushcache 方法把 MemStore 缓存里的内容写到磁盘的 StoreFile 文件中，该操作称为刷写操作。每次刷写操作都会在磁盘上生成一个新的 StoreFile 文件，因此每个 Store 会包含多个 StoreFile 文件，最终 StoreFile 以 HFile 的格式保存在 HDFS 上。

2. Region 定位

由上一节描述可知，HBase 中的一张表由多个 Region 构成，而这些 Region 是分布在整个集群的 Region 服务器上的。因此，客户端在做任何数据操作时，首先要确定数据在哪个 Region 上，然后去 Region 所在的 Region 服务器上进行数据操作。

在 HBase 的早期设计中，Region 的查找是通过三层架构来进行查询的，即在集群中有一个总入口 ROOT 表，记录了 Meta 表的 Region 位置信息。这个 ROOT 表存储在某个 Region 服务器上，但是它的地址保存在 ZooKeeper 中。这种早期的三层架构通过先找到 ROOT 表，从中获取 Meta 表位置，然后从 Meta 表中找到 Region 所在的 Region 服务器，详见表 4.9。

表 4.9　HBase 的三层架构

层次	名称	作用
第一层	ZooKeeper 文件	记录 ROOT 表所在位置
第二层	ROOT 表	记录 Meta 表所在位置，ROOT 表中只有一个 Region
第三层	Meta 表	记录用户数据的 Region 位置，Meta 表中可以有多个 Region

从 0.96 版本以后，三层架构被改为二层架构，去掉了 ROOT 表，只剩下 Meta 表（HBase: meta）。Meta 表所在的 Region 服务器信息直接存储在 ZooKeeper 中的/hbase/meta-region-server 中。

客户端首次访问用户 Table 的流程如图 4.7 所示。

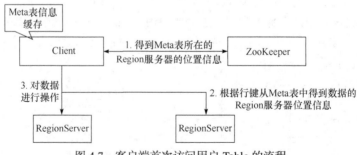

图 4.7　客户端首次访问用户 Table 的流程

① 从 ZooKeeper（/hbase/meta-region-server）中获取 Meta 表所存储的 Region 服务器的位置，并缓存该位置信息。

② 从 Meta 表所在的 Region 服务器中根据操作请求获取 Region 所在的 Region 服务器，并缓存该位置信息。

③ 从查询到的 Region 服务器中读取数据。

在这个过程中，客户端会缓存 Meta 表和用户数据的 Region 位置信息，所以对于之后的读取，客户端使用缓存的信息来获取位置信息。但随着时间的推移，客户端将不需要查询 Meta 表，直到由于某个 Region 已经移动或丢失，客户端才会重新查询并更新缓存。

3. 预写日志

我们前面介绍过，为避免产生过多的小文件，Region 服务器在未接收到足够数据刷写到磁盘（即 StoreFile）之前，会先把数据保存在缓存中（即 MemStore）。然而，缓存中的数据是不可靠的，当服务器宕机的时候，缓存中的数据会丢失。

为解决这个问题，HBase 采用了预写日志（Write Ahead Log，WAL）策略，即每次更新之前，将相关数据先写到一个日志中，只有当写入成功后才通知客户端该操作成功；然后服务端可以根据需要在缓存中对这些数据进行批处理或者聚合。HBase 预写日志流程如图 4.8 所示。

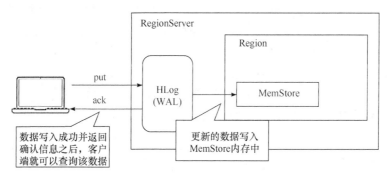

图 4.8　HBase 预写日志流程

类似 MySQL 中的 bin-log，WAL 会记录针对数据的所有更新操作。如果数据在缓存中出现问题，可以通过日志回放，恢复到服务器宕机之前的状态；如果在写入 WAL 过程中失败了，那么整个操作也被认为是失败的。

预写日志的流程如下：

① 客户端发起数据更新操作，比如执行 put()、delete() 及 incr() 操作，每个更新操作都将被包装为一个 Key-Value 对象，然后通过 RPC 调用发送出去。该请求会发送到对应 Region 所在的某个 Region 服务器上。

② Key-Value 对象到达 Region 服务器后，会被发送到指定的行键所对应的 Region 上。这时数据会先写入日志 HLog 中，然后再写入相应的 MemStore 中。

③ 如果 MemStore 达到阈值，数据就刷写到 StoreFile 文件中。如果 MemStore 没有到达阈值，则继续往 MemStore 中写数据，在此期间数据都存储在缓存中，HLog 可以保证数据不会丢失。

ZooKeeper 会实时监测每个 Region 服务器的状态。当某个 Region 服务器发生故障时，ZooKeeper 会通知 Master 服务器。Master 服务器首先处理该故障 Region 服务器上遗留的 HLog 文件。由于一个 Region 服务器上可能会维护着多个 Region 对象，这些 Region 对象共用一个 HLog 文件，所以这个遗留的 HLog 文件中包含了来自多个 Region 对象的日志记录。系统会根据每条日志记录所属的 Region 对象对 HLog 数据进行拆分，并分别存放到相应 Region 对象的目录下，再将失效的 Region 重新分配到可用的 Region 服务器中，并在可用的 Region 服务器中重新执行一遍对应日志记录中的各种操作，把数据写入 MemStore，然后刷新到磁盘的 StoreFile 文件中，完成数据恢复。

值得注意的是，在 HBase 中每个 Region 服务器只需要一个 HLog 文件，所有 Region 对象共用一个 HLog，而不是每个 Region 使用一个 HLog。在这种 Region 对象共用一个 HLog 的方式中，多个 Region 对象在进行更新操作需要修改日志时，只需要不断地把日志记录追加到单个日志文件中，而不需要同时打开、写入多个日志文件中，这样可以减少磁盘寻址次数，提高对表的写操作性能。

4. HBase 写流程

HBase 采用了 LSM 树架构，这种架构天生适用于写多读少的应用场景。需要说明的是，HBase 服务端并没有提供更新和删除接口。HBase 中对数据的更新、删除操作在服务器端也认为是写入操作。更新操作并没有更新原有数据，而是使用时间戳属性实现了多版本；删除操作也并没有真正删除原有数据，只是插入了一条标记为"Deleted"标签的数据，而真正的数据删除发生在系统异步执行 Major Compaction 的时候。Major Compaction 是指将所有的 StoreFile 合并成一个 StoreFile，在这个过程中，标记为"Deleted"标签的数据会被删除。综上，HBase 中更新、删除操作的流程与写入流程完全一致。

从整体架构的视角来看，HBase 数据写流程可以概括为三个阶段，如图 4.9 所示。

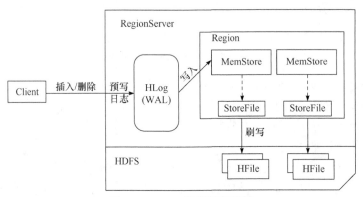

图 4.9　HBase 数据写流程图

① 客户端处理阶段：客户端将用户的写入请求进行预处理，并根据集群元数据找到数据所在的 Region 服务器，将请求发送给该 Region 服务器。

② Region 写入阶段：Region 服务器接收到写入请求之后将数据进行解析，首先写入 HLog 文件（WAL），再写入对应 Region 列族的 MemStore。

③ MemStore 刷写阶段：当 Region 中 MemStore 超过一定阈值，系统会异步执行刷写操作，将缓存中的数据写入文件形成 StoreFile，并以 HFile 的格式存储到 HDFS 上。

5. HBase 读流程

HBase 读数据的流程相较于写流程更加复杂。一是因为 HBase 一次范围查询可能会涉及多个 Region、多块缓存甚至多个数据存储文件；二是因为 HBase 中更新操作以及删除操作的实现都很简单，在上面的小节中我们也简单地提到了这种方法。这种数据写入的实现思路大大简化了数据的更新和删除流程，但这对于数据读取来说却意味着套上了层层枷锁：读取过程需要将不同版本和不同类型进行整合。

图 4.10 所示是客户端首次读取 HBase 上数据的流程。

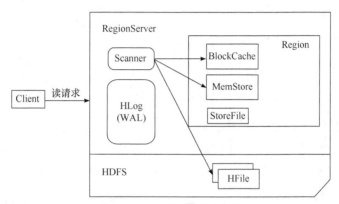

图 4.10　HBase 数据读流程

① 客户端处理阶段：客户端将用户的读取请求进行预处理，并根据集群元数据找到所读数据所在的 Region 服务器，将请求发送给对应的 Region 服务器。

② Region 读阶段：Region 服务器的缓存分为 MemStore 和 BlockCache 两部分。MemStore 主要用于写数据，BlockCache 主要用于读数据。读取时分别在 BlockCache、MemStore 和 StoreFile（对应 HDFS 上的 HFile）上查询目标数据，并将查到的所有数据进行合并。此处所有数据是指同一条数据的不同版本（Timestamp）或者不同的类型（Put/Delete 标签）。同时把读取结果缓存到 BlockCache。

4.3　HBase 编程实践

4.3.1　安装 HBase

由于 HBase 对 Hadoop 具有版本依赖性，所以在此次安装 HBase 2.2.2 之前，首先需要确保计算机中已经安装了 Hadoop 3.1.3。从 HBase 官网下载 HBase 2.2.2 安装文件（官网网址：http://archive.apache.org/dist/hbase/）。安装步骤如下。

1. 解压并安装 HBase

解压安装包 hbase-2.2.2-bin.tar.gz 至路径/usr/local，命令如下：

```
$ cd ~
$ sudo tar -zxf ~/下载/hbase-2.2.2-bin.tar.gz -C /usr/local
```

将解压的文件 hbase-2.2.2 重命名为 hbase，以方便使用，命令如下：

```
$ cd /usr/local
```

```
$ sudo mv ./hbase-2.2.2 ./hbase
```

下面把 hbase 目录权限赋予 hadoop 用户，命令如下：

```
$ cd /usr/local
$ sudo chown -R hadoop ./hbase
```

2. 配置环境变量

编辑～/.bashrc 文件的命令如下：

```
$ vim ~/.bashrc
```

如果没有引入过 PATH，请在～/.bashrc 文件尾行添加如下内容：

```
export HBASE_HOME=/usr/local/hbase
export PATH=$PATH:$HBASE_HOME/bin
```

编辑完成后，执行 source 命令使上述配置在当前终端立即生效，命令如下：

```
$ source ~/.bashrc
```

3. 添加 HBase 权限

```
$ cd /usr/local
$ sudo chown -R hadoop ./hbase
# 将 hbase 下的所有文件的所有者改为 hadoop，hadoop 是当前用户的用户名
```

4. 查看 HBase 版本，确定 HBase 是否安装成功

查看 HBase 版本，确定 HBase 是否安装成功，命令如下：

```
$ /usr/local/HBase/bin/hbase version
```

看到如图 4.11 所示的输出版本消息表示 HBase 已经安装成功，接下来将分别进行 HBase 单机模式和伪分布式模式的配置。

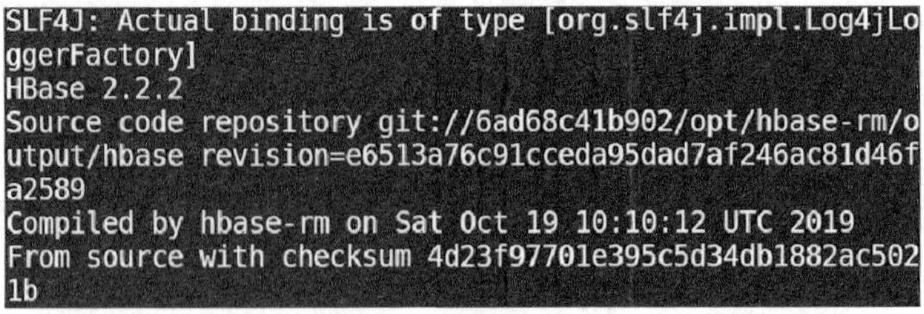

```
SLF4J: Actual binding is of type [org.slf4j.impl.Log4jLo
ggerFactory]
HBase 2.2.2
Source code repository git://6ad68c41b902/opt/hbase-rm/o
utput/hbase revision=e6513a76c91cceda95dad7af246ac81d46f
a2589
Compiled by hbase-rm on Sat Oct 19 10:10:12 UTC 2019
From source with checksum 4d23f97701e395c5d34db1882ac502
1b
```

图 4.11　HBase 版本信息

4.3.2　HBase 配置

HBase 有三种运行模式：单机模式、伪分布式模式、分布式模式。作为学习，我们重点讨论单机模式和伪分布式模式，其中 JDK、Hadoop（单机模式不需要，伪分布式模式和分布式模式需要）和 SSH 这三个先决条件很重要，比如，没有配置 JAVA_HOME 环境变量，

就会报错。以上三者如果没有安装，请先进行安装。

1. 单机模式配置

第一步，配置/usr/local/hbase/conf/hbase-env.sh。配置 JAVA 环境变量，并添加配置 HBase_MANAGES_ZK 为 true，用 vim 命令打开并编辑 hbase-env.sh，命令如下：

```
$ vim /usr/local/hbase/conf/hbase-env.sh
```

第二步，配置 JAVA 环境变量。如果 JDK 的安装目录是/usr/lib/jvm/jdk1.8.0_221，则 JAVA_HOME=/usr/lib/jvm/jdk1.8.0_221；配置 HBASE_MANAGES_ZK 为 true，表示由 HBase 自己管理 ZooKeeper，不需要单独的 ZooKeeper。hbase-env.sh 中本来就存在这些变量的配置，只需要删除前面的#并修改配置内容（#代表注释），添加完成后保存退出即可，命令如下：

```
export JAVA_HOME=/usr/lib/jvm/jdk1.8.0_221
export HBASE_CLASSPATH=/usr/local/hadoop/conf
export HBASE_MANAGES_ZK=true
```

第三步，配置/usr/local/hbase/conf/hbase-site.xml，打开并编辑 hbase-site.xml，命令如下：

```
$ vim /usr/local/hbase/conf/hbase-site.xml
```

在启动 HBase 前需要设置属性 hbase.rootdir，用于指定 hbase 数据的存储位置。此处设置为 HBase 安装目录下的 hbase-tmp 文件夹（即/usr/local/hbase/hbBase-tmp），添加配置如下：

```
<configuration>
    <property>
        <name>hbase.rootdir</name>
        <value>file:///usr/local/hbase/hbase-tmp</value>
    </property>
</configuration>
```

接下来测试运行。首先切换目录至 HBase 安装目录/usr/local/hbase，再启动 hbase。命令如下：

```
$ cd /usr/local/hbase
$ bin/start-hbase.sh
$ bin/hbase shell
```

上述三条命令中，bin/start-hbase.sh 用于启动 hbase，bin/hbase shell 用于打开 Shell 命令行模式，用户可以通过输入 Shell 命令操作 HBase 数据库。

注意：如果在操作 HBase 的过程中发生错误，可以通过{HBASE_HOME}目录（/usr/local/hbase）下的 logs 子目录中的日志文件查看错误原因。

2. 伪分布式模式配置

第一步，配置/usr/local/hbase/conf/hbase-env.sh，命令如下：

```
$ vim /usr/local/hbase/conf/hbase-env.sh
```

第二步，配置 JAVA_HOME，HBASE_CLASSPATH，HBASE_MANAGES_ZK。

将 HBASE_CLASSPATH 设置为本机 HBase 安装目录下的 conf 目录（即/usr/local/hbase/conf），命令如下：

```
export JAVA_HOME=/usr/lib/jvm/jdk1.8.0_162
export HBASE_CLASSPATH=/usr/local/HBase/conf
export HBASE_MANAGES_ZK=true
```

第三步，配置/usr/local/hbase/conf/hbase-site.xml，用命令 vim 打开并编辑 hbase-site.xml，命令如下：

```
$ vim /usr/local/HBase/conf/hbase-site.xml
```

修改 hbase.rootdir，指定 HBase 中数据在 HDFS 上的存储路径；将属性 hbase.cluter.distributed 设置为 true。假设当前 Hadoop 集群运行在伪分布式模式下，在本机上运行，且 NameNode 运行在 9000 端口。命令如下：

```
<configuration>
    <property>
        <name>hbase.rootdir</name>
        <value>hdfs://localhost:9000/hbase</value>
    </property>
    <property>
        <name>hbase.cluster.distributed</name>
        <value>true</value>
    </property>
</configuration>
```

接下来测试运行 HBase。

第一步，首先登录 ssh，之前设置了无密码登录，因此这里不需要密码；再切换目录至/usr/local/hadoop；最后启动 hadoop，如果已经启动 hadoop，请跳过此步骤，命令如下：

```
$ ssh localhost
$ cd /usr/local/hadoop
$ ./sbin/start-dfs.sh
```

输入命令 jps，能看到 NameNode、DataNode 和 SecondaryNameNode 都已经成功启动，表示 hadoop 启动成功。

第二步，切换目录至/usr/local/hbase，再启动 hbase，命令如下：

```
$ cd /usr/local/hbase
$ bin/start-hbase.sh
```

注意：如果在操作 HBase 的过程中发生错误，可以通过 {HBASE_HOME} 目录（/usr/local/hbase）下的 logs 子目录中的日志文件查看错误原因。

4.3.3　HBase Shell 命令

1. 启动并进入 HBase Shell Console

启动 HBase 并进入 Shell 界面的命令如下：

```
$ cd /usr/local/hbase
$ bin/start-hbase.sh
```

HBase Shell 界面如图 4.12 所示。

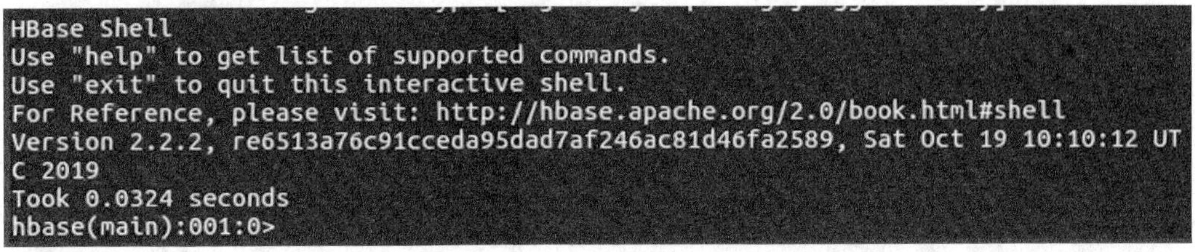

```
HBase Shell
Use "help" to get list of supported commands.
Use "exit" to quit this interactive shell.
For Reference, please visit: http://hbase.apache.org/2.0/book.html#shell
Version 2.2.2, re6513a76c91cceda95dad7af246ac81d46fa2589, Sat Oct 19 10:10:12 UT
C 2019
Took 0.0324 seconds
hbase(main):001:0>
```

图 4.12　HBase Shell 界面

2. 表的管理

（1）列举表
命令如下：

```
hbase(main)>list
```

（2）创建表
语法格式：

```
create <table>,{NAME=><family>,VERSIONS=><VERSIONS>}
```

例如，创建表 t1，有两个 family name：f1、f2，且版本数均为 2，命令如下：

```
hbase(main)>create 't1',{NAME=>'f1',VERSIONS=>2},{NAME=>'f2' VERSIONS=>2}
```

（3）删除表
删除表分两步：首先使用 disable 命令禁用表，然后用 drop 命令删除表。
例如，删除表 t1 操作如下：

```
hbase(main)>disable 't1'
hbase(main)>drop 't1'
```

（4）查看表的结构
语法格式：

```
describe <table>
```

例如，查看表 t1 的结构，命令如下：

```
hbase(main)>describe 't1'
```

（5）修改表的结构

修改表结构必须使用 disable 命令禁用表，才能修改。

例如，将表 t1 列族的 VERSION 修改为 3，命令如下：

```
hbase(main)>disable 't1'
hbase(main)>alter 't1',NAME=>'f1',VERSION=>3
hbase(main)>enable 't1'
```

语法格式：

```
alter 't1',{NAME=>'f1'},{NAME=>'f2',METHOD=>'delete'}
```

再如，修改表 test1 列族的生存周期 TTL（Time To Live）为 180 天即 15 552 000 秒，命令如下：

```
hbase(main)>disable 'test1'
hbase(main)>alter 'test1',{NAME=>'body',TTL=>'15552000'},{NAME=>'meta',TML=>
'155520001'}
hbase(main)>enable 'test1'
```

3. 权限管理

（1）分配权限

语法格式：

```
grant<user><permissions><table><column family><column qualifier>
```

说明：参数后面用逗号分隔。

权限用 "RWXCA" 五个字母表示，其对应关系为：READ（'R'）、WRITE（'W'）、EXEC（'X'）、CREATE（'C'）、ADMIN（'A'）。

例如，为用户 test 分配对表 t1 有读写的权限，命令如下：

```
hbase(main)>grant 'test','RW','t1'
```

（2）查看权限

语法格式：

```
user_permission <table>
```

例如，查看表 t1 的权限列表，命令如下：

```
hbase(main)>user_permission 't1'
```

（3）收回权限

与分配权限类似，语法格式：

```
revoke <user> <table> <column family> <column qualifier>
```

例如，收回 test 用户在表 t1 上的权限，命令如下：

```
hbase(main)>revoke 'test','t1'
```

4. 表数据的增删改查

（1）添加数据
语法格式：

```
put <table>,<rowkey>,<family:column>,<value>,<timestamp>
```

例如，给表 t1 添加一行记录，其中，rowkey 是 rowkey001，family name 是 f1，column name 是 col1，value 是 value01，timestamp 为系统默认，则命令如下：

```
hbase(main)>put 't1','rowkey001','f1:col1','value01'
```

（2）查询数据
① 查询某行记录。
语法格式：

```
get <table>,<rowkey>,[<family:column>,...]
```

例如，查询表 t1，rowkey001 中的 f1 下的 col1 的值，命令如下：

```
hbase(main)>get 't1','rowkey001','f1:col1'
```

或者用如下命令：

```
hbase(main)>get 't1','rowkey001',{COLUMN=>'f1:col1'}
```

查询表 t1，rowke001 中的 f1 下的所有列值，命令如下：

```
hbase(main)>get 't1','rowkey001'
```

② 扫描表。
语法格式：

```
scan <table>, {COLUMNS => [ <family:column>,... ], LIMIT => num}
```

例如，扫描表 t1 的前 5 条数据，命令如下：

```
hbase(main)>scan 't1',{LIMIT=>5}
```

③ 查询表中的数据行数。
语法格式：

```
count <table>, {INTERVAL => intervalNum,CACHE => cacheNum}
```

命令中，INTERVAL 是设置多少行显示一次对应的 rowkey，默认为 1000；CACHE 是每次去取的缓存区大小，默认是 10，调整该参数可提高查询速度。
例如，查询表 t1 中的行数，每 100 条显示一次，缓存区为 500，命令如下：

```
hbase(main)>count 't1',{INTERVAL => 100, CACHE => 500}
```

（3）删除数据
① 删除行中的某个列值。

语法格式：

```
delete <table>, <rowkey>, <family:column> , <timestamp>
```

必须指定列名。例如，删除表 t1，rowkey001 中的 f1:col1 的数据，命令如下：

```
hbase(main)>delete 't1','rowkey001','f1:col1'
```

注意：将删除该行 f1:col1 列所有版本的数据。
②删除行。
语法格式：

```
deleteall <table>, <rowkey>, <family:column> , <timestamp>
```

可以不指定列名，删除整行数据。
例如，删除表 t1，rowk001 的数据，命令如下：

```
hbase(main)>deleteall 't1','rowkey001'
```

③ 删除表中的所有数据。
语法格式：

```
truncate <table>
```

其具体过程：disable table → drop table → create table。例如，删除表 t1 的所有数据，命令如下：

```
hbase(main)>truncate 't1'
```

习　题

1. 如何准确理解 NoSQL 的含义？

2. NoSQL 数据库相比关系型数据库，有哪些特点？

3. 有哪些常见类型的 NoSQL 数据库？

4. CAP 理论的具体含义是什么？结合实例进行描述。

5. BASE 理论的具体含义是什么？结合实例进行描述。

6. 请分别解释 HBase 中行键、列族、列限定符和时间戳的概念。

7. 请以实例说明 HBase 的数据模型。

8. 试述 HBase 系统基本架构以及每个组成部分的作用。

9. 请阐述 Region 服务器向 HDFS 文件系统中读、写数据的基本原理。

10. 当一台 Region 服务器意外终止时，Master 服务器如何发现这种意外终止情况？为了恢复这台发生意外的 Region 服务器上的 Region，Master 服务器应该做出哪些处理？（包括如何使用 HLog 进行恢复。）

11. 试述 HBase 的读、写流程。

12. 请列举几个 HBase 常用的 Shell 命令，并说明其使用方法。

第5章　大数据计算

大数据时代除了需要解决大规模数据的高效存储问题外，还需要解决大规模数据的高效处理与分析问题。分布式并行编程框架 MapReduce 是大数据处理架构 Hadoop 的核心组件之一，可以大幅提高程序性能，实现高效的批量数据并行处理；基于内存的分布式计算框架 Spark 是一个可应用于大规模数据处理的快速、通用引擎，正以其结构一体化、功能多元化的优势逐渐成为当今大数据领域最热门的大数据计算平台。本章介绍大数据计算的相关技术，分别从概述、工作流程等方面详细介绍 MapReduce 和 Spark 这两种大数据计算框架。

5.1　MapReduce 概述

5.1.1　MapReduce 来源

MapReduce 最早是由谷歌公司研究提出的一种面向大规模数据处理的并行计算模型和方法，其设计初衷是为了搜索引擎中大规模网页数据的并行化处理。2004 年，谷歌公司在国际会议上发表了一篇关于 MapReduce 的论文，公布了 MapReduce 的基本原理和主要设计思想。2004 年，开源项目 Lucene（搜索索引程序库）和 Nutch（搜索引擎）的创始人 Doug Cutting 发现 MapReduce 正是其所需要的解决大规模 Web 数据处理的重要技术，因而模仿 Google MapReduce 基于 Java 设计开源实现了 Hadoop MapReduce（以下简称 MapReduce）。MapReduce 的推出给大数据并行处理带来了巨大的革命性影响，使其成为了大数据处理的工业标准。尽管 MapReduce 还存在诸多局限性，但人们普遍公认，MapReduce 是到目前为止最成功、最广为接受和最易于使用的大数据并行处理技术。

MapReduce 是面向大数据并行处理的计算模型、框架和平台，它隐含了以下三层含义。

1. MapReduce 是一个并行程序的计算模型与方法

MapReduce 是一个编程模型，该模型主要用来解决海量数据的并行计算。它借助于函数式编程和"分而治之"的设计思想，提供了一种简便的并行程序设计方法，用 Map 和 Reduce 两个函数编程实现基本的并行计算任务，并提供了抽象的操作和并行编程接口，从而利于简单方便地完成大规模数据的编程和计算处理。

2. MapReduce 是一个并行计算与运行的软件框架

MapReduce 提供了一个庞大但设计精良的并行计算软件框架，能自动完成计算任务的并行化处理，自动划分计算数据和计算任务，在集群节点上自动分配和执行任务以及收集计算结果，将数据分布存储、数据通信、容错处理等并行计算涉及的很多系统底层的复杂细节交由系统负责处理，大大减轻了软件开发人员的负担。

3. MapReduce 是一个基于集群的高性能并行计算平台

MapReduce 允许使用市场上普通的、甚至是廉价的服务器构成一个包含数十、数百甚至数千个节点的分布和并行计算集群，来实现海量数据的计算。

5.1.2　MapReduce 设计思想

面向大规模数据的处理，MapReduce 有以下三个层面的设计思想。

1. 分而治之

一个大规模数据集若可以分为具有同样计算过程的数据块，并且这些数据块之间不存在数据依赖关系，则提高处理速度的最好办法就是采用"分而治之"的策略对不同的数据块进行并行化计算。MapReduce 正是采用了这种"分而治之"的设计思想，即采用一定的数据划分方法将大规模数据集切分成许多独立的分片，然后将这些分片交由多个节点去并行处理，最后汇总处理结果。简单地说，MapReduce 就是"任务的分解与结果的汇总"，如图 5.1 所示。

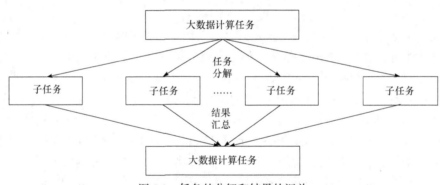

图 5.1　任务的分解和结果的汇总

2. 抽象成模型

MapReduce 借鉴了函数式编程的设计思想以及矢量编程语言的特性，将数据处理过程高度抽象为 Map 函数和 Reduce 函数，其中 Map 函数是过滤和聚集数据，表现为数据一对一的映射，通常完成数据的转换工作，Reduce 函数是根据 Map 函数执行的结果完成归约、分组和总结，表现为多对一的映射，通常完成数据的聚合操作。

3. 上升到架构

MapReduce 以统一计算架构为程序员隐藏系统底层细节。普通并行计算方法缺少统一计算架构的支持，程序员需要考虑数据存储、划分、分发、结果收集、错误恢复等诸多细节，而使用 MapReduce 时，程序员只需要集中于应用问题和算法本身，不需要关注其他系统层的处理细节，这大大减轻了程序员开发程序的负担。

MapReduce 所提供的统一计算架构的主要目标是实现自动并行化计算，为程序员隐藏系统层细节。该统一计算架构可负责自动完成以下系统底层相关的处理：

- 计算任务的自动划分和调度；
- 数据的自动化分布存储和划分；
- 处理数据与计算任务的同步；
- 结果数据的收集整理（排序、合并、分区等）；
- 系统通信、负载平衡、计算性能优化处理；
- 处理系统节点出错检测和失效恢复等。

5.1.3　MapReduce 的优缺点

1. MapReduce 的优点

目前，MapReduce 在世界范围内都非常流行，因为它有以下几个优点。

（1）易于编程

如上文所说，MapReduce 为程序员提供了统一的计算架构，使程序员只需要通过一些简单的接口就可以完成一个分布式程序的编写，而且这个分布式程序可以运行在由大量廉价服务器构成的集群上。这个易于编程的特点使得 MapReduce 变得越来越流行。

（2）良好的扩展性

当计算机资源不能得到满足的时候，可以通过简单地增加机器来扩展它的计算能力。多项研究发现，基于 MapReduce 的计算性可以随节点数目的增长保持近似于线性的增长，这个特点是 MapReduce 处理海量数据的关键，通过将计算节点增至几百或者几千可以很容易地处理数百 TB 甚至 PB 级别的离线数据量。

（3）高容错性

MapReduce 设计的初衷就是使程序能部署在廉价的商用服务器上，这就要求它具有很高的容错性。比如，MapReduce 集群中有一台机器宕机了，它可以把上面的计算任务转移到集群的另一台机器上运行，不至于让这个任务运行失败，而且这个过程不需要人工参与，完全是由 Hadoop 内部完成的。

2. MapReduce 的缺点

MapReduce 虽然有很多优势，但也有部分场景不适合用 MapReduce 来处理。

（1）不适合实时计算

MapReduce 的启动时间长，且涉及多次磁盘读写和网络传输，因此它不适合数据的实时在线处理。

（2）不适合流式计算

流式计算的输入数据是动态的，而 MapReduce 自身的设计特点决定了其输入数据集必须是静态的。

（3）不适合 DAG（有向无环图）计算

有向无环图计算中，多个应用程序之间存在依赖关系，即后一个应用程序的输入为前一个的输出。由于每个 MapReduce 作业的输出结果都必须写入磁盘，这样的依赖关系会造成大量的磁盘 I/O 消耗，从而大大降低整体性能。

5.2　MapReduce 工作流程

5.2.1　MapReduce 基本架构

和前面章节提到过的 HDFS 一样，MapReduce 也采用主从（Master/Slave）架构，主要包含四个组成部分，分别为客户端、作业管理器、任务管理器和任务，其架构如图 5.2 所示。

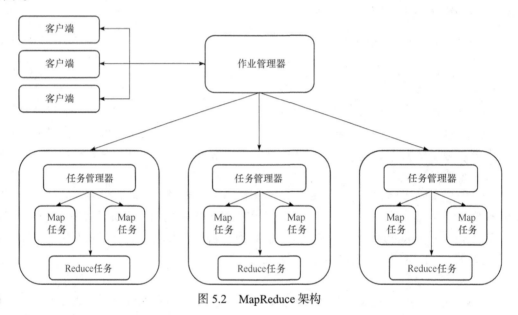

图 5.2　MapReduce 架构

1. 客户端（Client）

用户编写的 MapReduce 程序即作业将通过客户端提交到作业管理器，同时用户也可以通过客户端提供的一些接口去实时查看作业的运行状态。

2. 作业管理器（JobTracker）

作业管理器除了负责资源监控和作业调度，还负责监控所有任务管理器与作业的健康状况，一旦发现失败，就将相应的任务转移到其他节点。同时，作业管理器会跟踪任务的执行进度、资源使用量等信息，并将这些信息告诉任务调度器，而任务调度器会在资源出现空闲时，选择合适的任务使用这些资源。在 Hadoop 中，任务调度器是一个可插拔的模块，用户可以根据自己的需求设计相应的调度器。

3. 任务管理器（TaskTracker）

任务管理器会周期性地通过心跳信号将本节点上的资源使用情况和任务的运行进度汇报给作业管理器，同时接收作业管理器发送过来的命令并执行相应的操作（如启动新任务、杀死任务等）。任务管理器使用 slot 来等量划分本节点上资源量（CPU、内存等），slot 又进一步分为 Map slot 和 Reduce slot 两种，分别供 Map 任务和 Reduce 任务使用。一个任务获取到一个 slot 后才有机会运行。

4. 任务（Task）

任务分为 Map 任务和 Reduce 任务两种，均由任务管理器启动。对于 HDFS 而言，其存储数据的基本单位是数据块（Block），而对于 MapReduce 而言，其处理数据的基本单位是分片（Split）。数据块与分片的关系如图 5.3 所示。大多数情况下，理想的分片大小是一个数据块。此外，值得注意的是，分片是一个逻辑概念，分片信息包括起始偏移量、分片大小、分片数据所在的数据块信息、数据块所在的主机列表等元数据。需要注意的是，分片的多少决定了 Map 任务的数目，因为每个分片包含的数据只会交给一个 Map 任务处理。

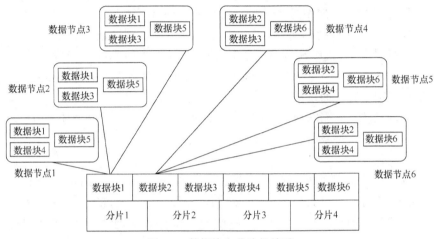

图 5.3　数据块和分片的关系

5.2.2　MapReduce 运行机制

从 MapReduce 架构层面来分析它的运行机制，如图 5.4 所示。

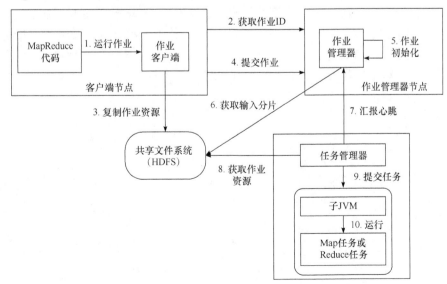

图 5.4　MapReduce 运行机制

从图 5.4 可以看出，MapReduce 运行机制大致可以分为以下几个步骤：

① 运行作业：在客户端启动一个作业。

② 获取作业 ID：作业客户端向作业管理器请求一个作业 ID（Job ID）。

③ 复制作业资源：作业客户端将运行作业所需要的资源文件复制到 HDFS 上，包括 MapReduce 程序打包的 JAR 文件、配置文件和客户端计算所得的输入分片信息。

④ 提交作业：作业客户端向作业管理器提交作业，告知作业管理器准备执行作业。

⑤ 作业初始化：作业管理器接收到作业后，将其放在一个作业队列里，等待作业管理器上的任务调度器对作业进行调度，并对其进行初始化。初始化包括创建一个表示正在运行作业的对象，以便跟踪任务的状态和进程。

⑥ 获取输入分片：作业管理器从共享文件系统中获取客户端已经计算好的输入分片，然后为每个分片创建一个 Map 任务，并且创建 Reduce 任务。

⑦ 汇报心跳：任务管理器每隔一段时间会给作业管理器发送一个心跳，告诉作业管理器它依然在运行，同时心跳中还携带着很多的信息，比如当前 Map 任务完成的进度等信息。作业管理器接收到心跳信息后，如果有待分配的任务，就会为任务管理器分配一个任务，并将分配信息封装在心跳通信的返回值中返回给任务管理器。

⑧ 获取作业资源：任务管理器分配到一个任务后，通过 HDFS 把作业的 Jar 文件复制到任务管理器所在的文件系统，同时，任务管理器将应用程序所需要的全部文件从分布式缓存复制到本地磁盘。

⑨ 提交任务：任务管理器提交任务并启动一个新的 JVM（Java Virtual Machine，即 Java 虚拟机）。为了实现任务隔离，MapReduce 将每个任务放到单独的 JVM 中运行。

⑩ 运行：JVM 运行每个任务，包括 Map 任务和 Reduce 任务。任务的子进程每隔几秒便告知父进程它的进度，直到任务完成。

5.2.3　MapReduce 内部逻辑

在图 5.5 所示的 MapReduce 工作原理流程图中，一个应用程序被划分成 Map 和 Reduce 两个计算阶段，它们分别由一个或者多个 Map 任务和 Reduce 任务组成，其中，每个 Map 任务处理输入数据集合中的一个分片，并将产生的若干个数据片段写到本地磁盘上，而 Reduce 任务则从每个 Map 任务所在节点上远程复制（pull）相应的数据片段，经分组聚集和归并后，将计算结果写到 HDFS 上作为最终结果。

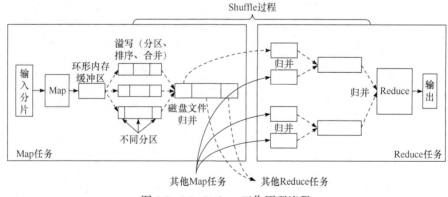

图 5.5　MapReduce 工作原理流程

Shuffle 过程是 MapReduce 整个工作原理中最核心的环节，理解其过程对于理解整个 MapReduce 流程至关重要。Shuffle 的本意是洗牌、混洗，是把一组有规则的数据尽量打乱成无规则的数据，而在 MapReduce 中，Shuffle 更像是洗牌的逆过程，指的是将 Map 端的无规则输出按指定的规则"打乱"成具有一定规则的数据，以便 Reduce 端接收处理，其在 MapReduce 中所处的工作阶段是 Map 输出后到 Reduce 接收前，具体可以分为 Map 端和 Reduce 端前后两个部分。

下面将对 Map 端和 Reduce 端的 Shuffle 过程进行详细介绍。

1. Map 端的 Shuffle 过程

Map 端的 Shuffle 过程如图 5.6 所示，具体如下：

① 分区：MapReduce 的输入是分片（Split），每个输入分片会让一个 Map 任务来处理，默认情况下，以 HDFS 的一个数据块的大小（默认 64 MB）为一个分片。线程首先根据 Reduce 任务的数目将数据划分为相同数目的分区，这个分区对应于后面的 Reduce 任务，也就是一个 Reduce 任务对应一个分区的数据。此外，在这个过程中还会对每个分区中的数据进行排序，如果此时设置了用 Combiner 函数定义的合并操作，则会将排序后的结果进行合并，让尽可能少的数据写入磁盘。

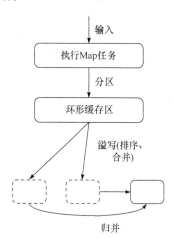

图 5.6 Map 端的 Shuffle 过程

② 写入环形缓冲区：频繁的磁盘 I/O 操作会严重降低效率，因此 Map 输出的结果会暂且放在一个环形内存缓冲区中（该缓冲区的大小默认为 100 MB）。

③ 溢写：一旦缓冲区内容达到阈值（默认溢写比例为 0.8，即当达到缓冲区大小的 80% 时，进行溢写），会在本地文件系统中创建一个溢出文件，将该缓冲区中的数据写入这个文件。

④ 归并溢出文件：当 Map 任务处理的数据很大时，可能会生成多个溢出文件，这时需要将这些文件归并（Merge）。归并的过程中会不断地进行排序和合并操作，最后归并成了一个已分区且已排序的文件。

看到这里，可能有人会对合并和归并这两个概念有所混淆。在这里我们举个简单的例子，两个键值对< "a",1>和< "a",1>，如果将其合并，会得到< "a",2>，如果归并，会得到< "a",<1,1>>。简而言之，合并是指 Combiner 的过程，是将重复的 key 合并在一起，减少冗余信息，是对 key 的操作。归并是两个有序文件合并成一个有序文件，是对文件的操作。

2. Reduce 端的 Shuffle 过程

相对于 Map 端而言，Reduce 端的 Shuffle 过程非常简单，只需要从 Map 端读取 Map 结果，然后执行归并操作，最后输送给 Reduce 任务进行处理即可。过程如图 5.7 所示。

① Reduce 任务向作业管理器询问 Map 任务是否已经完成。若完成，则接收不同 Map 任务传来的数据。如果 Reduce 任务接收的数据量相当小，则直接存储在缓存中，如果数据量超过了该缓冲区大小的一定比例，则对数据合并后溢写到磁盘中。

② 随着溢写文件的增多，后台线程会将它们归并成一个大文件，这样做是为了给后面

的合并节省空间。归并的时候还会对键值对进行排序，从而使得最终大文件中的键值对都是有序的。

③ 磁盘中经过多轮归并后得到若干大文件，这些大文件不会继续归并，而是直接输入给 Reduce 任务，这样可以减少磁盘的读写开销。至此，整个 Shuffle 过程结束。

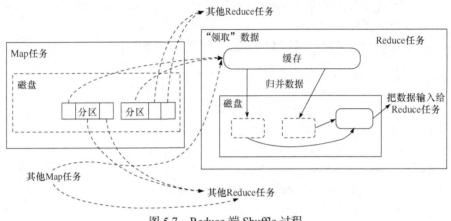

图 5.7   Reduce 端 Shuffle 过程

5.3   MapReduce 实例分析

本节将以一个单词计数程序 WordCount 为例来详细解释 MapReduce 解决实际问题的设计思路、数据处理流程和编程实践。WordCount 的目标是在大量的文件中统计每个单词出现的次数（即词频统计），并按照单词字母顺序排序。WordCount 是最简单也是最能体现 MapReduce 思想的程序之一，可以称为 MapReduce 版 "Hello World"。

5.3.1   WordCount 设计思路

虽然 WordCount 是一个很简单的程序，但它有很多重要的应用，例如，在搜索引擎中统计最流行的 K 个搜索词、帮助优化搜索词提示等。那么我们该怎么用 MapReduce 来解决 WordCount 的任务呢？

首先，我们检查 WordCount 任务是否适合用 MapReduce 来处理。在前面我们提到过，适合用 MapReduce 来处理的数据集需要满足一个前提条件：待处理的数据集可以分解成许多小的数据集，而且每一个小数据集都可以完全并行地进行处理。在 WordCount 程序任务中，不同单词之间的频数不存在相关性，彼此独立，可以把文件分片发给不同的机器进行并行处理，因此可以采用 MapReduce 来实现词频统计任务。

基于上述分析，接下来可以确定 MapReduce 程序的设计思路。思路很简单，把文件内容解析成许多个单词，然后把所有相同的单词聚集到一起，最后计算出每个单词出现的次数，输出最终结果。

5.3.2   WordCount 数据处理流程

下面我们通过示意图来分析 WordCount 的过程。

1. 把数据源转化为<key,value>对

首先将数据文件拆分成分片，这个拆分本质上是一个逻辑概念，用来明确一个分片包含多少个数据块，这些数据块是在哪些名称节点上，它并不实际存储源数据。随后每个分片作为一个 Map 任务的输入，在 Map 任务执行过程中分片会被分解成一个个<key,value>对，Map 任务会依次处理每一个记录。默认情况下，当测试用的文件较小时，每个数据文件被划分为一个分片，并将文件按行转换成<key,value>对，这一步由 MapReduce 框架自动完成，其中 key 为字节偏移量，value 为该行数据内容。具体<key,value>对生成的过程如图 5.8 所示。

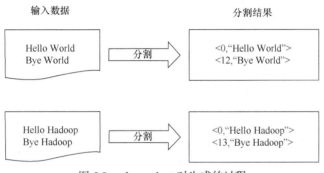

图 5.8　<key,value>对生成的过程

2. 自定义 map 函数处理输入的<key,value>对

将分割好的<key,value>对交给用户自定义的 map 函数处理，生成许多新的<key,value>对，如图 5.9 所示。

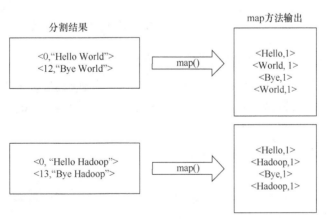

图 5.9　map 函数处理过程

3. Shuffle 过程

在 Map 端的 Shuffle 过程中，如果用户没有定义 Combiner 函数，则 Shuffle 过程会把具有相同 key 的键值对归并（Merge）成一个键值对，如图 5.10 所示。

在前面的介绍中我们也提到过，MapReduce 支持用户自定义 Combiner 函数，对每一个 Map 结果做局部的归并，这样就能将减少最终存储以及传输的数据量，提高数据处理效率。

如果自定义了 Combiner 函数，那么 Map 端的 Shuffle 过程如图 5.11 所示。

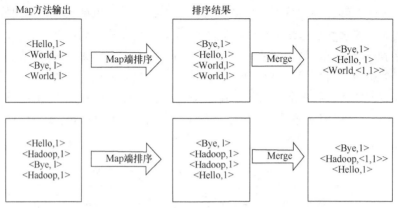

图 5.10　未定义 Combiner 函数的 Map 端的 Shuffle 过程

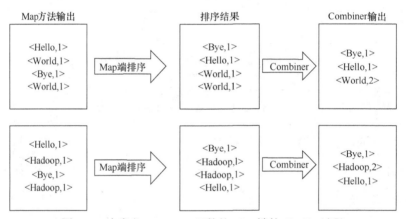

图 5.11　自定义 Combiner 函数的 Map 端的 Shuffle 过程

4. 自定义 Reduce 函数处理输入的<key,List(value)>对

经过复杂的 Shuffle 处理后，Reducer 先对从 Map 端接收到的数据进行排序，再用用户自定义的 Reduce 方法进行处理，得到新的<key,value>对，也就是 MapReduce 的最终结果，即每个单词的词频，如图 5.12 所示。

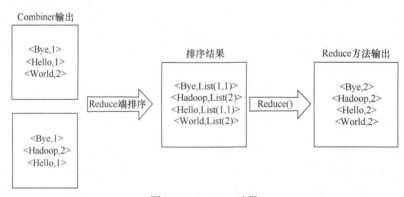

图 5.12　Reduce 过程

5.3.3 WordCount 编程实现

1. 词频统计任务要求

首先，在 Linux 系统本地创建两个文件，即文件 wordfile1.txt 和 wordfile2.txt。在实际应用中，这两个文件可能会非常大，会被分布存储到多个节点上。但是，为了简化任务，这里的两个文件只包含几行简单的内容。需要说明的是，针对这两个小数据集样本编写的MapReduce 词频统计程序，不用作任何修改，就可以用来处理大规模数据集的词频统计。

文件 wordfile1.txt 的内容如下：

```
I love Spark
I love Hadoop
```

文件 wordfile2.txt 的内容如下：

```
Hadoop is good
Spark is fast
```

假设 HDFS 中有一个/user/hadoop/input 文件夹，并且文件夹为空，首先将文件wordfile1.txt 和 wordfile2.txt 上传到 HDFS 中的 input 文件夹下。现在需要设计一个词频统计程序，统计 input 文件夹下所有文件中每个单词的出现次数，也就是说，程序应该输出如下形式的结果：

```
fast  1
good  1
Hadoop  2
I   2
is  2
love  2
Spark  2
```

2. 在 Eclipse 中创建项目

首先，启动 Eclipse，启动以后会弹出如图 5.13 所示界面，提示设置工作空间（Workspace）。

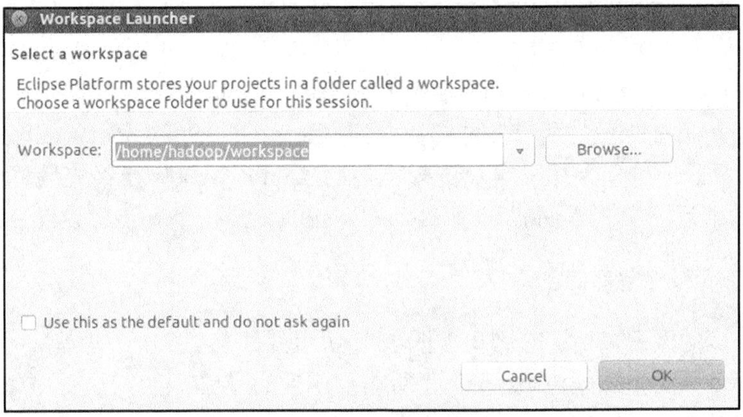

图 5.13 Eclipse 启动界面

　　可以直接采用默认的设置"/home/hadoop/workspace"，单击"OK"按钮。可以看出，当前是采用 hadoop 用户登录了 Linux 系统，因此，默认的工作空间目录位于 hadoop 用户目录"/home/hadoop"下。

　　选择"File→New→Project"菜单项，开始创建一个 Java 工程，弹出如图 5.14 所示界面。

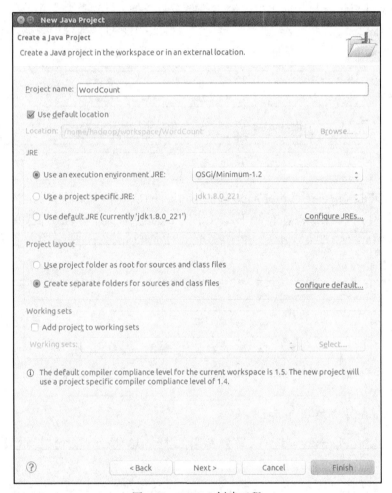

图 5.14　Eclipse 创建工程

　　在"Project name"后面的文本框中输入工程名称"WordCount"，选中"Use default location"复选框，让这个 Java 工程的所有文件都保存到"/home/hadoop/workspace/WordCount"目录下。在"JRE"这个选项卡中，可以选择当前的 Linux 系统中已经安装好的 JDK，比如jdk1.8.0_211，然后，单击界面底部的"Next>"按钮，进入下一步的设置。

　　3. 为项目添加所需要的 JAR 包

　　进入下一步的设置以后，会弹出如图 5.15 所示界面。

　　需要在这个界面中加载该 Java 工程所需要用到的 JAR 包，这些 JAR 包中包含了与Hadoop 相关的 Java API。这些 JAR 包都位于 Linux 系统的 Hadoop 安装目录下，对于本书而言，就是在"/usr/local/hadoop/share/hadoop"目录下。单击界面中的"Libraries"选项卡，然后单击界面右侧的"Add External JARs…"按钮。

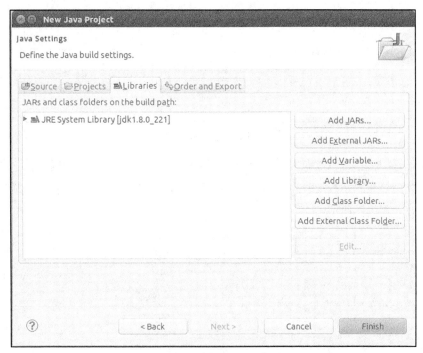

图 5.15　添加 JAR 包

为了编写一个 MapReduce 程序，一般需要向 Java 工程中添加以下 JAR 包：

①"/usr/local/hadoop/share/hadoop/common"目录下的 hadoop-common-3.1.3.jar 和 hadoop-nfs-3.1.3.jar。

②"/usr/local/hadoop/share/hadoop/common/lib"目录下的所有 JAR 包。

③"/usr/local/hadoop/share/hadoop/mapreduce"目录下的所有 JAR 包，但是，不包括 jdiff、lib、lib-examples 和 sources 目录。

④"/usr/local/hadoop/share/hadoop/mapreduce/lib"目录下的所有 JAR 包。

需要注意的是，当需要选中某个目录下的所有 JAR 包时，可以使用【Ctrl+A】组合快捷键进行全选操作。全部添加完毕以后，就可以单击界面右下角的"Finish"按钮，完成 Java 工程 WordCount 的创建。

4. 编写 Java 应用程序

下面编写一个 Java 应用程序，即 WordCount.java。请在 Eclipse 工作界面左侧的"Package Explorer"面板中，找到刚才创建好的工程名称"WordCount"，然后在该工程名称上右击，在弹出的快捷菜单中选择"New→Class"菜单项。

在弹出的界面中，在"Name"后面的文本框中输入新建的 Java 类文件的名称，这里采用名称"WordCount"，其他都可以采用默认设置，然后单击界面右下角"Finish"按钮，出现如图 5.16 所示界面。

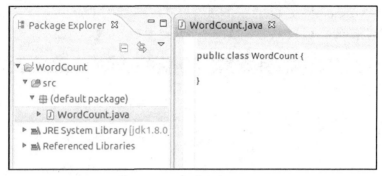

图 5.16　创建完毕界面

可以看出，Eclipse 自动创建了一个名为"WordCount.java"的源代码文件，并且包含了代码"public class WordCount{}"，清空该文件里面的代码，然后在该文件中输入完整的词频统计程序代码，具体如下：

```
import java.io.IOException;
import java.util.Iterator;
import java.util.StringTokenizer;
import org.apache.hadoop.conf.Configuration;
import org.apache.hadoop.fs.Path;
import org.apache.hadoop.io.IntWritable;
import org.apache.hadoop.io.Text;
import org.apache.hadoop.mapreduce.Job;
import org.apache.hadoop.mapreduce.Mapper;
import org.apache.hadoop.mapreduce.Reducer;
import org.apache.hadoop.mapreduce.lib.input.FileInputFormat;
import org.apache.hadoop.mapreduce.lib.output.FileOutputFormat;
import org.apache.hadoop.util.GenericOptionsParser;
public class WordCount {
    public WordCount(){}
    public static void main(String[] args)throws Exception {
        Configuration conf = new Configuration();
        String[] otherArgs = (new GenericOptionsParser(conf, args)).
        getRemainingArgs();
        if(otherArgs.length < 2){
          System.err.println("Usage: wordcount <in> [<in>...] <out>");
                System.exit(2);
        }
        Job job = Job.getInstance(conf, "word count");
        job.setJarByClass(WordCount.class);
        job.setMapperClass(WordCount.TokenizerMapper.class);
        job.setCombinerClass(WordCount.IntSumReducer.class);
        job.setReducerClass(WordCount.IntSumReducer.class);
        job.setOutputKeyClass(Text.class);
        job.setOutputValueClass(IntWritable.class);
        for(int I = 0; I < otherArgs.length - 1; ++i){
          FileInputFormat.addInputPath(job, new Path(otherArgs[i]));
        }
        FileOutputFormat.setOutputPath(job, new Path(otherArgs
```

```
        [otherArgs.length - 1]));
    System.exit(job.waitForCompletion(true)?0:1);
}
public static class TokenizerMapper extends Mapper<Object, Text,
    Text, IntWritable> {
    private static final IntWritable one = new IntWritable(1);
    private Text word=new Text();
    public TokenizerMapper(){
    }
    public void map(Object key, Text value, Mapper<Object, Text, Text,
    IntWritable>.Context context)throws IOException,
    InterruptedException {
      StringTokenizer itr=new StringTokenizer(value.toString());
      while(itr.hasMoreTokens()){
          this.word.set(itr.nextToken());
          context.write(this.word, one);
      }
    }
}
public static class IntSumReducer extends Reducer<Text, IntWritable, Text,
    IntWritable> {
    private IntWritable result=new IntWritable();
    public IntSumReducer(){}
    public void reduce(Text key, Iterable<IntWritable> values,
    Reducer< Text, IntWritable, Text, IntWritable>.Context
    context)throws IOException, InterruptedException {
     int sum=0;
     IntWritable val;
     for(Iterator i$=values.iterator(); i$.hasNext(); sum +=
     val.get()){
         val=(IntWritable)i$.next();
     }
     this.result.set(sum);
     context.write(key, this.result);
    }
  }
}
```

5. 编译打包程序

现在可以编译上面编写的代码。直接单击 Eclipse 工作界面上部的运行程序的快捷按钮，当把鼠标移动到该按钮上时，在弹出的菜单中选择"Run as"，继续在弹出的菜单中选择"Java Application"。

单击弹出界面右下角的"OK"按钮，开始运行程序。程序运行结束后，会在底部的"Console"面板中显示运行结果信息。

下面把 Java 应用程序打包生成 JAR 包，部署到 Hadoop 平台上运行，把词频统计程序放在"/usr/local/hadoop/myapp"目录下。如果该目录不存在，可以使用如下命令创建：

```
$ cd /usr/local/hadoop
```

```
$ mkdir myapp
```

首先，请在 Eclipse 工作界面左侧的"Package Explorer"面板中，在工程名称"WordCount"上右击，在弹出的快捷菜单中选择"Export"。在弹出的界面中，选择"Runnable JAR file"，然后单击"Next>"按钮，弹出如图 5.17 所示界面。

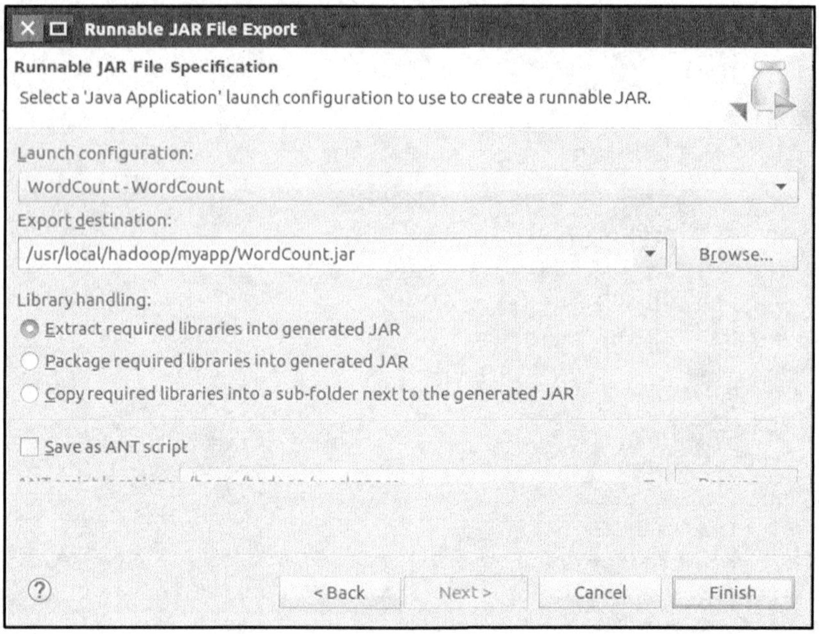

图 5.17　导出界面

在该界面中，"Launch configuration"用于设置生成的 JAR 包被部署启动时运行的主类，需要在下拉列表中选择刚才配置的类"WordCount-WordCount"。在"Export destination"中需要设置 JAR 包要输出保存到哪个目录，比如，这里设置为"/usr/local/hadoop/myapp/WordCount.jar"。在"Library handling"下面选中"Extract required libraries into generated JAR"单选按钮。然后，单击"Finish"按钮。接着继续单击界面右下角的"OK"按钮，启动打包过程。打包过程结束后，会出现一个警告信息界面，可以忽略该界面的信息，直接单击界面右下角的"OK"按钮。至此，已经顺利把 WordCount 工程打包生成了 WordCount.jar。可以到 Linux 系统中查看一下生成的 WordCount.jar 文件，在 Linux 的终端中执行如下命令：

```
$ cd /usr/local/hadoop/myapp
$ ls
```

可以看到，"/usr/local/hadoop/myapp"目录下已经存在一个 WordCount.jar 文件。

6. 运行程序

在运行程序之前，需要启动 Hadoop，命令如下：

```
$ cd /usr/local/hadoop
$ ./sbin/start-dfs.sh
```

　　启动 Hadoop 之后，需要首先删除 HDFS 中与当前 Linux 用户 hadoop 对应的 input 和 output 目录（即 HDFS 中的"/user/hadoop/input"和"/user/hadoop/output"目录），这样确保后面程序运行不会出现问题，具体命令如下：

```
$ cd /usr/local/hadoop
$ ./bin/hdfs dfs -rm -r input
$ ./bin/hdfs dfs -rm -r output
```

　　然后，在 HDFS 中新建与当前 Linux 用户 hadoop 对应的 input 目录，即"/user/hadoop/input"目录，具体命令如下：

```
$ cd /usr/local/hadoop
$ ./bin/hdfs dfs -mkdir input
```

　　然后，把之前 Linux 本地文件系统中新建的两个文件 wordfile1.txt 和 wordfile2.txt（假设这两个文件位于"/usr/local/hadoop"目录下，并且里面包含了一些英文语句），上传到 HDFS 中的"/user/hadoop/input"目录下，命令如下：

```
$ cd /usr/local/hadoop
$ ./bin/hdfs dfs -put ./wordfile1.txt input
$ ./bin/hdfs dfs -put ./wordfile2.txt input
```

　　如果 HDFS 中已经存在目录"/user/hadoop/output"，则使用如下命令删除该目录：

```
$ cd /usr/local/hadoop
$ ./bin/hdfs dfs -rm -r /user/hadoop/output
```

　　现在可以在 Linux 系统中使用 hadoop jar 命令运行程序了，命令如下：

```
$ cd /usr/local/hadoop
$ ./bin/hadoop jar ./myapp/WordCount.jar input output
```

　　上面命令执行以后，当运行顺利结束时，词频统计结果已经被写入了 HDFS 的"/user/hadoop/output"目录中，可以执行如下命令查看词频统计结果：

```
$ cd /usr/local/hadoop
$ ./bin/hdfs dfs -cat output/*
```

　　上面命令执行后，会在屏幕上显示如下词频统计结果：

```
Hadoop  2
I   2
Spark   2
fast    1
good    1
is  2
love    2
```

　　至此，词频统计程序顺利运行结束。需要注意的是，如果要再次运行 WordCount.jar，需要首先删除 HDFS 中的 output 目录，否则会报错。

5.4　Spark 概述

5.4.1　Spark 简介

Spark 是一种快速、通用、可扩展的大数据分析引擎，是一套基于内存计算的大数据并行计算框架。Spark 于 2009 年诞生于加州大学伯克利分校 AMPLab，2010 年开源，2013 年 6 月成为 Apache 孵化项目，2014 年 2 月成为 Apache 顶级项目。目前，Spark 生态系统已经发展成为一个包含多个子项目的集合，如 Spark SQL、Spark Streaming、GraphX、MLlib 等子项目。

Spark 基于内存计算，在提高大数据环境下数据处理的实时性的同时还保证了高容错性和高可伸缩性，允许用户将 Spark 部署在大量廉价硬件之上，形成集群。Spark 得到了众多大数据公司的支持，包括 Hortonworks、IBM、Intel、Cloudera、MapR、Pivotal、百度、阿里、腾讯、京东、携程、优酷、土豆等。百度的 Spark 已应用于凤巢、大搜索、直达号、百度大数据等业务；阿里利用 GraphX 构建了大规模的图计算和图挖掘系统，实现了很多生产系统的推荐算法。

Spark 有以下四个特点。

1. 高效性

不同于 MapReduce 将中间计算结果放入磁盘中的做法，Spark 采用内存存储中间计算结果，这减少了迭代运算的磁盘 I/O 开销。此外，Spark 通过并行计算 DAG 的优化，减少了不同任务之间的依赖，降低了延迟等待时间。相关资料显示，这种内存计算的方式使得 Spark 可比 MapReduce 快 100 倍左右。

2. 易用性

Spark 支持 Java、Python 和 Scala 的 API，还支持超过 80 种高级算法，用户可以快速构建不同的应用。Spark 还支持交互式的 Python 和 Scala 的 Shell，可以非常方便地在 Shell 中使用 Spark 集群来验证解决问题的方法。

3. 通用性

Spark 提供了统一的解决方案，可用于批处理、交互式查询（Spark SQL）、实时流处理（Spark Streaming）、机器学习（Spark MLlib）和图计算（GraphX）。不同类型的处理都可以在同一个应用中无缝使用。另外，Spark 可以很好地融入 Hadoop 的体系结构中，直接操作 HDFS，并提供 Hive on Spark、Pig on Spark 等框架集成 Hadoop 组件。

4. 兼容性

Spark 可以非常方便地与其他开源产品进行融合。比如，Spark 可以使用 Hadoop 的 YARN 和 Apache Mesos 作为它的资源管理和调度器，并且可以处理所有 Hadoop 支持的数据库，包括 HDFS、HBase 和 Cassandra 等。

5.4.2 Spark 生态圈

在实际应用中，大数据处理主要包括以下三种场景：

① 复杂的批数据处理：时间跨度通常在数十分钟到数小时之间。

② 基于历史数据的交互式查询：时间跨度通常在数十秒到数分钟之间。

③ 基于实时数据的流数据处理：时间跨度通常在数百毫秒到数秒之间。

目前，已有很多相对成熟的开源软件用于处理以上三种场景。比如，可以利用 MapReduce 来进行批数据处理；利用 Impala 来进行交互式查询（Impala 与 Hive 相似，但底层引擎不同，提供了实时交互式 SQL 查询）；对于流数据处理则可以采用开源流计算框架 Storm。一些企业可能只涉及其中部分应用场景，则部署相应软件即可满足业务需求，但对于许多互联网公司而言，通常会同时存在以上三种场景，即需要部署三种不同的软件，这样做难免会带来一些问题。

① 不同场景之间输入/输出的数据无法做到无缝共享，通常需要进行数据格式的转换。

② 不同的软件需要不同的开发和维护团队，使用成本较高。

③ 难以对同一个集群中的各个系统进行统一的资源协调和分配。

而 Spark 的设计遵循"一个软件栈满足不同应用场景"的理念，形成了一套完整的生态系统，既能够提供内存计算框架，也可以支持 SQL 即时查询、实时流式计算、机器学习和图计算等。因此，Spark 所提供的生态系统足以应对上述三种场景，即同时支持批数据处理、交互式查询和流数据处理。

具体地说，Spark 生态系统主要包含了 Spark Core、Spark SQL、Spark Streaming、MLlib 和 GraphX 等组件。各个组件的具体功能如下：

① Spark Core：包含 Spark 的基本功能，包含任务调度、内存管理、错误恢复、与存储系统交互等模块。Spark Core 中还包含了对弹性分布式数据集（Resilient Distributed Datasets，RDD）的 API 定义。其他的 Spark 库都是构建在 RDD 和 Spark Core 之上的。

② Spark SQL：用来操作结构化数据的核心组件。通过 Spark SQL 可以直接查询 Hive、HBase 等多种外部数据源中的数据。每个数据库表被当作一个 RDD，Spark SQL 查询被转换为 Spark 操作。

③ Spark Streaming：Spark 提供的流式计算框架，支持高吞吐量、可容错性处理的实时流式数据处理。Spark Streaming 允许程序能够像普通 RDD 一样处理实时数据。

④ MLlib：一个常用机器学习算法库，算法被实现为对 RDD 的 Spark 操作。这个库包含可扩展的学习算法，比如分类、回归等，需要对大量数据集进行迭代操作。

⑤ GraphX：控制图、并行图操作和计算的一组算法和工具的集合。GraphX 扩展了 RDD API，包含控制图、创建子图、访问路径上所有顶点的操作。

在不同的应用场景下，可以选用的 Spark 生态系统中的组件和其他框架见表 5.1。

表 5.1 不同应用场景下的 Spark 生态系统中的组件和框架

应用场景	时间跨度	其他框架	Spark 生态系统中的组件
复杂的批数据处理	小时级	MapReduce、Hive	Spark
基于历史数据的交互式查询	分钟级、秒级	Impala、Dremel、Drill	Spark SQL

续表

应用场景	时间跨度	其他框架	Spark 生态系统中的组件
基于实时数据的流数据处理	毫秒级、秒级	Storm、S4	Spark Streaming
基于历史数据的数据挖掘	—	Mahout	MLlib
图结构数据的处理	—	Pregel、Hama	GraphX

5.5　Spark 工作流程

5.5.1　基本概念

在了解 Spark 的运行架构之前，首先要知道以下几个基本的概念。

① 应用（Application）：用户自己编写的 Spark 应用程序，批处理作业的集合。可以认为是多次批量计算组合起来的过程，在物理上表现为编写的程序包和部署配置。

② 弹性分布式数据集（Resilient Distributed Datasets，RDD）：只读分区记录的集合，Spark 对所处理数据的基本抽象。Spark 中的计算可以简单抽象为对 RDD 的创建、转换和返回操作结果的过程。每个 RDD 由若干个分区（Partition）组成。

③ 有向无环图（Directed Acyclic Graph，DAG）：在图论中，边没有方向的图称为无向图，如果边有方向则称为有向图。在有向图的基础上，任何顶点都无法经过若干条边回到该点，则这个图就没有环路，称为有向无环图。Spark 中使用 DAG 对 RDD 的关系进行建模，描述了 RDD 的依赖关系，这种关系也被称为血统（Lineage）。

④ 作业（Job）：包含很多任务的并行计算，可以认为是 Spark RDD 里面的行动（Action），每个行动操作会生成一个作业。Spark 采用惰性机制，对 RDD 的创建和转换并不会立即执行，只有在遇到第一个行动操作时才会生成一个作业，然后统一调度执行。一个作业包含多个转换和一个行动。

⑤ 阶段（Stage）：作业的基本调度单位，也被称为任务集。用户提交的计算任务是一个由 RDD 构成的 DAG。如果 RDD 在转换的时候需要执行 Shuffle，那么这个 Shuffle 的过程就将这个 DAG 分为了不同的阶段。由于 Shuffle 的存在，不同的阶段是不能并行计算的，因为后面阶段的计算需要前面阶段的 Shuffle 结果。

⑥ 任务（Task）：具体执行任务。一个作业在每个阶段内都会按照 RDD 的分区数量，创建多个任务。每个阶段内多个并发的任务执行逻辑完全相同，只是作用于不同的分区。一个阶段的总任务数量由阶段中最后一个 RDD 的分区数量决定。

Spark 中各种概念之间的关系如图 5.18 所示。总体而言，在 Spark 中，一个应用由一个任务控制节点和若干个作业构成，一个作业由多个阶段构成，一个阶段由多个任务组成。

5.5.2　架构设计

Spark 运行架构如图 5.19 所示，包括集群资源管理器（Cluster Manager）、多个运行作业任务的工作节点（Worker）、每个应用的任务控制节点（Driver）和每个工作节点上负责执行具体任务的执行器（Executor）。

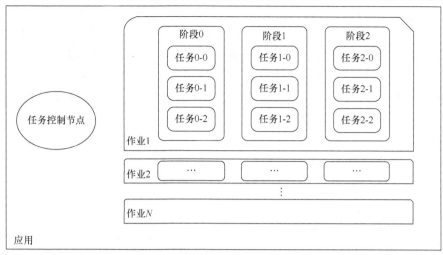

图 5.18　Spark 中各种概念的关系

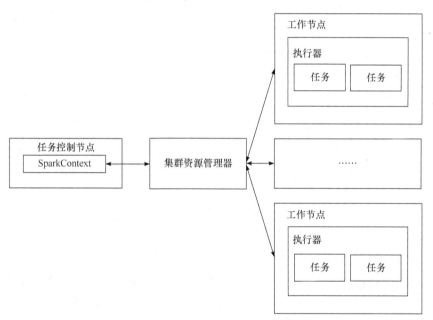

图 5.19　Spark 运行架构

① SparkContext：Spark 应用程序的入口，负责和集群资源管理器通信，进行资源申请、任务分配和监控等，并协调各个工作节点上的执行器。

② 任务控制节点：运行应用程序的 main 函数并创建 SparkContext。

③ 集群资源管理器：它可以是 Spark 自带的资源管理器，也可以是 YARN 或 Mesos 等资源管理框架，分别对应 Spark 集群的三种运行模式，即 Standalone、Spark on YARN、Spark on Mesos。

④ 工作节点：集群中任何可以运行应用代码的节点，运行一个或多个执行器进程。

⑤ 执行器：在工作节点上执行任务的组件，用于启动线程池来运行任务。每个应用程序拥有独立的一组执行器。

与 MapReduce 计算框架相比，Spark 所采用的执行器具有两大优势。第一，执行器利用多线程来执行具体任务，减少了使用的资源和启动开销。第二，执行器中有一个 BlockManager 存储模块，会将内存和磁盘共同作为存储设备，当需要多轮迭代计算时，可以将中间结果存储到这个存储模块里，供下次需要时直接使用，而不需要从磁盘中读取，从而有效减少 I/O 开销；或者在交互式查询场景下，可以预先将数据缓存到 BlockManager 存储模块上，从而提高读写 I/O 性能。

5.5.3　运行流程

Spark 应用的详细运行流程如图 5.20 所示。

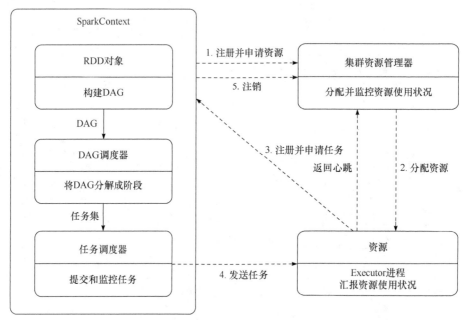

图 5.20　Spark 应用运行流程

① 当一个 Spark 应用被提交时，首先需要为这个应用构建起基本的运行环境，即由任务控制节点（Driver）创建一个 SparkContext。SparkContext 会向集群资源管理器注册并申请运行执行器（Executor）的资源。

② 集群资源管理器为执行器分配资源，并启动执行器进程。执行器运行情况将随着"心跳"发送到集群资源管理器上。

③ SparkContext 根据 RDD 的依赖关系构建 DAG。DAG 提交给 DAG 调度器（DAGScheduler）进行解析，将 DAG 分解成多个"阶段"（每个阶段都是一个任务集），并计算出各个阶段之间的依赖关系，然后把一个个"任务集"提交给底层的任务调度器（TaskScheduler）进行处理；执行器向 SparkContext 申请任务，任务调度器将任务分发给执行器运行，同时，SparkContext 将应用程序代码发放给执行器。

④ 任务在执行器上运行，把执行结果反馈给任务调度器，然后反馈给 DAG 调度器，运行完毕后写入数据并释放所有资源。

5.5.4　RDD 算子

Spark 的核心是建立在统一的抽象 RDD 之上，基于 RDD 的转换和行动操作使得 Spark 的各个组件可以无缝进行集成，从而在同一个应用程序中完成大数据计算任务。

RDD 是 Spark 提供的核心抽象， Spark 将常用的大数据操作都转化成为 RDD 的子类（RDD 是一个抽象类，具体由各子类实现，如 MappedRDD、 ShuffledRDD 等子类）。可以将 RDD 的名称拆分成三个方面来理解。

① 弹性：实际上指的是数据结构的灵活性，包括可以自由地存放在内存或者硬盘中、可以自由转换成其他 RDD、可以存放任意类型的数据、高效容错、无视资源管理自由设定分片和任务等。

② 分布式：RDD 是可以分区的。每个分区可以分布在集群中不同的节点上，从而对 RDD 中的数据进行并行操作。

③ 数据集：抽象地说，RDD 就是一种元素集合。单从逻辑上的表现来看，RDD 就是一个数据集合。可以简单地将 RDD 理解为 Java 里面的 List 集合或者数据库里面的一张表。

RDD 提供了一组丰富的操作以支持常见的数据运算，分为行动（Action）和转换（Transformation）两种类型，两者之间的关系如图 5.21 所示。行动用于执行计算并指定输出的形式，转换用于指定 RDD 之间的相互依赖关系。RDD 提供的转换接口都非常简单，是类似 map、filter、groupBy、join 等粗粒度的数据转换操作，而不是针对某个数据项的细粒度修改。因此，RDD 比较适合对于数据集中元素执行相同操作的批处理式应用，不适合用于需要异步、细粒度状态的应用，比如 Web 应用系统、增量式的网页爬虫等。

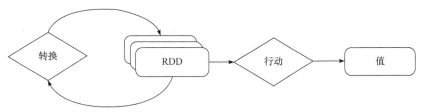

图 5.21　行动与转换之间的关系

RDD 采用了惰性调用，即在 RDD 的执行过程中，所有的转换操作都不会执行真正的操作，只会记录依赖关系，而只有遇到了行动操作，才会触发真正的计算，并根据之前的依赖关系得到最终的结果。

在实际应用中，存在许多迭代式算法和交互式数据挖掘工具，这些应用场景的共同之处在于不同计算阶段之间会重用中间结果，即一个阶段的输出结果会作为下一个阶段的输入。Hadoop 中的 MapReduce 框架将每次计算的中间结果写入 HDFS 中，这样的操作带来了大量的数据复制、磁盘 I/O 和序列化开销，并且通常只支持一些特定的计算模式。而 RDD 提供了一个抽象的数据架构，让开发者不必担心底层数据的分布式特性，只需将具体的应用逻辑表达为一系列转换处理，将不同 RDD 之间的转换操作形成依赖关系，可以实现管道化，从而避免了中间结果的存储，大大降低了数据复制、磁盘 I/O 和序列化开销。

图 5.22 是一个 RDD 执行过程的实例。在图中，从输入中逻辑上创建了 A 和 C 两个 RDD，经过一系列转换操作后，逻辑上生成了 RDD F。此时计算并没有发生，Spark 只是

记录了 RDD 之间的生成和依赖关系。当 F 要进行输出时，也就是当 F 进行行动操作的时候，Spark 才会根据 RDD 的依赖关系生成 DAG，并从起点开始真正的计算。

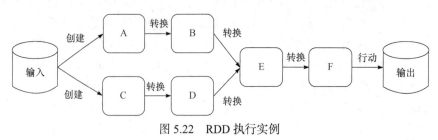

图 5.22　RDD 执行实例

习　　题

1. 试述 MapReduce 与 Hadoop 的关系。

2. 试述适合采用 MapReduce 来处理的任务或者数据集需满足怎样的要求。

3. MapReduce 计算模型的核心是 Map 函数和 Reduce 函数，试述这两个函数各自的输入、输出以及处理过程。

4. 试述 MapReduce 的工作流程（包括提交任务、Map、Shuffle、Reduce 的过程）。

5. 分别描述 Map 端和 Reduce 端的 Shuffle 过程（包括 Spill、Sort、Merge、Fetch 的过程）。

6. MapReduce 中有这样一个原则：移动计算比移动数据更经济。试述什么是本地计算，并分析为何要采用本地计算。

7. 试说明一个 MapReduce 程序在运行期间所启动的 Map 任务数量和 Reduce 任务数量各是由什么因素决定的。

8. 试分析为何采用 Combiner 可以减少数据传输量。是否所有的 MapReduce 程序都可以采用 Combiner？为什么？

9. 试画出使用 MapReduce 来对英语句子 "Whatever is worth doing is worth doing well" 进行词频统计的过程。

10. Spark 是基于内存计算的大数据计算平台，试述 Spark 的主要特点。

11. Spark 的出现是为了解决 Hadoop MapReduce 的不足，试列举 Hadoop MapReduce 的几个缺陷，并说明 Spark 具备哪些优点。

12. 试述 Spark 的生态系统。

13. 试述 Spark 的几个主要概念：RDD、DAG、阶段、分区。

14. Spark 对 RDD 的操作主要分为行动（Action）和转换（Transformation）两种类型，两种操作的区别是什么？

第 6 章　多维大数据分析

传统的关系型数据库在事务处理方面的应用已经获得了巨大的成功，但其数据分析处理能力相对较弱。数据仓库和联机分析处理（Online Analytical Processing，OLAP）技术的出现，提供了对多维数据分析的有效支持。近年来，随着数据规模的不断扩大，与数据仓库和联机分析处理相关的各种多维大数据分析技术也应运而生。本章首先介绍多维数据模型的概念、几种常见的数据模型以及多维数据分析中常用的 OLAP 操作，然后介绍多维分析工具 Hive 的工作原理、架构以及常用的 HiveQL 操作。

6.1　多维数据模型

多维数据模型是为了满足用户从多角度、多层次进行数据查询和分析的需要而建立起来的基于事实和维的数据库模型。多维数据模型采用多维结构文件进行数据存储，并有索引及相应元数据管理文件与存储的实际数据相对应，适用于分析型的数据查询和获取。

6.1.1　数据立方体

数据立方体（Data Cube，英文简称 Cube）是多维数据模型的一个形象的说法。区别于关系数据模型中的二维表，数据立方体是一个多维的数据模型，类似于一个超立方体，它允许从多个维度来对数据建模，并提供多维的视角观察数据。

数据立方体由维和事实定义。维就是描述数据的业务角度，不同的分析场景会有若干的维。例如，对于一个记录商店数据的数据仓库来说，涉及的维有时间、商品类型、地点等。每一个维都有一张维表与之相关联，维表对维进行进一步的描述。维又包括了维属性和维成员。一个维通常通过一组维属性进行描述，如时间维包含了年份、季度、月份、日期等维属性。维成员是不同维层次的取值组合，如某年某月某日属于时间维的一个维成员。

在通常情况下，多维数据模型会围绕某个中心主题来构建，该主题被称为事实。事实是用数值来度量的信息单元。每个事实有一张对应的事实表。事实表包括事实的名称或度量（Measure），以及每个相关维表的关键字。度量是要进行度量计算的聚合数值，度量支持的聚合操作有 sum()、count()、avg()、distinct-count()、max()、min()等。图 6.1 所示的数据立方体从时间（季度）、销售地点和商品类型三个维描述了某销售公司的商品销售数量。

6.1.2　多维数据模型

在数据库设计中，通常使用的是实体——联系数据模型，即数据的组织由实体的集合和实体之间的联系组成，这种数据模型适用于联机事务处理（Online Transaction Processing，

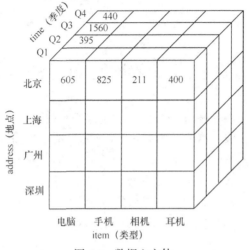

图 6.1　数据立方体

OLTP）。然而，数据仓库的联机分析处理则需要使用一种简明的、面向主题的数据模型。目前最流行的数据仓库数据模型就是多维数据模型。

　　我们通常使用一种基于 SQL 的数据挖掘查询语言（Data Mining Query Language，DMQL）来对多维数据模型进行定义。DMQL 包括定义数据仓库的语言原语。数据仓库可以使用两种原语进行定义：一种是立方体定义，另一种是维定义。

　　立方体定义语句具有如下语法形式：

```
define cube <cube_name>[<dimension_list>]:<measure_list>
```

　　维定义语句具有如下语法形式：

```
define dimension <dimension_name> as (<attribute_or_subdimension_list>)
```

　　多维数据模型常用的模式有三种：星形模式、雪花模式和事实星座模式。下面具体介绍这三种模式的概念和定义。

1. 星形模式

星形模式（Star Schema）是最常见的模型范例，包括：
① 一个大的、包含大量数据且不含冗余的中心表（事实表）。
② 一组小的附属维表。

　　这种模式的图形很像星星，如图 6.2 所示，维表围绕中心事实表显示在中心事实表的射线上。该模式包含一个中心事实表 sales，它包含四个维的关键字（time 维、item 维、branch 维和 location 维）和三个度量（units_sold、dollars_sold 和 avg_sales）。

　　在星形模式中，每个维只用一个维表来表示，每个维表各包含一组维属性。例如，item 维表包含属性集{item_key, item_name, brand, type, supplier_type}。

　　图 6.2 中的星形模式使用如下的 DMQL 定义：

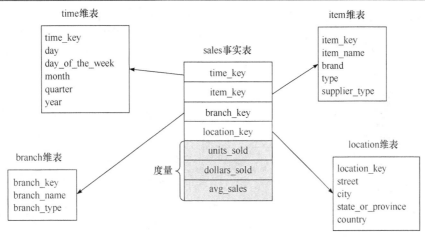

图 6.2 星形模式

```
define cube sales_star[time, item, branch, location]:
units_sold = count(*),dollars_sold = sum(sales_in_dollars), avg_sales = avg
(sales_in_dollars)
define dimension time as (time_key, day, day_of_the_week, month, quarter,
year)
define dimension item as (item_key, item_name, brand, type, supplier_type)
define dimension branch as (branch_key, branch_name, branch_type)
define dimension location as (location_key, street, city, state_or_province,
country)
```

define cube 语句定义了一个数据立方体：sales_star，它对应于图 6.2 中的中心事实表 sales。该命令说明维表的关键字和三个度量（units_sold、dollars_sold 和 avg_sales）。该数据立方体有四个维，分别为 time 维、item 维、branch 维和 location 维，其中每一个 define dimension 语句定义一个维。

2. 雪花模式

雪花模式（Snowflake Schema）是对星形模式的扩展，它对星形模式的维表进一步层次化，原有的各维表可能被扩展为多个小的维表，形成一些局部的"层次"区域，从而使模式图变成类似于雪花的形状。这些被分解的维表都连接到图 6.2 中的维表（此处可称为主维表），而不是事实表，通过最大限度地减少数据存储量以及联合较小的维表来改善查询性能。从图 6.3 中可以看到，item 维表被进一步细分出 supplier 维表，location 维表被进一步细分出 city 维表。

图 6.3 中的雪花模式可以使用如下的 DMQL 定义：

```
define cube sales_snowflake[time, item, branch, location]:
units_sold = count(*),dollars_sold = sum(sales_in_dollars),avg_sales = avg
(sales_in_dollars)
define dimension time as (time_key, day, day_of_the_week, month, quarter,
year)
define dimension item as (item_key,item_name,brand,type,supplier (supplier_key,
supplier_type))
```

```
define dimension branch as (branch_key, branch_name, branch_type)
define dimension location as(location_key, street, city(city_key, city, state_
or_province, country))
```

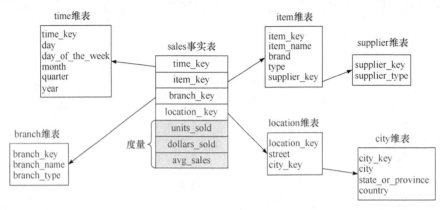

图 6.3　雪花模式

该定义类似于星形模式中的定义，不同的是雪花模式对 item 维表和 location 维表的定义更加规范。在 sales_snowflake 数据立方体中，item 维被规范化成两个维表：item 和 supplier。supplier 维的定义在 item 维的定义中被说明，用这种方式定义 supplier 维，就是隐式地在 item 维的定义中创建了一个 supplier_key。类似地，location 维也被规范化成两个维表：location 和 city。city 维的定义在 location 维的定义中被说明，city_key 在 location 维的定义中被隐式地创建。

3. 事实星座模式

在复杂的应用场景下，一个数据仓库可能会由多个主题构成，因此会包含多个事实表，而同一个维表可以被多个事实表所共享，这种模式可以看作星形模式的汇集，因而被称为星系模式（Galaxy Schema），或者事实星座（Fact Constellations）模式。

如图 6.4 所示，图中包含两张事实表，分别是 sales 事实表和 shipping 事实表，其中 sales 事实表的定义与图 6.2 所示的星形模式中的相同，shipping 事实表中有五个维或关键字：time_key、item_key、shipper_key、from_location 和 to_location，以及两个度量：dollars_cost

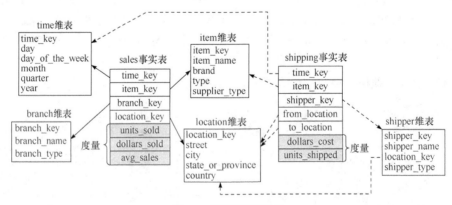

图 6.4　事实星座模式

和 units_shipped。在事实星座模式中，事实表是能够共享维表的，例如，sales 事实表和 shipping 事实表共享 time、item 和 location 三个维表。

图 6.4 中的事实星座模式可以使用如下的 DMQL 定义：

```
define cube sales[time, item, branch, location]:
units_sold = count(*),dollars_sold = sum(sales_in_dollars), avg_sales = avg
(sales_in_dollars)
define dimension time as (time_key, day, day_of_the_week, month, quarter,
year)
define dimension item as (item_key, item_name, brand, type, supplier_type)
define dimension branch as (branch_key, branch_name, branch_type)
define dimension location as (location_key, street, city, state_or_ province,
country)
define cube shipping[time,item,shipper,from_location,to_location]: dollars
cost = sum(cost_in_dollars), units_shipped = count(*)
define dimension time as time in cube sales
define dimension item as item in cube sales
define dimension shipper as (shipper_key, shipper_name, location as location
in cube sales, shipper_type)
define dimension from_location as location in cube sales
define dimension to_location as location in cube sales
```

define cube 语句用于定义数据立方体 sales 和 shipping，分别对应图 6.4 中的两个事实表。数据立方体 sales 的 time、item 和 location 维可以被数据立方体 shipping 共享。由于这三个维表已经在 sales 中被定义，在定义 shipping 时可以直接通过 as 关键字进行引用。

6.1.3 概念分层

概念分层提出的背景是因为由数据归纳出的概念是有层次的。例如，假定在一个 location 维表中，location 是 "杭州电子科技大学"，可以通过常识归纳出 "杭州市" "浙江省" "中国" "亚洲" 等不同层次的概念。这些不同层次的概念是对原始数据在不同粒度上的概念抽象。图 6.5 表示了 location 维上的一个概念分层。

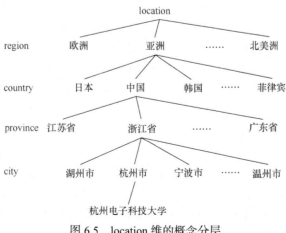

图 6.5　location 维的概念分层

所谓概念分层，实际上就是将低层概念集映射到高层概念集的方法。通过收集并用较高层的概念替换较低层的概念，概念分层可以用来归约数据。通过这种泛化，尽管细节丢失了，但泛化后的数据更有意义、更容易解释，并且所需的空间比原数据少。同时，在归约的数据上进行挖掘，与在大的、未泛化的数据上挖掘相比，所需的 I/O 操作更少，并且更有效。

许多概念分层隐藏在数据库模式中。例如，假定 location 维由属性 street、city、province、country、region 定义。这些属性按一个全序相关，即任何一对属性在某一规则下都是相互可比较的，并形成一个层次，例如 "city<province<country"。维的属性也可以构成一个偏序，即只有部分属性之间在某个规则下是可以比较的。例如，time 维基于属性 day、week、month、quarter、year 就是一个偏序 "day<{month<quarter;week}<year"（通常人们认为周是跨月的，不把它看作月的底层抽象；而一年大约包含 52 个周，常常把周看作年的底层抽象）。这种通过定义数据库模式中属性的全序或偏序的概念分层称作模式分层。

概念分层也可以通过对维或属性值的离散化或分组来定义，产生集合分组分层。例如，可以将商品的价格从高到低区间排列，这样的概念分层就是集合分组分层。对于商品价格这一维度，根据不同的用户视图，可能有多个概念分层，用户可能会更加简单地把商品看作便宜、价格适中、昂贵这样的分组来组织概念分层。

概念分层允许用户在各种抽象级别处理多维数据模型，有一些 OLAP 数据立方体操作允许用户将抽象层物化成为不同的视图，并能够实现交互查询和分析数据。由此可见，OLAP 为数据分析提供了友好的交互环境。

6.1.4　多维数据模型中的 OLAP 操作

多维数据模型作为一种新的逻辑模型赋予了数据新的组织和存储形式，而要真正体现其在分析上的优势，还需要基于模型的有效的操作和处理，也就是联机分析处理。

典型的 OLAP 的多维分析操作包括：下钻（Drill-down）、上卷（Roll-up）、切片（Slice）、切块（Dice）以及转轴（Pivot）等。下面将以图 6.1 中的数据立方体为例分别对这些操作进行详细介绍。

1. 下钻

下钻（Drill-down）是指在维的不同层次间的变化，从上一层降到下一层，或者说是将汇总数据拆分成更加细节化的数据。如图 6.6 所示，下钻操作从时间这一维度对数据立方体进行更深一步的细分，即从季度下钻到月份，从而能够针对每个月份的数据进行进一步的细化分析。

2. 上卷

上卷（Roll-up）实际上就是下钻的逆操作，即从细粒度数据向高层的聚合。图 6.7 所示的上卷操作也是从时间这一维度对数据立方体进行操作的，将第一季度和第二季度的数据合并为上半年的数据，将第三季度和第四季度的数据合并为下半年的数据，从而将数据聚合，使得在更高层次上进行数据分析成为可能。

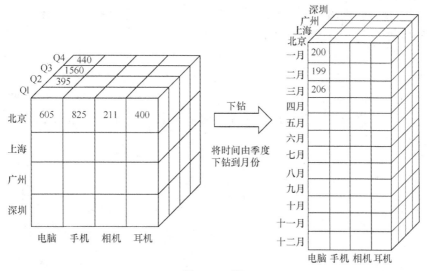

图 6.6　下钻

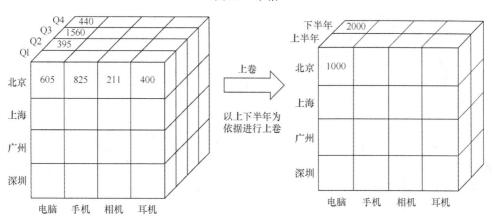

图 6.7　上卷

3. 切片

切片（Slice）是指选择维中特定区间的数据或者某些特定值进行分析。如图 6.8 所示，

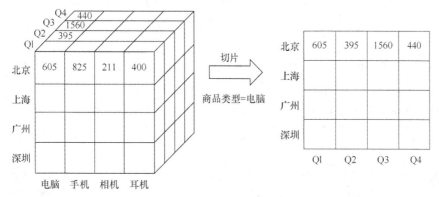

图 6.8　切片

对于商品类型这一维度添加限制条件，只针对电脑这个商品类型进行切片操作，就可以单独分析所有地区在各个季度关于电脑的销售数据。

4. 切块

切块（Dice）操作通过在两个或多个维上进行选择，定义子数据立方体。图 6.9 展示了一个切块操作，它涉及三个维，并通过指定商品类型、时间和地点这三个限制条件对数据立方体进行切块。

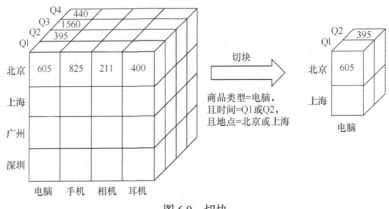

图 6.9　切块

5. 转轴

转轴（Pivot）即维的位置的互换，就像是二维表的行列转换。转轴操作只是转动数据的视角，提供数据的替代表示。图 6.10 展示了一个转轴操作，实际上转轴只是将时间和地点这两个维在二维平面上进行转动。转轴的其他例子包括转动三维数据立方体，或将一个三维立方体变换成二维的平面序列等。

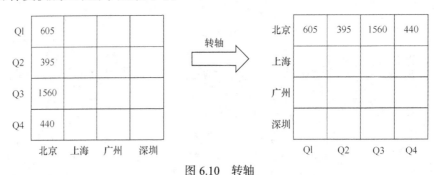

图 6.10　转轴

6.1.5　多维数据模型的优缺点

1. 优点

多维数据模型最大的优点就是其基于分析优化的数据组织和存储模式。例如，电子商务网站的数据库中可能记录了商品名称、购买时间、寄送地址等信息，但我们无法立刻获取 2020 年 7 月份到底有多少用户购买了商品，或者 2020 年 7 月份有多少浙江省的用户购买了商品。但是在基于多维数据模型的基础上，此类查询只要在时间维上将数据聚合到 2020 年 7 月份，同时在地域维上将数据聚合到浙江省就可以实现。

2. 缺点

多维数据模型的缺点就是与关系模型相比灵活性不足，一旦模型构建好就很难再进行更改。比如，一个订单的事实表包括了时间维、用户维和商品数量、总价等度量，对于关系模型而言，如果我们需要区分订单中包含的商品类型，只需要另外再建一张表记录订单号和商品类型的对应关系即可。但在多维数据模型中，一旦事实表被构建起来后，我们便无法继续拆分事实表中的某一条订单记录，因此无法建立一个新的维度——商品维，只能另外再创建一个以商品为主题的事实表。所以，在建立多维数据模型之前，一般会先根据用户需求，详细地设计模型应该包含哪些维和度量。

6.2　多维分析工具 Hive

6.2.1　Hive 简介

Hive 的诞生源于脸书的日志分析需求。面对海量的结构化数据，Hive 能够以较低的成本完成以往需要大规模数据库才能完成的任务，并且学习门槛相对较低，应用开发灵活且高效。目前，Hive 已经是一个成功的 Apache 项目（官网网址：https://hive.apache.org/），很多公司和组织也早已把 Hive 当作大数据平台中用于数据仓库分析的核心组件。

Hive 是构建在 Hadoop 之上的一个开源的数据仓库分析系统，主要用于存储和处理海量结构化数据。这些海量数据一般存储在 Hadoop 分布式文件系统之上，Hive 可以将其上的数据文件映射为一张数据库表，赋予数据一种表结构。

Hive 还提供了丰富的类 SQL（这套 SQL 又称为 HiveQL，简称 HQL）查询方式来分析存储在 Hadoop 分布式文件系统中的数据。实际上 Hive 是通过对 HQL 语句进行解析和转换，最终生成一系列 MapReduce 任务并在 Hadoop 集群上执行来完成数据分析的。这样就能使不熟悉 MapReduce 的用户也能很方便地利用 HQL 语句对数据进行查询、分析、汇总，同时，也允许熟悉 MapReduce 的开发者自定义 Mapper 和 Reducer 函数来处理内置的 Mapper 和 Reducer 函数无法完成的、复杂的分析工作。

6.2.2　数据仓库与数据库

Hive 在 Hadoop 生态系统中承担数据仓库的角色。那什么是数据仓库呢？数据仓库（Data Warehouse）是一个面向主题的（Subject Oriented）、集成的（Integrate）、相对稳定的（Non-Volatile）、反映历史变化（Time Variant）的数据集合，用于支持管理决策。

- 面向主题：指数据仓库中的数据是按照一定的主题域进行组织的。
- 集成：指对原有分散的数据进行清洗、加工和汇聚。
- 相对稳定：指一旦某个数据进入数据仓库后，一般不再更改、刷新。
- 反映历史变化：指通过这些信息，可以对企业的发展历程和未来趋势做出定量分析预测。

Hive 和普通关系型数据库的异同见表 6.1。

表 6.1　Hive 与普通关系型数据库的异同

类别	Hive	普通关系型数据库
查询语言	HiveQL	SQL
数据存储位置	HDFS	块设备或者本地文件系统
数据模式	读时模式	写时模式
数据更新	不支持	支持
索引	支持较弱	支持
执行	MapReduce	Executor
执行延迟	高	低
连接	内连接、外连接、半连接、映射连接	支持 SQL 92 或变相支持
子查询	只能用在 From 子句中	完全支持
视图	只读	可更新
可扩展性	高	低
数据规模	大	小

1. 查询语言

由于 SQL 在数据仓库中的广泛应用，开发人员专门针对 Hive 的特性设计了类 SQL 的查询语言 HQL，熟悉 SQL 的开发者可以很方便地使用 HQL 进行 Hive 开发。HQL 并不完全支持 SQL 92 标准，此外 HQL 还有一些 SQL 92 标准之外没有的功能，尤其是一些由 MapReduce 特性所带来的新功能。

2. 数据存储位置

Hive 是建立在 Hadoop 之上的，所有 Hive 的数据都是存储在 HDFS 中的，而普通关系型数据库则可以将数据保存在块设备或者本地文件系统中。

3. 数据模式

数据模式分为读时模式（Schema on Read）和写时模式（Schema on Write）。

Hive 采用的是读时模式。读时模式是指对数据的验证并不在加载数据时进行，而是在查询时进行。在加载数据的过程中，不需要进行从用户数据格式到 Hive 定义的数据格式的转换，因此，Hive 在加载的过程中不会对数据本身进行任何修改，而只是将数据内容复制或者移动到相应的 HDFS 目录中，其优点是可以使数据加载非常迅速。

普通关系型数据库采用写时模式。写时模式是指数据是在写入关系型数据库时对照模式进行检查，有利于提升查询性能。在普通关系型数据库中，不同的数据库有不同的存储引擎，且定义了自己的数据格式，所有数据都会按照一定的组织存储，因此，普通关系型数据库加载数据的过程会比较耗时。

4. 数据更新

由于 Hive 是针对数据仓库应用设计的，而数据仓库的内容是读多写少的，所以，Hive 不支持对数据的修改和添加，所有的数据都是在加载的时候就确定好的。普通关系型数据库中的数据则需要经常进行修改，例如，我们可以使用 INSERT INTO…VALUES 语句添加数据，使用 UPDATE…SET 语句修改数据。

5. 索引

Hive 在加载数据的过程中不会对数据进行任何处理，甚至不会对数据进行扫描，因此也没有对数据中的某些关键字建立索引。当 Hive 要访问数据中满足条件的特定值时，需要"暴力"扫描所有数据，因此访问延迟较高，不适合在线数据查询。但由于引入了 MapReduce，Hive 可以并行访问数据，所以即使没有索引，对于大数据量的访问，Hive 仍然可以体现出其优势。普通关系型数据库通常会针对一个或者几个列建立索引，因此对于少量的特定条件的数据的访问，使用普通关系型数据库可以有很高的效率、较低的延迟。

6. 执行

Hive 中大多数查询是通过 Hadoop 提供的 MapReduce 来实现的。然而，启用 MapReduce 任务的同时也会增加系统开销，因此，从 Hive 0.10.0 版本开始，对于简单的不需要聚合的操作，类似 SELECT <col> FROM <table> LIMIT n 的查询语句不需要启用 MapReduce，而普通关系型数据库通常有自己的执行引擎。

7. 执行延迟

Hive 在查询数据的时候，由于没有索引，需要扫描整个表，所以访问延迟较高。此外，由于 MapReduce 框架本身具有较高的延迟，所以在利用 MapReduce 执行 Hive 查询时，也会有较高的延迟。只有当数据规模大到超过普通关系型数据库的处理能力的时候，Hive 的并行计算才能体现出其优势。

8. 连接、子查询

Hive 支持内连接、外连接，但只支持连接条件中使用等号（即只支持等值连接）。Hive 不支持 IN 条件查询，但可以使用半连接来达到同样的效果。

子查询是内嵌在另一个 SQL 语句中的 SELECT 语句，但 Hive 对子查询的支持有限，它只允许子查询出现在 SELECT 语句的 FROM 子句中，而普通关系型数据库允许子查询出现在几乎任何表达式可以出现的地方。

9. 视图

视图用一种不同于磁盘实际存储的形式把数据呈现出来。视图可以用来限制用户，使其只能访问被授权的、经过简化和聚集后的表的一部分。普通关系型数据库的视图是可更新的，对视图内容的更新（添加、删除、修改）直接影响基本表（Base Table）中的内容。而 Hive 中的视图是只读的，所以 Hive 无法通过视图向基本表加载或插入数据。另外，Hive

在创建视图时并不执行查询,视图的 SELECT 语句只有在执行引用视图的语句时才被执行。

10. 可扩展性

由于 Hive 是建立在 Hadoop 之上的，所以 Hive 的可扩展性和 Hadoop 的可扩展性是一致的，而普通关系型数据库由于 ACID 的限制，其扩展性非常有限。目前最先进的并行数据库 Oracle 在理论上的扩展能力也只有 100 个节点左右。

11. 数据规模

由于 Hive 建立在集群上，并可以利用 MapReduce 进行并行计算，所以可以支持很大规模的数据处理，而普通关系型数据库可以支持的数据规模较小。

6.2.3　Hive 的架构及工作原理

1. Hive 的基本架构

Hive 的基本架构如图 6.11 所示。CLI（Command-Line Interface，命令行界面）是使用 Hive 的最常用方式。CLI 可提供交互式的界面来让用户输入语句，也可让用户执行含有 Hive 语句的脚本。Thrift 服务器基于 Socket 通信，允许客户端使用多种语言，包括 Java、C++、Ruby、PHP 等，通过编程来远程访问 Hive，也提供使用 JDBC 和 ODBC 访问 Hive 的功能。Hive 还提供了一个远程访问 Hive 的服务接口，即 Hive 网页界面（Hive Web Interface，HWI）。

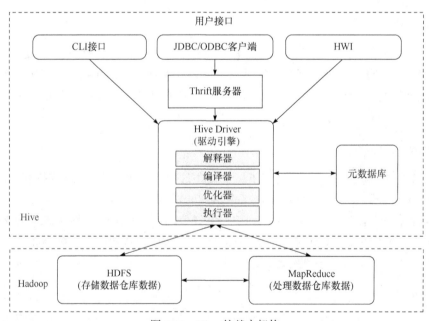

图 6.11　Hive 的基本架构

Hive 的核心是 Hive 驱动引擎，其由四部分组成：解释器、编译器、优化器和执行器，它们分别完成 HiveQL 查询语句中词法分析、语法分析、编译、优化以及查询计划的生成等各个阶段的任务。Hive 驱动引擎各部分的具体功能见表 6.2。

表 6.2 Hive 驱动引擎

组成部分	功能
解释器	将 HiveQL 语句转换为抽象语法树
编译器	将语法树编译为逻辑执行计划
优化器	对逻辑执行计划进行优化
执行器	调用底层的运行框架执行逻辑执行计划

所有的 Hive 客户端都需要一个元数据服务（Metastore Service）。Hive 使用元数据服务来存储表模式信息和其他元数据信息。一般地，元数据包括数据库信息、表名、表的列和分区及其属性、表的属性、表的数据所在目录等。这些元数据通常会使用关系型数据库中的表来存储，即元数据库。

Hive 是构建在 Hadoop 之上的。Hive 的数据文件存储在 HDFS 中，大部分的查询由 MapReduce 完成。HiveQL 语句会生成查询计划，这些查询计划存储在 HDFS 中，由 MapReduce 调用执行。

2. Hive 的工作原理

Hive 的工作原理如图 6.12 所示，主要步骤如下：

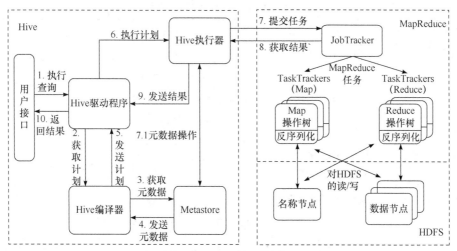

图 6.12　Hive 的工作原理

① 执行查询：CLI 或 Hive Web Interface 等用户接口调用 Hive 驱动程序执行查询。

② 获取计划：Hive 驱动程序为查询创建一个会话器，并将查询请求发送给 Hive 编译器以生成执行计划。

③ 获取元数据：Hive 编译器将元数据请求发送到 Metastore。

④ 发送元数据：Metastore 发送元数据给 Hive 编译器。

⑤ 发送执行计划：Hive 编译器检查查询要求，并发送计划给 Hive 驱动程序。至此，查询解析和编译完成。

⑥ 执行计划：Hive 驱动程序发送执行计划到 Hive 执行器。

⑦ 提交任务：Hive 驱动程序向 Hadoop 提交任务，并等待任务完成。在 Hadoop 内部，执行任务的过程是一个 MapReduce 工作。在执行任务时，Hive 执行器可以通过 Metastore 执行所需的元数据操作。

⑧ 获取结果：Hive 执行器接收任务执行结果。

⑨ 发送结果：Hive 执行器向 Hive 驱动程序发送结果。

⑩ 返回结果：Hive 驱动程序将最终查询结果返回给用户接口。

6.2.4　Hive 的数据类型

Hive 的数据类型可以分为两大类：基础数据类型和复杂数据类型。

1. 基础数据类型

基础数据类型分为四类。

- 数值型：TINYINT、SMALLINT、INT、BIGINT、FLOAT、DOUBLE、DECIMAL。
- 日期型：TIMESTAMP、DATE。
- 字符型：STRING、CHAR、VARCHAR。
- 其他：BOOLEAN、BINARY。

基础数据类型的说明和范围见表 6.3。

表 6.3　Hive 的基础数据类型的说明和范围

数据类型	说明	范围	示例
TINYINT	1Byte，有符号整数	−128～127	10
SMALLINT	2Byte，有符号整数	−32 768～32 767	10
INT	4Byte，有符号整数	−2 147 483 648～2 147 483 647	10
BIGINT	8Byte，有符号整数	−9 223 372 036 854 775 808～9 223 372 036 854 775 807	10
FLOAT	4Byte，单精度浮点数		1.23
DOUBLE	8Byte，双精度浮点数		1.234 56
DECIMAL	任意精度有符号小数		decimal（3,1）
TIMESTAMP	时间戳，纳秒精度	整数、浮点数或字符串（整数显示距离 Unix 新纪元（1970 年 1 月 1 日）的秒数，浮点数精确到纳秒，字符串格式为 YYYY-MM-DD hh:mm:ss:ffffffff）	'2020-01-01 03:04:05.123456789'
DATE	YYYY-MM-DD 日期格式	'0000-01-01' ～ '9999-12-31'	'2020-08-14'
STRING	字符序列	可指定字符集，可使用单引号和双引号	'hello' "world"
CHAR	字符串	最大长度 255	"hello"
VARCHAR	字符串	长度介于 1～65 355 之间	"hello"
BOOLEAN	布尔类型		TRUE/FALSE
BINARY	字节数组	任意长度	binary(8)

2. 复杂数据类型

复杂数据类型包括 STRUCT、MAP、ARRAY、UNION，其描述见表6.4。

表 6.4　复杂数据类型

数据类型	描述	示例
STRUCT	STRUCT 封装了一组命名的字段，其类型可以是任意的基础数据类型，和 C 语言中的 struct 或者"对象"类似，可以通过"."来访问元素内容。例如，如果某个列的数据类型是 STRUCT{first STRING,last STRING}，那么第 1 个元素可以通过"字段名.first"来引用	info('Amy', 16, 'female')
MAP	MAP 是一组键值对元组集合，使用数组表示法（如［'key'］）可以访问任何元素，其中 key 只能是基础数据类型，值可以是任意类型	fruit('apple',5, 'banana',10)
ARRAY	ARRAY 是一组具有相同类型的变量的集合。这些变量被称为数组的元素，每个数组元素都有一个编号，编号从 0 开始	color('red', 'yellow', 'green')
UNION	UNION 类似于 C 语言中的 UNION 结构，在给定的任何一个时间点，UNION 类型可以保存指定数据类型中的任意一种，类型声明语法为 UNIONTYPE<data_type,data_type,...>。每个 UNION 类型的值都通过一个整数来表示其类型，这个整数位声明时的索引从 0 开始	union(2,8.55,'a','hello')

6.2.5　Hive 的数据模型

Hive 中主要包含四种类型的数据模型：数据库、表、分区和桶，它们之间的关系如图 6.13 所示。

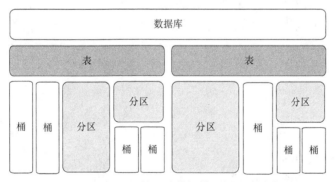

图 6.13　Hive 的四种数据模型间的关系

1. 数据库（Database）

Hive 中的数据库相当于关系型数据库里的命名空间（Namespace），它的作用是将用户的应用隔离到不同的数据模式中。Hive 0.6.0 之后的版本支持该数据模型。

2. 表（Table）

Hive 的表和关系型数据库中的表在概念上非常接近，在逻辑上，其由描述表格形式的元数据和存储于其中的具体数据共同组成。表又可以分为内部表和外部表。

Hive 的内部表也称为托管表。每一个内部表在 Hive 中都有一个相应的目录存储所有的表数据。内部表在加载数据的过程中，实际数据会被移动到 Hive 目录中，之后对数据的访问将会直接在目录中完成。因此，删除内部表时，元数据与数据都会被删除。

外部表和内部表在元数据的组织上是相同的，而实际数据的存储则有较大差异。外部表的数据文件可以存放在 Hive 仓库以外的分布式文件系统上（例如 HDFS）。外部表加载数据和创建表是同时完成的，实际数据并不会移动到 Hive 目录中，只是与外部数据建立一个链接。当删除一个外部表时，仅删除表的元数据，其实际数据不会被删除。

3. 分区（Partition）

Hive 的分区对应于普通关系型数据库中的分区列的密集索引，但是 Hive 中分区的组织方式和普通关系型数据库中的很不相同。在 Hive 中，分区是指根据"分区列"的值对表的数据进行粗略划分，可以提高数据查询效率。一个表可以拥有一个或多个分区，每个分区对应于表下的一个目录，所有分区的数据都存储在对应的目录中。分区以字段的形式在表结构中存在，通过 describe table 命令可以查看字段，但是该字段不存放实际的数据内容，它只是分区的表示（伪列）。用户在加载数据的时候必须显式地指定该部分数据放到哪个分区。

4. 桶（Bucket）

对于每一个表或者分区，Hive 可以进一步组织成桶。Hive 对指定列的数据进行哈希取值，并根据哈希值切分数据，由此决定数据应该放入哪个桶中。每个桶对应于该表目录下的一个存储文件。

把表或分区组织成桶，可以获得更高的查询处理效率。桶为表加上了额外的结构，Hive 在处理某些查询时能利用这个结构，连接两个在相同列划分了桶的表，可以使用 Map 端连接（Map-side join）高效地实现。桶还可以使取样更高效。在处理大规模数据集时，如果能在数据集的一小部分数据上试运行某个查询，会带来很多方便。

6.2.6　Hive 实战

1. Hive 的安装和配置

（1）下载并解压 Hive

国内用户可以从镜像地址下载 Hive：https://mirrors.bfsu.edu.cn/apache/hive/。以下介绍以 apache-hive-3.1.2-bin.tar.gz（Hive-3.1.2 对应的 Hadoop 版本为 3.1.3，若使用的 Hadoop 版本为 2.x.y，请下载低版本的 Hive）为例。使用如下命令可将 Hive 安装至/usr/local 目录下，命令如下：

```
$ cd 下载
$ sudo tar -zxvf ./apache-hive-3.1.2-bin.tar.gz -C /usr/local
```

进入安装目录，将解压的文件 apache-hive-3.1.2-bin 重命名为 hive 以方便使用，命令如下：

```
$ cd /usr/local/
$ sudo mv apache-hive-3.1.2-bin hive
```

下面把 hive 目录权限赋予 hadoop 用户，命令如下：

```
$ sudo chown -R hadoop:hadoop hive
# 修改文件权限，hadoop:hadoop 是用户组和用户名
```

（2）配置系统环境变量

为了方便使用，我们把 Hive 命令加入环境变量中去。使用 vim 编辑器打开.bashrc 文件，在打开的文件中添加如下内容：

```
export HIVE_HOME=/usr/local/hive
export PATH=$PATH:$HIVE_HOME/bin
export HADOOP_HOME=/usr/local/hadoop        #hadoop 的安装位置
```

接着运行如下命令使配置立即生效：

```
$ source ~/.bashrc
```

（3）将 MySQL 驱动包复制到 Hive 的 lib 目录下

Hive 所需要的组件中，只有 metastore（元数据存储）组件是 Hadoop 中没有的外部组件，因此我们需要手动将 metastore 组件复制到 Hive 的目录下。任何一个支持 JDBC 进行连接的数据库都可以用作元数据存储，本书中我们使用 MySQL 作为 Hive 的 metastore。MySQL 的 JDBC 驱动包下载网址：https://downloads.mysql.com/archives/c-j/。选择对应的 JDBC 版本下载，以下以 mysql-connector-java-5.1.40.tar.gz 为例。进入下载文件夹，将 JDBC 驱动复制到 Hive 的 lib 目录下，命令如下：

```
$ cd 下载
$ sudo cp mysql-connector-java-5.1.40/mysql-connector-java-5.1.40-bin.jar
/usr/local/hive/lib
```

（4）修改配置文件

Hive 安装目录的 conf 目录下存放了 Hive 的配置文件，通过其中的配置属性可以设置元数据存储（如数据存放的位置）、优化设置和安全控制等。Hive 的配置文件名称为 hive-site.xml，在其中添加下面这些内容。

① 配置数据仓库的位置。

属性 hive.metastore.warehouse.dir 指定了本地文件系统中存储 Hive 表数据的位置。用户可以根据需要为这个属性指定任意的目录路径。

```
<property>
    <name>hive.metastore.warehouse.dir</name>
    <value>/usr/local/hive/warehouse</value>
</property>
```

② 配置 metastore 的位置。

hive.metastore.local 属性控制着 Hive 是否连接到一个远程 metastore server 或者是否作为 Hive Client JVM 的构成部分重新打开一个新的 metastore server。hive.metastore.local 的默认值是 true，表示 Hive 会使用本地的 metastore，然后直接使用 JDBC 和一个关系型数据库通信。

```
<property>
    <name>hive.metastore.local</name>
    <value>true</value>
</property>
```

③ 配置 MySQL 的 JDBC 连接。

属性 javax.jdo.option.ConnectionURL 决定了 Hive 如何连接 metastore server。对于
MySQL 配置，我们需要知道指定服务运行在哪个服务器和端口。MySQL 的标准端口是 3306
端口。同时，我们假定存储数据库名为 hive。

```
<property>
    <name>javax.jdo.option.ConnectionURL</name>
    <value>
        jdbc:mysql://localhost:3306/hive?createDatabaseIfNotExist=true
    </value>
</property>
```

④ 配置连接 MySQL 的驱动。

```
<property>
    <name>javax.jdo.option.ConnectionDriverName</name>
    <value>com.mysql.jdbc.Driver</value>
</property>
```

⑤ 配置连接数据库的用户名和密码。

```
<property>
    <name>javax.jdo.option.ConnectionUserName</name>
    <value>hive</value>
</property>
<property>
    <name>javax.jdo.option.ConnectionPassword</name>
    <value>hive</value>
</property>
```

（5）初始化 metastore

① 启动并登录 MySQL Shell。

```
$ service mysql start      # 启动 mysql 服务
$ mysql -u root -p         # 登录 shell 界面
```

② 新建 Hive 数据库。

```
mysql> create database hive;
# 这个 hive 数据库与 hive-site.xml 中 javax.jdo.option.ConnectionURL 中的字段值
localhost:3306/hive 的 hive 对应，用来保存 hive 元数据
```

③ 配置 MySQL 允许 Hive 接入。

```
mysql> grant all on *.* to hive@localhost identified by 'hive';
# 将所有数据库的所有表的所有权限赋给 hive 用户，末尾的 hive 是配置 hive-site.xml 中配置的
连接密码
```

```
mysql> flush privileges;   # 刷新 mysql 系统权限关系表
```

（6）启动 Hive

启动 Hive 之前，要先启动 Hadoop 集群。

```
$ start-dfs.sh       # 启动 Hadoop 的 HDFS
$ hive               # 启动 Hive
```

注意：我们这里已经配置了 PATH，所以不需要把 start-all.sh 和 Hive 命令的路径加上。如果没有配置 PATH，请加上路径才能运行命令。比如，本书中 Hadoop 安装目录是"/usr/local/hadoop"，Hive 的安装目录是"/usr/local/hive"，因此启动 Hadoop 和 Hive，也可以使用下面带路径的方式：

```
$ cd /usr/local/hadoop
$ ./sbin/start-dfs.sh
$ cd /usr/local/hive
$ ./bin/hive
```

启动进入 Hive 的交互式执行环境以后，会出现如图 6.14 所示命令提示符。

图 6.14　进入 Hive Shell 界面

启动 Hive 过程中可能出现的错误和解决方案如下：

① Hive 内依赖的 guava.jar 和 Hadoop 内的版本不一致。

错误：java.lang.NoSuchMethodError:com.google.common.base.Preconditions. checkArgument

解决方法：查看 Hadoop 安装目录下 share/hadoop/common/lib 内 guava.jar 版本。查看 Hive 安装目录下 lib 内 guava.jar 的版本。如果两者不一致，则删除版本低的，并复制高版本的到目录中。

② Hive 和 MySQL 版本或配置不一致。

错误：Hive metastore database is not initialized

解决方法：使用 schematool 工具。Hive 包含一个用于 Hive Metastore 架构操控的脱机工具，名为 schematool。此工具可用于初始化当前 Hive 版本的 Metastore 架构。此外，其还可处理从较旧版本到新版本的架构升级。所以，解决上述错误，可以在终端执行如下命令：

```
$ cd /usr/local/hive
$ ./bin/schematool -dbType mysql -initSchema
```

2. 常用的 HiveQL 操作

Hive 常用的 HiveQL 操作命令主要包括：数据定义（Data Definition Language，DDL）和数据操作（Data Manipulation Language，DML）。Hive 对大小写不敏感，本书为了便于理解，将语句中的关键字全部大写。

（1）数据定义

数据定义主要用于创建、修改和删除数据库、表、视图、函数和索引。

① 创建、修改和删除数据库。

```
# 创建数据库
CREATE DATABASE|SCHEMA [IF NOT EXISTS] db_name;
# 查看 Hive 中包含的数据库
SHOW DATABASES;
# 查看 Hive 中以 h 开头的数据库
SHOW DATABASES LIKE 'h.*';
# 查看数据库位置等信息
DESCRIBE DATABASES;
# 为数据库设置键值对属性
ALTER DATABASE db_name SET DBPROPERTIES('key1' = 'value1');
# 切换到指定数据库下
USE db_name;
# 删除不含表的数据库
DROP DATABASE [IF EXISTS] db_name;
# 删除数据库和其中的表
DROP DATABASE [IF EXISTS] db_name cascade;
```

② 创建、复制、查看和删除表。

使用关键字 CREATE TABLE 可以创建一个指定名字的表，若使用 EXTERNAL 关键字则创建一个外部表，后面的 LOCATION 语句是外部表的存放路径。COMMENT 是为表的属性添加注释，LIKE 是用户将已经存在的表复制给新表，仅复制定义而不复制数据。在 Hive 中创建表的语法如下：

```
CREATE [TEMPORARY] [EXTERNAL] TABLE [IF NOT EXISTS] [db_name.] table_name
  [(col_name data_type [COMMENT col_comment], ...)]
  [COMMENT table_comment]
  [PARTITIONED BY (col_name data_type [COMMENT col_comment], ...)]
  [ROW FORMAT row_format]
  [STORED AS file_format]
  LIKE existing_table_or_view_name
  [LOCATION hdfs_path]
```

例如，在 myhive 数据库中创建普通表 students，并在创建表的同时按照学生的国家（country）和省份（province）对数据进行分区，其建表的命令如下：

```
hive> CREATE TABLE myhive.students(
> id INT COMMENT 'student id'
> name STRING COMMENT 'student name'
> score DOUBLE COMMENT 'student score'
> address STRUCT<city: STRING, province: STRING, country: STRING> COMMENT
'student address')
PARTITIONED BY (country STRING, province STRING);
```

复制表、查看表的详细信息：

```
# 使用 LIKE 关键字复制表
CREATE TABLE IF NOT EXISTS table_name LIKE table_name_existed;
# 使用关键字 SHOW TABLES 列举所有的表
SHOW TABLES;
# 使用关键字 DESCRIBE EXTENDED 来查看所建表的详细信息
```

```
DESCRIBE EXTENDED [db_name.] table_name;
# 删除表
DROP TABLE IF EXISTS table_name;
```

③ 修改表。

使用 ALTER TABLE 关键字可以修改大多数表的属性，这种操作仅修改元数据，并不会修改数据本身。

```
# 表重命名
ALTER TABLE first_table RENAME TO second_table;
# 增加列
ALTER TABLE students ADD COLUMNS(sex STRING COMMENT 'student sex');
# 修改列
ALTER TABLE message
CHANGE COLUMN hms hours_minutes_seconds INT
COMMENT 'the hours, minutes, and seconds part of the timestamp'
FIRST;
# 替换列
ALTER TABLE message REPLACE COLUMN(time STRING);
# 修改表属性
ALTER TABLE message SET TBLPROPERTIES('note' = 'ok');
# 增加表分区
ALTER TABLE table ADD IF NOT EXISTS PARTITION (year = 2020, month = 8, day =
17)LOCATION 'logs/2020/08/17';
# 修改分区路径
ALTER TABLE table PARTITION (year = 2020, month = 8, day = 17)
SET LOCATION 'tmp/2020/08/17';
# 删除分区
ALTER TABLE table DROP IF EXISTS PARTITION (year = 2020, month = 8, day = 17);
```

（2）数据操作

数据操作主要是指如何向 Hive 表中装载数据和如何将 Hive 表中的数据导出，主要操作命令有 LOAD、INSERT 等。

① 装载数据。

Hive 中不存在行级别的数据插入、更新和删除操作，向表中装载数据的途径一般是使用一种大量的数据装载操作（LOAD），或者通过其他方式仅将数据文件写到正确的目录下。当数据被装载至表中时，不存在对数据的任何转换操作。LOAD 命令可以一次性向表中装载大量的数据，命令如下：

```
LOAD DATA [LOCAL] INPATH 'filepath'
[OVERWRITE] INTO TABLE tablename
[PARTITION (partcol1 = val1, partcol2 = val2)]
```

若分区目录不存在，LOAD DATA 会先创建分区目录，然后将数据复制到该目录下。如果使用了 LOCAL 关键字，则表明文件路径应该是本地文件系统路径；如果省略 LOCAL 关键字，那么文件路径应该是分布式文件系统的路径。使用关键字 OVERWRITE 表示在装载数据时，目标文件夹的原有数据会被删除；若不使用 OVERWRITE 关键字，则会将新增的文件追加到目标文件夹中，但是如果存在同名文件，旧的同名文件会被覆盖重写。

例如，将学生信息导入 Hive 的普通表和分区表的命令如下：

```
# 从本地文件系统导入数据到普通表
LOAD DATA LOCAL INPATH "/usr/local/hadoop/data/test.txt"
INTO TABLE student;
# 从 HDFS 导入数据到分区表
LOAD DATA INPATH "/data/test.txt"
INTO TABLE student PARTITION(id = '20201207');
```

② 通过查询语句向表中插入数据。

INSERT 关键字允许用户通过查询语句向目标表中插入数据，用户也可以将一个 Hive 表导入另一个已经存在的表中。

```
INSERT [OVERWRITE] TABLE tablename
[PARTITION (partcol1 = val1, partcol2 = val2)]
select_statement FROM from_statement;
```

③ 动态分区插入。

如果需要批量创建分区，可以通过 Hive 提供的动态分区功能，可以基于用户的查询语句推断出需要创建的分区名称。在使用动态分区前必须先配置相应的参数开启动态分区功能。我们以上一节在 Hive 中创建的 students 表为例，该表已经按照学生的国家和省份对数据进行了分区，现在要将 staged_students 表中的数据装载入 students 表中。

```
# 是否开启动态分区功能，默认是 false 关闭
hive.exec.dynamici.partition = true;
# 设置动态分区的模式，默认为 strict，表示必须指定至少一个分区为静态分区
# nonstrict 模式表示允许所有的分区字段都可以使用动态分区
set hive.exec.dynamic.partition.mode = nonstrict;
# 将 staged_students 表中的学生数据按照 cnty 和 pro 分区后插入 students 表
INSERT [OVERWRITE] TABLE students
PARTITION(country, province)
SELECT …, cnty, pro
FROM staged_students;
```

Hive 根据 SELECT 语句中的最后两列来确定分区字段 country 和 province 的值。表 staged_students 中针对分区字段 country 和 province 使用了不同的列名（cnty 和 pro），这是为了强调字段值和输出分区值之间的关系是根据位置而不是根据命名来匹配的。

④ 在单个查询语句中创建表并加载数据。

Hive 可以在一个语句中完成创建表并将查询结果载入到这个表中。

```
CREATE TABLE second_students
AS SELECT name, score
FROM students
WHERE stu.sex = '男'
```

这张新创建的表 second_students 中只含有学生中男生的 name 和 score 信息，新表的模式是根据 SELECT 语句生成的。

习　　题

1. 什么是数据立方体？它有哪些属性？

2. 常见的数据模型有哪些？它们各有什么特点？

3. 简述多维数据模型中的几种 OLAP 操作。

4. 什么是数据仓库？数据仓库和数据库有什么异同之处？

5. 简述 Hive 驱动引擎各部分的功能。

第7章　大数据挖掘

本章主要介绍数据挖掘的基本概念和数据挖掘的主要任务。在大数据时代，数据挖掘是知识发现的关键步骤，旨在从海量数据中发现有价值的信息，并将数据转化成有组织的知识。数据挖掘包括数据预处理、数据挖掘和知识展示三个基本步骤。本章首先简要介绍数据挖掘的概念，然后分别介绍分类、回归、聚类、关联分析等四个数据挖掘任务及其代表性算法。

7.1　数据挖掘概述

7.1.1　数据挖掘简介

随着信息技术应用的深入，特别是数据采集和数据存储技术的迅速发展，数据量出现爆炸式增长，但这种发展同时也暴露了"数据爆炸，知识匮乏"的缺点，即人们缺乏功能强大及通用的工具从海量数据中发现有价值的信息，并将数据转化成有组织的知识。这种需求催生了数据挖掘技术。

数据挖掘（Data Mining）是指从大量数据中通过算法搜索隐藏的有用信息的过程，它是知识发现过程（Knowledge Discovery in Database，KDD）的一个关键步骤。以下是数据挖掘的一种被广泛接受的定义：数据挖掘是一个从不完整的、不明确的、大量的并且包含噪声、具有很大随机性的实际应用数据中，提取出隐含其中、事先未被人们获知却潜在有用的知识或模式的过程。此定义包含了多个含义：①数据源必须是大量的、真实的并且包含噪声的；②挖掘到的新知识必须是用户需要的、感兴趣的；③挖掘到的知识是易于理解的、可接受的、有效并且可运用的；④挖掘出的知识并不要求适用于所有领域，可以仅针对某个特定的应用发现问题。

数据挖掘是一个多学科交叉的研究领域，它所需要的基础算法理论涉及高性能计算、人工智能、机器学习、模式识别、特征提取、统计分析、神经网络等，应用的场景包括图像与信号处理、空间数据分析、生物信息学和社会学等。数据挖掘通常面对的是大量的、类型复杂的数据，因而对现有技术的改进、综合各种方法技术优点的有效集成以及研究面向数据挖掘的新技术等都是数据挖掘的研究内容。

7.1.2　数据预处理

数据预处理（Data Preprocessing）是指在主要处理前先对数据进行必要的清洗、集成、转换、离散和归约等一系列的处理工作，以得到可靠的、可用于数据挖掘任务的数据。数据挖掘的数据源主要包括数据库、数据仓库、Web、其他信息存储或动态流入系统的数据等，这些来源于现实世界的数据的共同特点是存在不正确性、不完整性和不一致性。

　　高质量的数据是数据挖掘的前提。在整个数据挖掘的过程中，数据预处理将花费较多的时间。使用恰当的数据预处理方法，不仅可以节约大量的时间和空间，而且得到的数据挖掘结果能更好地起到决策作用。数据预处理的常见方法主要包括：数据清洗、数据集成、数据归约和数据转换。下面我们将对这四种方法进行介绍。

　　1. 数据清洗

　　数据清洗即清除数据中的脏数据。具体操作包括以下三种：
　　① 处理缺失值：删除有大量缺失值的数据，或者通过合理方法填充缺失值。
　　② 光滑噪声：一般数据都存在随机噪声，光滑处理可得到更加符合实际的数据。
　　③ 离群点的检测和删除：离群点的数据一般可认为是噪声数据，对于模型的训练是不利的，建议直接删除。

　　2. 数据集成

　　由于数据来源于不同的系统，而这些系统一般都是独立的，所以数据也是相互独立的数据。数据集成即打通数据壁垒，把不同来源、格式、特点、性质的数据在逻辑上或物理上进行集中，并解决数据冗余、数据不一致、数据冲突等问题。

　　3. 数据归约

　　随着数据规模的不断扩大，采集数据的维度越来越多，数据挖掘需要的计算成本和时间成本也在相应增加。数据归约是在尽可能保持数据原貌的前提下精简数据规模的过程。例如，删除不重要或不相关的特征、从数据集中选出有代表性的样本子集、连续数值离散化等。

　　4. 数据转换

　　数据转换是将原始数据格式转换成数据挖掘可以处理或者更方便处理的数据格式的过程，包括数据规范化、数据的数值变换等。
　　需要注意的是，以上提及的几种数据预处理方法并非完全独立，而是相互关联的。例如，冗余数据的删除既是数据清洗，也是数据归约的一种形式。此外，一般在做完数据集成之后往往还需要再次进行数据清洗的工作。

7.1.3　数据挖掘任务

　　如图 7.1 所示，数据挖掘任务主要分为预测性（Predictive）任务和描述性（Descriptive）任务两大类。
　　预测性任务是在当前数据上进行归纳进而对新的输入数据做出预测，主要划分为分类和回归两大任务。分类任务的预测目标变量是离散型变量，回归任务的预测目标变量是连续型变量，这两者都是通过训练集来训练预测模型，训练集的目标变量是已知的，即训练集是有标记的数据，所以产生的模型是在有监督的情况下生成对已有属性和目标属性的映射，使用的是监督学习（Supervised Learning）方法。

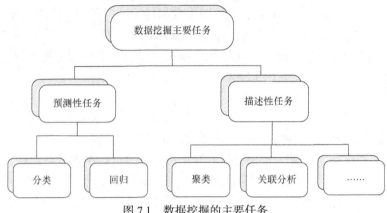

图 7.1　数据挖掘的主要任务

　　描述性任务刻画目标数据中数据的一般性质，主要有聚类分析、关联分析和异常检测等。这些任务的数据集的目标属性是缺失的，即数据集是没有标记的数据，模型的训练是在无监督的情况下进行的，使用的是非监督学习（Unsupervised Learning）方法。

　　在预测性任务中，还有一种介于监督学习和非监督学习之间的数据挖掘任务，称为半监督学习（Semi-supervised Learning）。半监督学习的数据集中一部分数据是有标签的，但绝大部分没有。半监督学习充分利用了监督学习和大量的无标签数据，能够有效提高预测的准确性。

7.2　分　　类

7.2.1　分类模型

　　分类（Classification）是一种基本的数据分析形式，是提取刻画重要数据类的模型。分类问题的目标是根据已知样本的某些特征，判断一个新的样本属于哪种已知的类别。根据样本类别的数量可以将分类问题划分为二元分类和多元分类。常见的机器学习分类算法有决策树、逻辑回归、支持向量机和 BP 神经网络等。

　　分类模型如图 7.2 所示。分类是一个包含两个阶段的过程：学习阶段和分类阶段。在学习阶段，首先根据已知的训练数据利用有效的学习方法构建分类模型，即学习一个分类器；在分类阶段，利用学习的分类器对新的输入实例进行分类。分类的学习阶段也可以看作系

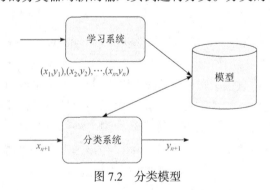

图 7.2　分类模型

统在学习一个映射或函数 $y = f(X)$，它可以预测给定输入向量 X 的类别标号 y，该映射可以用分类规则、决策树或数学公式的形式表示。

分类模型在许多领域都有着广泛的应用。例如：在银行业务中，可以构建一个客户分类模型，对客户按照贷款风险大小进行分类；在处理邮件时，可根据邮件的标题和正文内容，对邮件是否为垃圾邮件进行分类；医学研究人员通过分析病人的各项健康数据，对某些疾病的诊断结果加以确认，提供具体的治疗方案。

下面的内容将详细介绍两个典型的分类算法：决策树（Decision Tree）和支持向量机（Support Vector Machine，SVM）。

7.2.2　决策树

决策树是一种经典的分类方法，它利用树形结构进行决策，是一种从树根到枝干再到分枝的建模方法，也可以认为是 if-then 规则的集合。决策树的每个内部节点表示在一个属性上的测试，而产生的分枝代表测试的输出，每个树叶节点存放一个类别编号，树的最顶层节点是根节点。给定一个类别标号位置的元组 X，使用决策树自顶向下测试该元组的属性值，跟踪一条由根到叶节点的路径，则该叶节点就存放着该元组的类别预测结果。

图 7.3 为预测购买电脑的决策树。矩形的内部节点表示对客户的特征属性测试，椭圆形的叶节点是决策树的分类结果。通过利用该决策树的测试规则，可以确定推销电脑的指定群体，提高电脑的推销效率。

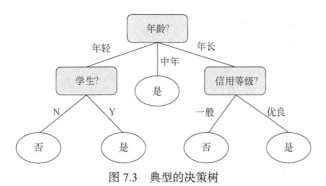

图 7.3　典型的决策树

建立决策树分为决策树生成和决策树剪枝两个阶段。决策树的生成在于选取对训练数据具有分类能力的特征。不同的决策树算法使用不同的规则。常用的规则有信息增益、信息增益比和基尼指数。决策树生成算法从根节点开始，递归地产生决策树节点，这一阶段将训练集分割成为能够基本正确分类的子集。决策树剪枝用于解决生成决策树存在的过拟合问题（Overfitting），即对生成的原始决策树进行剪枝，使决策树具有更好的泛化能力。这一阶段从已生成的决策树剪掉部分叶节点或叶节点以上的子树，并将其父节点或根节点作为新的叶节点，从而简化生成的决策树。

1. 决策树生成

决策树生成阶段的关键是产生节点上对样本属性的测试。但由于样本一般有很多属性，优先选取哪些属性显得尤为重要。在这基础上产生了很多有效的最优划分属性判别算法，常见的有 ID3、C4.5 和 CART 算法。下面以 CART 算法为例介绍决策树生成的过程。

CART 算法优先选取基尼系数小的属性作为优先属性。假设样本集合共有 K 类，某个样本点属于第 k 类的概率为 p_k，则该样本点的基尼系数为

$$\text{Gini}(p) = \sum\nolimits_{k=1}^{K} p_k (1 - p_k) = 1 - \sum\nolimits_{k=1}^{K} p_k^2 \tag{7.1}$$

样本集合 D 的基尼系数为

$$\text{Gini}(D) = 1 - \sum\nolimits_{k=1}^{K} \left(\frac{|C_k|}{|D|} \right)^2 \tag{7.2}$$

其中，C_k 是 D 中属于第 k 类的样本子集。如果样本集合 D 根据特征 A 是否取某一可能值 a 被分割成 D_1 和 D_2 部分，即

$$D_1 = \{(x, y) \in D | A(x) = a\}, \quad D_2 = D - D_1 \tag{7.3}$$

则在特征 A 的条件下，集合 D 的基尼系数定义为

$$\text{Gini}(D, A) = \frac{|D_1|}{|D|} \text{Gini}(D_1) + \frac{|D_2|}{|D|} \text{Gini}(D_2) \tag{7.4}$$

基尼系数越大，样本的不确定性越大。基尼系数 $\text{Gini}(D)$ 表示集合 D 的不确定性，$\text{Gini}(D, A)$ 表示集合 D 经属性 $A = a$ 分割的不确定性。CART 决策树优先选择基尼系数小的属性和属性值作为集合的分割点。

CART 决策树生成算法步骤如下：

CART 决策树生成算法：

输入： 训练集 D，基尼系数阈值 ε，样本个数阈值 μ
输出： 决策树 T

算法从根节点开始，使用训练集递归建立 CART 分类树，步骤如下：

① 对于当前节点的样本集合 D，如果样本个数小于样本个数阈值 μ 或没有特征，则返回决策子树，当前节点停止递归。

② 计算集合 D 的基尼系数，如果基尼系数小于基尼系数阈值 ε，则返回决策子树，当前节点停止递归。

③ 计算当前节点现有的各个属性的每个属性值对集合 D 的基尼系数。

④ 选择基尼系数最小的特征 A 和对应的特征值 a，并根据这个最优特征和最优特征值把集合 D 划分成两部分 D_1 和 D_2，分别建立当前节点的左右节点。

⑤ 对当前节点的左右的子节点递归调用①～④步。

现假设有表 7.1 中购买电脑的相关数据，其利用 CART 决策树生成算法进行计算的过程如下：

表 7.1　购买电脑数据表

ID	年纪	学生	信用等级	类别
1	年轻	否	一般	否
2	年轻	是	良好	是
3	年轻	是	一般	是
4	年轻	否	良好	否
5	中年	否	一般	是
6	中年	否	良好	是
7	中年	否	一般	是
8	年长	否	良好	是
9	年长	否	一般	否
10	年长	否	良好	是

首先计算各属性的基尼系数，选择最优属性以及其最优切分点，分别以 A_1, A_2, A_3 分别表示年龄、是否为学生和信用等级。以 1,2,3 分别表示年轻、中年和年长，以 1,2 分别表示是否为学生，以 1,2 分别表示信用一般和信用良好。

则计算特征 A_1 的基尼系数如下：

$$\text{Gini}(D, A_1 = 1) = \frac{4}{10}\left(2 \times \frac{1}{2} \times \left(1 - \frac{1}{2}\right)\right) + \frac{6}{10}\left(2 \times \frac{5}{6} \times \left(1 - \frac{5}{6}\right)\right) = 0.37$$

$$\text{Gini}(D, A_1 = 2) = 0.34$$

$$\text{Gini}(D, A_1 = 3) = 0.42$$

由于 $\text{Gini}(D, A_1 = 2)$ 的值最小，故选取 $A_1 = 2$ 作为 A_1 的最优切分点。再继续计算特征 A_2 和 A_3 的基尼系数如下：

$$\text{Gini}(D, A_2 = 1) = 0.375$$

$$\text{Gini}(D, A_3 = 1) = 0.4$$

由于 A_2 和 A_3 只有一个切分点，所以它们就是最优切分点。在 A_1, A_2, A_3 三个特征中，$\text{Gini}(D, A_1 = 2)$ 的值最小，所以选择 $A_1 = 2$ 作为最优切分点。于是根节点分成两个子节点，其中一个是叶节点。对另外一个节点继续使用以上方法，在特征 A_1 和 A_3 中选择最优特征及其最优切分点，依次计算，最终生成图 7.4 所示的决策树。

对比图 7.3 和图 7.4 可以看到，两棵决策树的树形虽然不同，但是完成了大致相同的分类任务，而 CART 算法生成的决策树叶节

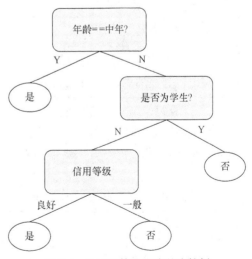

图 7.4　CART 算法生成的决策树

点更少，模型简单。但 CART 算法生成的决策树对 ID 为 4 这条数据并不能进行正确的分类，体现了训练模型过程中对模型复杂度和拟合度的取舍。决策树的模型复杂度在剪枝的过程中也有体现，读者可通过学习机器学习的相关知识进一步了解。

2. 决策树剪枝

决策树的剪枝阶段主要解决上一步生成的决策树的过拟合问题。过拟合的一个表现是在训练集上都能正确分类，但是在测试集上表现很差，体现在决策树的结构上就是分支过多。为克服这个缺点，决策树引进了剪枝的概念，即从已生成的树上剪掉一些子树或叶子节点，并将其父节点或根节点作为新的叶节点。决策树的剪枝往往通过极小化决策树整体的损失函数（Loss Function）或代价函数（Cost Function）来实现。

设生成的决策树 T 的叶节点个数为 $|T|$，t 是树 T 中的一个叶节点，该叶节点有 N_t 个样本点，其中属于第 k 类的样本点有 N_{tk} 个，$k=1,2,\cdots,K$，$H_t(T)$ 为叶节点 t 上的经验熵，$\alpha \geqslant 0$ 为参数，则决策树对训练数据预测的误差可表示为

$$C(T) = \sum_{i=0}^{|T|} N_t H_t(T) \tag{7.5}$$

其中经验熵为

$$H_t(T) = -\sum_{k=1}^{K} \frac{N_{tk}}{N_t} \log \frac{N_{tk}}{N_t} \tag{7.6}$$

则决策树学习的损失函数为

$$C_\alpha(T) = C(T) + \alpha|T| \tag{7.7}$$

根据损失函数的计算公式，可以使用 $|T|$ 即决策树叶节点个数来表征决策树模型的复杂度，使用参数 $\alpha \geqslant 0$ 控制决策树模型复杂度和预测误差之间的影响，其中较大的 α 促使选择较为简单的模型，较小的 α 促使选择较为复杂的模型。当 $\alpha = 0$ 时，意味着只考虑模型与训练数据的拟合程度，不考虑模型的复杂度，则易产生过拟合现象。

决策树的剪枝算法步骤如下：

决策树剪枝算法：

输入： 生成算法产生的决策树 T，调节参数 α
输出： 剪枝后的决策树 T_α

---

① 计算每个节点的经验熵。

② 递归地从树叶节点向上回缩，若一个叶节点回缩到其父节点后的损失函数值 $C_\alpha(T')$ 小于回缩之前的损失函数值 $C_\alpha(T)$，则进行剪枝操作，将其父节点变为新的叶节点。

③ 返回②，直至整个树递归回缩完成，得到剪枝后的决策树 T_α。

利用决策树算法进行剪枝优点众多，比如，准确率较高，可解释性强，对缺失值、异常值和数据分布不敏感等，但是也存在一些缺点，比如，对于连续型的变量需要离散化处

理，容易出现过拟合现象等。

7.2.3　支持向量机

支持向量机 SVM 是 Cortes 和 Vapnik 等人在 1995 年提出的一种机器学习算法，具有很强的理论基础，它不仅可以用于分类任务，同时也适合回归任务。支持向量机的基本模型是定义在特征空间上间隔最大的线性分类器。它使用一种非线性映射，把原训练数据映射到较高的维上，并在新的维上搜索最佳分离超平面。支持向量机的学习策略为间隔最大化，可形式化为对凸二次规划问题的求解。

支持向量机模型包括线性可分支持向量机、线性支持向量机、非线性支持向量机三种。简单模型是复杂模型的基础，也是复杂模型的特殊情况。当样本线性可分，通过硬间隔最大化学习的线性分类器即线性可分支持向量机；当样本近似线性可分，通过软间隔最大化学习的线性分类器即线性支持向量机；当样本线性不可分时，通过核技巧和软间隔最大化学习的分类器即非线性支持向量机。

下面介绍基础的线性可分支持向量机。

给定样本集 $D = \{(\boldsymbol{x}_1, y_1), (\boldsymbol{x}_2, y_2), \cdots, (\boldsymbol{x}_n, y_n)\}, y_i \in \{-1, +1\}$。分类学习的基本想法为基于 D 在样本空间中找到一个划分超平面，将样本分成不同的类别。

在样本空间中，划分超平面可通过式（7.8）描述

$$\boldsymbol{w}^{\mathrm{T}}\boldsymbol{x} + b = 0 \tag{7.8}$$

其中 $\boldsymbol{w} = (w_1, w_2, \cdots, w_d)$ 为超平面的法向量，决定了超平面的方向；b 为位移项，决定了超平面和原点之间的距离。划分超平面可由 $\boldsymbol{w}$ 和 b 确定，记为 $(\boldsymbol{w}, b)$。样本空间中任意点 $\boldsymbol{x}$ 与超平面 $(\boldsymbol{w}, b)$ 的距离为

$$\gamma = \frac{\left| \boldsymbol{w}^{\mathrm{T}}\boldsymbol{x} + b \right|}{\|\boldsymbol{w}\|} \tag{7.9}$$

设超平面能将样本正确分类，即对于 $(\boldsymbol{x}_i, y_i) \in D$，满足式（7.10）

$$\begin{cases} \boldsymbol{w}^{\mathrm{T}}\boldsymbol{x} + b \geqslant +1, y_i = +1 \\ \boldsymbol{w}^{\mathrm{T}}\boldsymbol{x} + b \leqslant -1, y_i = -1 \end{cases} \tag{7.10}$$

支持向量与间隔如图 7.5 所示。距离超平面最近的几个样本点使得式（7.10）中的等号成立，它们称为支持向量。两个不同类别的支持向量到超平面的距离之和称为间隔。

$$\gamma = \frac{2}{\|\boldsymbol{w}\|} \tag{7.11}$$

若所有样本满足式（7.10）的约束得到的间隔称为硬间隔，即所有样本正确划分。在现实任务中，样本很难线性可分，缓解该问题的一个办法是引入软间隔，即允许某些样本不满足式（7.10）的约束。

线性可分支持向量机通过硬间隔最大化求解超平面。对线性可分的数据集而言，线性可分划分超平面有无穷多个，如图 7.6 所示，但硬间隔最大的超平面是唯一的。

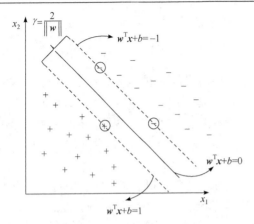

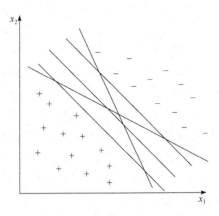

图 7.5　支持向量与间隔示意图　　　　　图 7.6　多个划分超平面示意图

要找到最大间隔的超平面，即要找到满足式（7.10）约束的 w 和 b 使得 γ 最大

$$\max \frac{2}{\|w\|} \tag{7.12}$$

$$s.t.\ y_i\left(w^{\mathrm{T}}x_i+b\right) \geqslant 1, \quad i=1,2,\cdots,m$$

式（7.12）中最大化间隔即最大化 $\|w\|^{-1}$，这等价于最小化 $\|w\|^2$，可转换为

$$\min \frac{1}{2}\|w\|^2 \tag{7.13}$$

$$s.t.\ y_i\left(w^{\mathrm{T}}x_i+b\right) \geqslant 1, \quad i=1,2,\cdots,m$$

对于线性可分支持向量机最优化问题的求解，可将其作为原始最优化问题，应用拉格朗日对偶性，通过求解对偶问题得到原始问题的最优解。使用拉格朗日乘子法对式（7.13）的每个约束添加拉格朗日乘子 $\alpha_i \geqslant 0$，得到拉格朗日方程

$$L(w,b,\alpha) = \frac{1}{2}\|w\|^2 + \sum_{i=1}^{k} \alpha_i\left(1-y_i\left(w^{\mathrm{T}}x_i+b\right)\right) \tag{7.14}$$

将函数 $L(w,b,\alpha)$ 对变量 w 和 b 分别求偏导，并令其为 0 得

$$\begin{cases} w = \sum_{i=1}^{k} \alpha_i y_i x_i \\ 0 = \sum_{i=1}^{k} \alpha_i y_i \end{cases} \tag{7.15}$$

将式（7.15）代入式（7.14）可以得到式（7.12）的对偶问题

$$\min_{\alpha} \frac{1}{2}\sum_{i=1}^{k}\sum_{j=1}^{k} \alpha_i \alpha_j y_i y_j x_i^{\mathrm{T}} x_j - \sum_{i=1}^{k} \alpha_i \tag{7.16}$$

$$s.t. \begin{cases} \sum_{i=1}^{k} \alpha_i y_i = 0 \\ \alpha_i \geqslant 0, i=1,2,\cdots,k \end{cases}$$

一般用 SMO（Sequential Minimal Optimization）算法求解 α 值。求解完 α 后，求出 w 和 b 即可得到 SVM 模型

$$f(x) = \boldsymbol{w}^{\mathrm{T}} x + b = \sum_{i=1}^{k} \alpha_i y_i x_i^{\mathrm{T}} x + b \qquad (7.17)$$

SMO 算法的基本思想是固定除 α_i 之外的参数, 然后求函数在参数 α_i 上的极值, 即每次只对一个维度进行调整, 从而使目标函数在这一维度的范围内达到局部最优。因为式（7.16）存在约束 $\sum_{i=1}^{k} \alpha_i y_i = 0$, 每个 α 并不是完全独立的, 一个 α 改变另一个也要随之变化以满足约束条件, 因此在 SMO 算法中, 需要同时选取两个更新的参数 α_i 和 α_j。

SMO 算法的步骤概括如下：

SMO 算法：

① 选取一对需要更新的 α_i 和 α_j。

② 固定 α_i 和 α_j 以外的参数, 求解式（7.16）得到局部最优解并更新 α_i 和 α_j。

③ 执行第①、②步直到收敛。

支持向量机算法有充分的理论基础, 而且最终的决策只由少数的支持向量确定, 算法的复杂度取决于支持向量的数量, 而不是样本空间的维数, 所以计算量不是很大, 而且泛化准确率较高, 其缺点是对参数调节和核函数的选取比较敏感, 而且需要占用较多的内存和运行时间, 所以在大规模的样本训练上有所不足。此外, 经典的支持向量机算法只给出了二分类的算法, 而在实际应用中若要解决多分类问题则需要使用多个二分类支持向量机的组合来解决。

7.3 回 归

7.3.1 回归模型

回归（Regression）是数据挖掘的另一个预测性任务, 用于预测输入变量和输出变量之间的关系, 特别是当输入变量的值发生变化时输出变量的值随之发生的变化。回归模型按照模型输入变量的个数, 分为一元回归和多元回归; 按照输入变量与输出变量的关系类型, 分为线性回归和非线性回归。

与分类模型不同, 回归模型的因变量输出是连续的。以一元回归模型为例, x 表示自变量, y 表示与之相应的因变量, 给定训练集 $(x_1, y_1), (x_2, y_2), \cdots, (x_n, y_n)$。学习系统由训练数据学习一个预测模型, 即对每个输入 x, 产生一个输出 $y = f(x)$。预测系统通过学习得到的预测模型对新输入的输入实例 x_{n+1} 进行线性或非线性预测, 即预测其输出因变量 y_{n+1}。

许多领域的任务可以形式化为回归问题。例如：回归模型可用于基于若干可能影响公司股票的信息, 如一周的营业额和利润, 进行公司股票的预测; 可以用于通过搜集各项影响经济发展的经济指标数据来预测地区的生产总值（GDP）的变化等。

下面的内容将详细介绍两个典型的回归算法, 即线性回归（Linear Regression）和多项式回归（Polynomial Regression）。

7.3.2　线性回归

线性回归通过线性模型尽可能准确地预测实值输出标记。给定包含 d 个属性的样本 $\boldsymbol{x} = \{x_1, x_2, \cdots, x_d\}$，线性模型试图学习得到一个通过属性的线性组合来进行预测的函数，即

$$f(x) = \Theta_0 + \Theta_1 x_1 + \Theta_2 x_2 + \cdots + \Theta_d x_d \tag{7.18}$$

给定样本集 $D = \{(\boldsymbol{x}_1, y_1), (\boldsymbol{x}_2, y_2), \cdots, (\boldsymbol{x}_n, y_n)\}$，其中 d 维向量 $\boldsymbol{x}_i = \{x_{i1}, x_{i2}, \cdots, x_{id}\}$，将式（7.18）改写为矩阵形式

$$\boldsymbol{y} = \boldsymbol{X}\Theta + \boldsymbol{\varepsilon} \tag{7.19}$$

其中模型输出向量 $\boldsymbol{y} = [y_1, y_2, \cdots, y_n]^{\mathrm{T}}$，系数向量 $\Theta = [\Theta_0, \Theta_1, \cdots, \Theta_d]^{\mathrm{T}}$，模型的残差项 $\boldsymbol{\varepsilon} = [\varepsilon_0, \varepsilon_1, \cdots, \varepsilon_n]^{\mathrm{T}}$，自变量矩阵为

$$\boldsymbol{X} = \begin{bmatrix} 1 & x_{11} & x_{12} & \cdots & x_{1d} \\ 1 & x_{21} & x_{22} & \cdots & x_{2d} \\ \vdots & \vdots & \vdots & & \vdots \\ 1 & x_{n1} & x_{n2} & \cdots & x_{nd} \end{bmatrix}$$

均方误差是回归任务中最常用的性能度量，基于均方误差最小化求解模型的方法称为最小二乘法。可基于最小二乘法求解线性回归模型。

最小二乘法的核心思想是求解未知参数，使得理论值与观测值之差的平方和（一般称为损失函数）达到最小，公式为

$$E = \sum_{i=1}^{n} e_i^2 = \sum_{i=1}^{n} (y_i - \hat{y})^2 \tag{7.20}$$

其中 y_i 是的观测样本的值，$\hat{y}$ 是拟合函数的输出值。算法的目标是得到使损失函数 E 最小时的系数取值。在多元线性回归中，损失函数为

$$J(\Theta) = \frac{1}{2} \sum_{i=1}^{m} (y_i - \hat{y})^2 = \frac{1}{2} \mathrm{tr}\left[(\boldsymbol{X}\Theta - \boldsymbol{y})^{\mathrm{T}} (\boldsymbol{X}\Theta - \boldsymbol{y}) \right] \tag{7.21}$$

其中 $\mathrm{tr}(\cdot)$ 表示计算矩阵的迹，即矩阵主对角线上的元素之和。损失函数对参数 Θ 求偏导（计算过程可参考不再展开），可得

$$\frac{\partial J(\Theta)}{\partial \Theta} = \boldsymbol{X}^{\mathrm{T}} \boldsymbol{X} \Theta - \boldsymbol{X}^{\mathrm{T}} Y \tag{7.22}$$

令上式为 0，并记系数向量估计 $\hat{\Theta} = [\hat{\Theta}_0, \hat{\Theta}_1, \cdots, \hat{\Theta}_d]^{\mathrm{T}}$，可得最小二乘法矩阵形式的参数向量估计为

$$\hat{\Theta} = (\boldsymbol{X}^{\mathrm{T}} \boldsymbol{X})^{-1} \boldsymbol{X}^{\mathrm{T}} Y \tag{7.23}$$

即给定样本为一点 $\boldsymbol{x}_k = \{x_{k1}, x_{k2}, \cdots, x_{kd}\}$，则多元线性回归模型的预测值为

$$\hat{y}_k = \boldsymbol{x}_k \hat{\Theta} \tag{7.24}$$

线性回归模型虽然简单，却有着丰富的变化。例如，对数线性回归的输出在指数尺度

上变化，可将输出标记的对数作为线性模型逼近的目标

$$\ln y = \boldsymbol{x}\Theta \tag{7.25}$$

虽然式（7.25）在形式上仍是线性回归，但实质上已是在求输入空间到输出空间的非线性函数映射。更一般地，考虑单调可微函数 $g(\cdot)$，令 $y = g^{-1}(\boldsymbol{x}\Theta)$，得到广义线性模型。显然对数线性回归是广义线性模型在 $g(\cdot) = \ln(\cdot)$ 的特例。

线性模型形式简单、易于建模，却蕴涵着机器学习的一些重要思想。许多功能强大的非线性模型也是在线性模型的基础上通过引入层级结构或者高维映射得到的。此外，由于系数向量 Θ 直观地表示了样本中各属性在预测中的重要性，这使得线性模型具有很好的可解释性。

7.3.3　多项式回归

多项式回归是研究一个因变量与一个或多个自变量间多项式的回归分析方法。根据泰勒公式，任一函数都可以用多项式近似，因此多项式回归有着广泛应用。当自变量只有一个时，称为一元多项式回归；当自变量有多个时，称为多元多项式回归。一元多项式回归对非线性关系的拟合如图 7.7 所示。

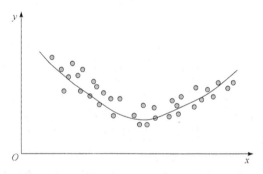

图 7.7　一元多项式回归对非线性关系的拟合

如图 7.7 所示，在一元回归分析中，如果因变量 y 与自变量 x 的关系是非线性的，但又找不到适当的线性函数来拟合，则可以采用一元多项式回归。

一元 m 次多项式回归方程为

$$y = \Theta_0 + \Theta_1 x + \Theta_2 x^2 + \cdots + \Theta_m x^m \tag{7.26}$$

二元二次多项式回归方程为

$$y = \Theta_0 + \Theta_1 x_1 + \Theta_2 x_2 + \Theta_3 x_1^2 + \Theta_4 x_2^2 + \Theta_5 x_1 x_2 \tag{7.27}$$

多项式回归的最大优点是可以通过增加 x 的高次项对实测点进行逼近，直至满意为止。多项式回归可以处理许多非线性问题，它在回归分析中占有重要的地位。因此，在通常的实际问题中，不论因变量与其他自变量的关系如何，我们总可以用多项式回归来进行分析。

多项式回归问题的求解可以通过变量转换化为多元线性回归问题来解决。对于一元 m

次多项式回归方程，令 $z_1 = x, z_2 = x^2, \cdots, z_m = x^m$，则式（7.26）就转化为 m 元线性回归方程

$$y = \varTheta_0 + \varTheta_1 z_1 + \varTheta_2 z_2 + \cdots + \varTheta_m z_m \qquad （7.28）$$

因此，使用上节线性回归中介绍的矩阵求解方法，可解决多项式回归问题。需要指出的是，在多项式回归分析中，检验回归系数是否显著，实质上就是判断自变量 x 的 n 次方项对因变量 y 的影响是否显著。

对于二元二次多项式回归方程，可令 $z_1 = x_1, z_2 = x_2, z_3 = x_1^2, z_4 = x_2^2, z_5 = x_1 x_2$，则式（7.27）二元二次多项式函数就转化为五元线性回归方程

$$y = \varTheta_0 + \varTheta_1 z_1 + \varTheta_2 z_2 + \varTheta_3 z_1 + \varTheta_4 z_2 + \varTheta_5 z_5 \qquad （7.29）$$

多元多项式回归属于多元非线性回归问题。随着自变量个数的增加，多元多项式回归分析的计算量也将急剧增加。

多项式回归能够拟合非线性可分的数据，更加灵活地处理复杂的关系。因为需要设置变量的指数，所以它是完全控制要素变量的建模。此外，多项式回归需要一些数据的先验知识才能选择最佳指数，如果指数选择不当容易出现过拟合。

7.4　聚　　类

7.4.1　聚类模型

聚类（Clustering）是把一个数据对象或观测划分成子集的过程。每一个子集是一个簇（Cluster），使得簇中的对象彼此相似，但与其他类中的样本对象不相似。聚类是数据挖掘、模式识别等研究方向的重要研究内容之一，在识别数据的内在结构方面具有重要的作用。

聚类是一个富有挑战性的研究领域，聚类分析有着诸多要求，包括：可伸缩性，处理不同属性类型，发现任意形状的簇，确定输入参数领域知识，增量聚类和对输入次序不敏感，聚类高维数据，基于约束聚类处理噪声数据，可解释性和可用性等，读者可通过查阅资料自行了解。这些要求中可伸缩性是指聚类模型既能在小规模数据上运行良好，又能在大数据环境下不产生有偏差的结果。

根据数据在聚类中的积聚规则以及应用这些规则的方法，聚类算法主要可以划分为如下几类：划分方法、层次方法、基于密度和网格的方法以及其他聚类算法。

表 7.2 列举了几种聚类方法一般特点。

表 7.2　聚类基本方法概览

聚类方法	一般特点
划分方法	① 发现球型互斥的簇； ② 基于距离； ③ 可以用均值或中心点等代表簇中心； ④ 对中小规模的数据集有效
层次方法	① 聚类是一个层次分解； ② 不能纠正错误的合并或划分； ③ 集成微聚类或考虑对象连接等其他技术

续表

聚类方法	一般特点
基于密度的聚类方法	① 可发现任意形状的簇； ② 簇是对象空间中被低密度区域分隔的稠密区域； ③ 簇密度：每个点的邻域内必须具有最少数据的点； ④ 可能过滤离群点
基于网格的聚类方法	① 使用一种多分辨率网格数据结构； ② 快速处理（依赖于网格大小，独立于对象个数）

1. 划分方法

划分方法是聚类分析中最简单、最基本的方法。划分方法创建数据集的一个单层划分：给定一个包含 n 个对象的数据集和需要构建的划分数目 k，划分方法首先创建一个初始划分，然后采用一种迭代的重定位技术，尝试通过对象在划分间的移动来改进划分。划分方法将数据划分为 k 个组，满足每个组至少包括一个对象，并且每个对象必须属于且只属于一个组。为了达到全局最优，基于划分的聚类会要求穷举所有可能的划分。划分方法聚类的算法有 k 均值算法和 k 中心点算法等。

2. 层次方法

层次方法将数据集分解成几级进行聚类，层次的分解可以用树形图来表示。根据层次分解如何形成，层次方法可以分为凝聚和分裂两种方法。凝聚的方法，也称为自底向上的方法，它一开始将每个对象作为单独的一个组，然后不断地合并相近的对象或组。分裂的方法，也称为自顶向下的方法，一开始将所有的对象置于一个簇中，在迭代的每一步中，一个类被不断地分裂为更小的簇。相对于划分算法，层次算法不需要指定聚类数目，但在凝聚或者分裂的层次聚类算法中，用户也可以定义希望得到的聚类数目作为一个约束条件。层次方法聚类的算法有 BIRCH 和 Chameleon 等。

3. 基于密度的聚类方法

这种方法的主要思想是只要邻近区域的密度（对象或数据点的数目）超过某个阈值就继续聚类。也就是说，对给定簇中的每个数据点，在一个给定范围的区域中必须至少包含某个数目的点。这样的方法可以用来过滤噪声和孤立点数据，发现任意形状的簇。由于绝大多数划分方法是基于对象之间的距离进行聚类的，所以只能发现球状的簇，而基于密度的聚类方法能够很好地发现任意形状的簇。基于密度的聚类方法的算法有 DBSCAN（Density-Based Spatial Clustering of Applications with Noise）和 OPTICS（Ordering Points To Identify the Clustering Structure）等。

4. 基于网格的聚类方法

这种方法把对象空间量化为有限数目的单元，形成一个多分辨率的网络结构，所有的聚类都在这个网络结构上进行。这种方法的主要优点是它的处理速度很快，处理时间独立于数据对象的数目，只与量化空间中每一单元的数目有关。基于网格的聚类方法的算法有 STING（Statistical Information Grid-based Method）和 CLIQUE（Clustering In Quest）等。

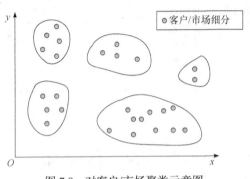

图 7.8　对客户/市场聚类示意图

x、y 坐标轴分别表示不同的分析维度

目前，聚类分析已广泛应用于许多领域，包括商务智能、图像模式识别、Web 搜索和生物安全等。如图 7.8 所示，在商务智能应用中，聚类分析可用于对客户分组，组内客户具有相似的特征，进而加强客户关系管理的商务策略。在图像模式识别中，将不规则的手写输入进行图形聚类，识别输入字形的变体，提升手写输入识别得准确率。在 Web 搜索中，用聚类分析方法将搜索关键词返回结果进行分组，以简明的形式展现搜索结果。

下面的内容将详细介绍两个典型的聚类算法，即 k 均值算法和 DBSCAN。

7.4.2　k 均值算法

早在 1967 年，MacQueen 最早提出了 k 均值算法（k-means clustering），它是一种基于划分的聚类算法，其中，k 代表聚类数目，means 代表簇类内数据的均值。由于 k 均值算法具有高效且快速的优点，所以它被广泛应用于大规模数据聚类中，是一种较为有影响力的划分聚类算法。

如图 7.9 所示，k 均值算法的基本思想是给定数据集 S，假设其中有 n 个样本并且需要将其划分为 k 个类别；首先从数据集 S 中随机选择 k 个样本作为初始聚类中心，将剩余样本根据规定相似度量规则（一般为欧几里得距离）划分到离其最近的聚类中心代表的集合，形成初始的 k 类；对每个类重新计算中心点，根据新中心重新划分样本；不断迭代以上过程，通过计算该簇类内所有数据平均值，不断移动聚类中心，重新划分聚类，直到类内误差平方和最小且没有变化为止，聚类结束。

定义一个含有 n 个数据的样本集合 D，即

$$D = \left\{ \boldsymbol{x}_i \mid \boldsymbol{x}_i = (x_{i1}, x_{i2}, \cdots, x_{id}), i = 1, 2, \cdots, n \right\} \quad (7.30)$$

其中 $\boldsymbol{x}_i = (x_{i1}, x_{i2}, \cdots, x_{id})$ 是一个 d 维向量，表示第 i 个数据的 d 个不同属性，n 是样本容量。聚类中心表示为

$$C = \left\{ \boldsymbol{c}_j \mid \boldsymbol{c}_j = (c_{j1}, c_{j2}, \cdots, c_{jd}), j = 1, 2, \cdots, K \right\} \quad (7.31)$$

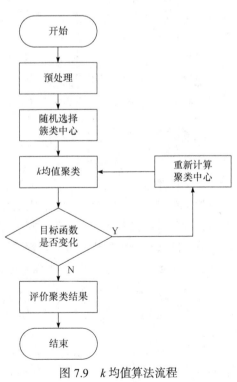

图 7.9　k 均值算法流程

其中 $c_j = (c_{j1}, c_{j2}, \ldots, c_{jd})$ 是第 j 个簇类的中心点，每个中心点 c_j 都含有 d 个不同的属性，K 是聚类个数。

两个数据 x_i 和 c_j 之间的欧几里得距离为 $\mathrm{dis}(x_i, c_j)$，表示如下：

$$\mathrm{dis}(x_i, c_i) = \sqrt{\sum_{l=1}^{d} (x_{il} - c_{jl})^2}, i = 1, 2, \cdots, n; j = 1, 2, \cdots, K \tag{7.32}$$

记同一簇类 Φ_j 的中心点为 c_j，对 c_j 的第 l 个属性的计算公式如下：

$$c_{jk} = \frac{1}{N(\Phi_j)} \sum_{x_i \in \Phi_j} x_{il}, l = 1, 2, \cdots, d; j = 1, 2, \cdots, K \tag{7.33}$$

其中 $N(\Phi_j)$ 是统一个簇类 Φ_j 中数据点的个数。目标函数为类内误差平方和 SSE，表示如下：

$$\mathrm{SSE} = \sum_{j=1}^{K} \sum_{x_i \in \Phi_j} \mathrm{dis}(x_i, c_i) \tag{7.34}$$

当目标函数收敛，聚类中心稳定不再变化，算法结束，输出聚类结果。

k 均值算法的算法步骤如下：

---

k 均值算法：

输入：给定样本集 $X = \{x_1, x_2, \cdots, x_n\}$

输出：样本集 X 聚类结果 C^t

---

① 初始化：令迭代次数 $t = 0$，随机选择 k 个样本作为初始聚类中心 $c_0 = (c_{01}, c_{02}, \cdots, c_{0d})$。

② 样本聚类：对固定簇中心 $c_t = (c_{t1}, c_{t2}, \cdots, c_{td})$，计算每个样本到簇中心的距离，将每个样本指派到与其最近中心的簇中，形成聚类结果 C^t。

③ 选择新的类中心：对聚类结果 C^t，计算当前各簇中样本均值作为新的簇中心 $c_{t+1} = (c_{(t+1)1}, c_{(t+1)2}, \cdots, c_{(t+1)d})$。

④ 若迭代收敛或满足停止条件，输出聚类结果 C^t。

由于 k 均值算法的聚类结果可能依赖于初始簇中心的随机选择，不能保证聚类的结果收敛于全局最优解。此外，k 均值算法不适合于发现非凸形状的簇或大小相差很大的簇，且对噪声和离群点敏感。k 均值算法的复杂度是 $O(nkt)$，其中 n 是对象总数，k 是簇数，t 是迭代次数。通常，$k \ll n$ 并且 $t \ll n$，因此对处理大数据集时，算法是相对可伸缩和有效的。

此外，k 均值算法方法有一些变种，它们可能在初始 k 个均值的选择、相异度计算、簇均值的计算策略上有所不同。例如，k 众数聚类算法使用簇众数取代簇均值来聚类标称数据，它采用新的相异性度量类处理标称对象，采用基于频率的方法来更新簇的众数。

7.4.3　DBSCAN 算法

DBSCAN 是一种基于密度的聚类方法的代表性算法，与基于划分和层次的聚类方法不同, 它将簇定义为密度相连的点的最大集合, 把具有足够高密度的区域划分为簇, 并在数据中发现任意形状的聚类。与 k 均值算法方法相比, DBSCAN 不需要事先知道要形成簇的数量, 而且能够识别噪声点。

在了解 DBSCAN 算法前, 需要先了解以下概念:

邻域: 一个用户指定的参数 $\varepsilon > 0$ 来指定每个对象的邻域半径, 对象 o 的 ε-邻域是以 o 为中心、以半径 ε 为半径的空间。

邻域密度: 一个对象 ε-邻域内其他对象的数目。

核心对象: 由用户指定一个稠密区域的密度阈值 MinPts, 一个对象的 ε-邻域内如果至少包含 MinPts 个对象, 则该对象为核心对象。

直接密度可达: 如果对象 p 在核心对象 q 的 ε-邻域内, 则称对象 p 是从核心对象 q 直接可达的。使用直接密度可达的关系, 核心对象可以把它 ε-邻域内的对象都带入一个稠密区域。

密度可达: 如果存在一个对象链 $p_1, p_2, \cdots, p_n$, 使得 $p_1 = q$, $p_n = p$, 并且对于 $p_i \in D(1 \leqslant i \leqslant n)$, p_{i+1} 是从 p_i 关于参数 ε 和 MinPts 直接密度可达的, 则称对象 p 是从对象 q 密度可达的。

密度相连: 如果存在一个对象 q, 使得两个对象 p_1, q_2 都是从 q 关于参数 ε 和 MinPts 密度可达的, 则称 p_1, q_2 密度相连。

密度可达和密度相连关系如图 7.10 所示。给定圆的半径为 ε, 令 MinPts = 3。在被标记的点中, x_2, x_3, x_4 为核心对象, 因为它们的 ε-邻域内都至少包含 3 个对象, x_1, x_5 为非核心对象。其中 x_2 从 x_3 是直接密度可达的, 反之亦然。存在同样关系的还有对象 x_3 和 x_4。对象 x_1 是从核心对象 x_3 密度可达的, 因为 x_1 是从 x_2 直接可达的, x_2 是从 x_3 直接密度可达的。同样, 对象 x_5 是从核心对象 x_3 密度可达的, 因此对象 x_1 和对象 x_5 是密度相连的。

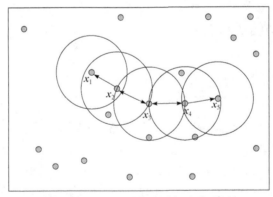

图 7.10　密度可达和密度相连关系图

DBSCAN 算法的步骤如下:

DBSCAN 算法:

输入: 给定样本集 $X = \{x_1, x_2, \cdots, x_n\}$, 邻域距离 ε, 稠密区域密度阈值 MinPts

输出: 样本集 X 聚类结果 C^t

① 遍历所有样本, 找出所有满足邻域距离 ε 的核心对象的集合。

② 任意选择一个核心对象 x，找出其所有密度可达的样本并生成聚类簇 C。

③ 从剩余的核心对象中移除②中找到的密度可达的样本，加入聚类簇 C。

④ 从更新后的核心对象集合重复执行②、③步直到核心对象都被遍历或移除。

⑤ 将剩余未访问的点标记为噪声，所有点都被访问过后输出聚类结果 C^t。

在 DBSCAN 算法中，由于边界点可以被不止一个簇密度相连，对数据不同的处理顺序可能会导致不同的处理结果，所以不确定性是 DBSCAN 的问题之一。DBSCAN 的聚类效果还会受到欧几里得距离的通病即维数灾难的影响，不能很好地反映高维数据。与此同时，对于在密度上有较大差异的数据，最小样本个数 MinPts 的选取又非常困难，不能很好地反映数据集变化的密度。所以如何选择邻域距离 ε 和稠密区域的密度阈值 MinPts 是 DBSCAN 算法中非常关键的问题。如果用户定义的参数 ε 和 MinPts 设置恰当，则 DBSCAN 可以有效地发现任意形状的簇。

7.5 关联分析

7.5.1 关联分析模型

关联分析（Association Analysis），又称关联规则挖掘，是指在交易数据、关系数据或其他信息载体中查找存在于项目集合或对象集合之间的潜在关联关系，并用关联规则（Association Rule）的形式表示，是一种不需要先验知识的非监督学习方法。关联分析可应用在多个领域。例如，在电影推荐中，关联规则可以帮助售票软件向具有相似消费行为的顾客推荐一些他们可能感兴趣的电影，这有助于提升用户体验，增加影院盈利。下面以经典的购物篮数据为例介绍一些关联分析的基本概念。购物篮原始数据见表 7.3。

表 7.3　购物篮数据

TID	面包	牛奶	尿布	鸡蛋	啤酒	可乐
1	1	1	0	0	0	1
2	1	0	1	0	1	0
3	0	1	1	0	1	1
4	1	1	1	0	1	0
5	1	1	1	0	0	1

在表 7.3 的购物篮数据中，每行购买记录称为一个事务，用 t 表示，所有事务集合为 T。每个事务都有一个标识符，称为 TID。每列为一个项（Item），用 i 表示。每个事务中包含项的个数称为该事务的宽度。如事务 t_1 中出现了面包、牛奶、可乐三项，则事务 t_1 的宽度为 3。包含 0 个项或多个项的集合称为项集（Itemset），有 I 表示，一个包含 k 个项的项集称为 k 项集。

项集 I 的支持度表示包含项集 I 的事务的个数 $\sigma(I)$ 与总事务数 N 的比值，用 support(I) 表示：

$$\text{support}(I) = P(I) = \frac{\sigma(I)}{N} * 100\% \qquad (7.35)$$

在表 7.3 中，事务 t_1, t_4, t_5 同时包含项集{面包，牛奶}，则项集{面包，牛奶}的支持度计数为 3。若定义 min_sup 为最小支持度，则称满足 support(I) ≥ min_sup 的项集 I 称为频繁项集。

关联规则用表达式 $A \Rightarrow B$ 表示，其中 A, B 为两个没有交集的项集，即 $A \cap B = \varnothing$。关联规则有支持度和置信度两个重要的度量参数。支持度表示规则在事务中出现的频繁程度，置信度表示 B 在包含 A 的事务中出现的频繁程度。

对于规则 $A \Rightarrow B$，支持度公式为

$$\text{support}(A \Rightarrow B) = P(A \cup B) = \frac{\sigma(A \cap B)}{N} * 100\% \tag{7.36}$$

置信度公式为

$$\text{confidence}(A \Rightarrow B) = P(A \mid B) = \frac{\sigma(A \cup B)}{\sigma(A)} * 100\% \tag{7.37}$$

一个理想的关联规则需要同时具有较高的支持度和置信度。如果某规则具有高支持度但置信度较低，则说明该规则不可信；如果某规则具有高置信度但支持度较低，则说明该规则的应用较少。若 min_conf 为最小置信度，则称同时满足 support($A \Rightarrow B$) ≥ min_sup 与 support($A \Rightarrow B$) ≥ min_conf 的规则 $A \Rightarrow B$ 为强关联规则。

在表 7.3 中，2 项集{面包，牛奶}的支持度计数为 3，3 项集{牛奶，尿布，啤酒}的支持度计数为 2，事务总数为 5，则关联规则{牛奶，尿布} $\Rightarrow$ {啤酒}的支持度为 2/5=0.4，置信度为 2/3=0.67。

关联规则挖掘通常可以分成以下两个步骤实现：

① 找出所有的频繁项集：这些项集的支持度不小于预定最小支持度。

② 由频繁项集产生强关联规则：在第①步中找到的频繁项集的基础上找到所有不小于预定最小支持度和预定最小置信度的关联规则。

下面的内容将详细介绍两个典型的关联分析算法，即 Apriori 算法和频繁模式增长（Frequent-Pattern Growth，FP-growth）算法。

7.5.2　Apriori 算法

Apriori 算法由 Agrawal 和 R. Srikant 于 1994 年提出，算法使用逐层搜索的迭代方法，其中 $(k-1)$ 项集用于探索 k 项集。Apriori 算法的特点是先生成候选项集，再由候选生成频繁项集。Apriori 算法的先验性质是"如果某个项集是频繁的，那么它的所有子集也是频繁的"，反之亦然。下面通过关联分析的两个步骤来介绍 Apriori 算法。

1. Apriori 算法产生频繁项集

首先扫描数据库，得到所有的 1 项集及其支持度，通过与最小支持度对比，求解出频繁 1 项集的集合 L_1。在 L_1 的基础上求解频繁 2 项集 L_2，在 L_2 的基础上求解频繁 3 项集 L_3，依次类推，直到无法产生新的频繁项集时结束。在上述求解过程中，每求解一次频繁项集都要扫描一次数据集。

频繁项集的产生分为连接步和剪枝步两个子步骤。

（1）连接步

为找出频繁 k 项集的集合 L_k，首先通过 L_{k-1} 与自身连接得到候选 k 项集的集合 C_k。扫描 L_{k-1} 中的项集，如果两个项集前 $(k-2)$ 项相同，则它们是可连接的。具体而言，设 I_i 是集合 L_{k-1} 中的 $(k-1)$ 项集，且 I_i 中的项字典序有序（记 $I_i[t]$ 为 I_i 中的第 t 项，满足 $I_i[1] < I_i[2] < \cdots < I_i[k-1]$）。若 L_{k-1} 中的两个项集 I_1 和 I_2 满足 $\left(I_1[1] = I_2[1]\right) \wedge \left(I_1[1] = I_2[1]\right) \wedge \cdots \wedge \left(I_1[k-2] = I_2[k-2]\right) \wedge \left(I_1[k-1] < I_2[k-1]\right)$，则 I_1 和 I_2 是可连接的，将它们连接之后得到 k 项集 $\{I_1[1], I_1[2], \cdots, I_1[k-1], I_2[k-1]\}$。

（2）剪枝步

在连接步得到的候选项集的集合 C_k 是频繁项集的集合 L_k 的超集，应用前文提到的 Apriori 算法的先验性质，对 C_k 进行压缩。如图 7.11 所示，如果 3 项集 $\{2,3,4\}$ 是频繁的，那么它的 2 项子集 $\{2,3\}$，$\{2,4\}$，$\{3,4\}$，1 项子集 $\{2\}$，$\{3\}$，$\{4\}$ 也是频繁的。根据 Apriori 算法的先验性质的逆否命题，"如果某个项集是非频繁的，那么它的所有超集也是非频繁的"。如图 7.11 所示，如果 2 项集 $\{0,1\}$ 是非频繁的，那么它的 3 项超集 $\{0,1,2\}$，$\{0,1,3\}$，$\{0,1,4\}$，4 项超集 $\{0,1,2,3\}$，$\{0,1,2,4\}$，$\{0,1,3,4\}$，5 项超集 $\{0,1,2,3,4\}$ 也是非频繁的。基于该理论，可以在每次扫描的候选项集 C_k 中剪枝掉包含非频繁子集的候选项集。

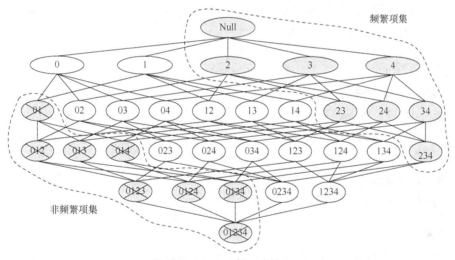

图 7.11　Apriori 算法先验原理

Apriori 算法的算法步骤如下：

Apriori 算法：

输入：事务数据库 D，最小支持度 min_sup

输出：频繁 k 项集 L_k

扫描 D，得到所有出现的项作为候选 1 项集 C_1，$k=1$。

扫描 C_1，删除所有支持度小于 min_sup 的候选项集得到频繁 1 项集 L_1。

Repeat：

① $k = k+1$。

② L_{k-1} 与自身连接生成候选 k 项集 C_k。

③ 删除 C_k 中所有支持度小于 min_sup 的项集得到频繁 k 项集 L_k。

④ if L_k 只有一个项集，循环结束。

⑤ 输出频繁 k 项集 L_k。

2. 产生关联规则

关联规则的产生就是从第 1 步得到的频繁项集中找出满足最小置信度的关联规则，它的求解思路为将频繁项集 Y 划分成两个非空的子集 X 和 $Y-X$，使得 $X \rightarrow Y-X$ 满足最小置信度，即 confidence$(X \Rightarrow Y-X) \geqslant$ min_conf。由于关联规则由频繁项集产生，因此每个规则都自动地满足最小支持度。

Apriori 算法有两个主要的缺点：其一是需要产生大量的候选项集来找出所有的频繁项集；其二是时间开销大，需要多次重复地扫描数据库。当面对大数据时，这两个缺点会更加地突出。由于不同的分治和并行处理策略会对集群的计算效率和负载均衡产生影响，可以对现有关联规则挖掘算法进行分布式和并行化处理。将 Apriori 算法进行并行化就是提升其计算效率的重要策略之一。基于 MapReduce 或者 Spark 这样的大数据平台进行 Apriori 算法的适应性设计也是提升效率的重要手段之一。

7.5.3　FP-growth 算法

FP-growth 算法是韩嘉炜等在 2000 年提出的关联分析算法。FP-growth 算法采取如下分治策略：将数据库压缩到一棵频繁模式树（FP-tree）中，仍保留项集关联信息。然后，将这种压缩后的数据库分成一组条件数据库（一种特殊类型的投影数据库），每个关联一个频繁项目，并分别挖掘每个条件数据库。与 Apriori 算法相比，FP-growth 算法不需要生成大量的候选项集，而且由于后续的挖掘在压缩后的 FP-tree 上进行，避免了扫描庞大的原始数据库，比 Apriori 算法有明显的性能提升。

1. FP-tree 构造

FP-tree 是一棵前缀树，按支持度降序排列，支持度越高的频繁项集离根节点越近，从而使得更多的频繁项集可以共享前缀。FP-tree 的构造需要扫描两次数据库，第一次收集频繁项集，第二次构造 FP-tree。

具体地，在第一次扫描数据库时，计算所有 1 项集的支持度，并与输入的最小支持度比较得到频繁 1 项集。再将所有的频繁 1 项集按其支持度以降序排列，得到 F-list。第二次扫描数据库时，递归调用每一条事务，按照频繁 1 项集列表，将每一条事务中的非频繁项集移除，并将该事务中留下的频繁项集降序排列，再将该事务插入根节点为空的 FP-tree 中。FP-tree 节约存储空间的同时还保留了项与项之间关联信息，以此构建出保留有所有频繁 1 项集关联信息的 FP-tree。

表 7.4 表示用于购物篮分析的事务型数据库，其中，$a,b,\cdots,p$ 分别表示客户购买的物品。设置最小支持度为 3，对该数据库进行一次扫描，计算每一行记录中各种物品的支持

度，然后按照支持度降序排列，仅保留频繁项集。

表 7.4　事务型数据库

TID	Items	Frequent Items （Ordered）
1	f,a,c,d,g,i,m,p	f,c,a,m,p
2	a,b,c,f,l,m,o	$f,c,a,b.m$
3	b,f,h,j,o	f,b
4	b,c,k,s,p	c,b,p
5	a,f,c,e,l,p,m,n	f,c,a,m,p

　　FP-tree 建树过程如图 7.12 所示。最终生成的 FP-tree 包含了数据集中项集之间的所有关联信息。将每条事务的频繁 1 项集依次插入 FP-tree 中。每次插入时，对路径上重复的节点的支持度计数加 1。为提高挖掘效率，创建项头表，通过链表的形式连接项目在 FP-tree 树的所有位置。

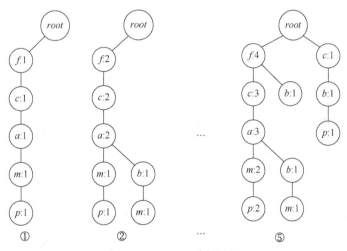

图 7.12　FP-tree 建树过程

2. 基于 FP-tree 频繁项集挖掘

　　挖掘过程是从 F-list 中底部最不频繁的项集开始。当对每一个叶子节点进行遍历时，FP-growth 算法都会收集从叶子节点到根节点路径上的所有项集，而这些项集被称为该节点的条件模式基。利用条件模式基再构建该项集的条件 FP-tree。因此，对条件 FP-tree 进行递归挖掘直到根节点时停止。若条件 FP-tree 只有一条路径时则可直接生成所包含的频繁项集。

　　图 7.12 所示的 FP-tree 中以 p 结尾的节点链共有两条，分别是 $<(f:4),(c:3),(a:3),(m:2),(p:2)>$ 和 $<(c:1),(b:1),(p:1)>$，其中，第一条节点链表表示客户购买的物品清单 $<f,c,a,m,p>$ 在数据库中共出现了两次。需要注意的是，尽管 $<f,c,a>$ 在第一条节点链中出现了 3 次，单个物品 $<f>$ 出现了 4 次，但是它们与 p 一起出现只有 2 次，所以在条件 FP-tree 中将 $<(f:4),(c:3),(a:3),(m:2),(p:2)>$ 记为 $<(f:2),(c:2),(a:2),(m:2),(p:2)>$。同理，第二条节

点链表示客户购买的物品清单 $<c,b,p>$ 在数据库中只出现了一次。我们将 p 的前缀节点链 $<(f:2),(c:2),(a:2),(m:2)>$ 和 $<(c:1),(b:1)>$ 称为 p 的条件模式基。

　　将 p 的条件模式基作为新的事务数据库，每一行存储 p 的一个前缀节点链。根据构建 FP-tree 的过程，计算每一行记录中各种物品的支持度，然后按照支持度降序排列，仅保留频繁项集，剔除那些低于支持度阈值的项，建立一棵新的 FP-tree，这棵树被称为 p 的条件 FP-tree。由于 p 的条件 FP-tree 中满足支持度阈值的只剩下一个节点 $(c:3)$，所以以 p 结尾的频繁项集有 $(p:3),(cp:3)$。由于 c 的条件模式基为空，所以不需要构建 c 的条件 FP-tree。

　　图 7.13 描述了频繁项目 m 的条件模式基的构建过程与挖掘过程。设置支持度计数阈值为 3，首先根据图 7.12 的 FP-tree 找到以 m 结尾的节点链接 $<(f:2),(c:2),(a:2),(m:2)>$ 和 $<(f:1),(c:1),(a:1),(b:1),(m:1)>$（在图 7.13 中用 $(fac:2)$ 和 $(fcab:1)$ 表示，下同），通过合并公共节点链，得到满足支持度计数阈值的 m 的条件模式基 $<(f:3),(c:3),(a:3)>$，以此构建 m 的条件 FP-tree。由于图中 m 条件 FP-tree 只有一条路径，可直接生成所有包含 m 的频繁项集，得到 m 的最大频繁项集为频繁 4 项集$\{f:3, c:3, a:3, m:3\}$。

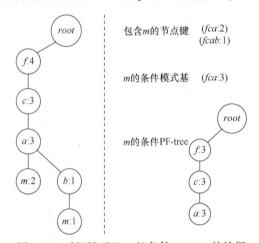

图 7.13　对频繁项目 m 的条件 FP-tree 的挖掘

　　对 FP-growth 方法的性能研究表明，不论是对于挖掘长的频繁模式和短的频繁模式，FP-growth 都是有效和可伸缩的，并且速度大约比 Apriori 算法快一个数量级。

习　　题

1. 数据挖掘过程主要分为几个步骤？每个步骤分别完成什么任务？
2. 数据预处理包括哪些方法？分别完成什么工作？
3. 查阅资料，分别使用 ID3 和 C4.5 算法对表 7.1 的数据计算生成决策树。
4. 进一步了解求解支持向量机的 SMO 算法。
5. 了解多元线性回归中式（7.22）的参数求导过程。
6. 请分别了解一个层次方法和基于网格的方法的代表算法。
7. 设置支持度计数阈值为 3，请对表 7.3 中的事务数据使用 Apriori 算法产生频繁项集。

第 8 章 大数据可视化

数据可视化（Data Visualization）是关于数据视觉表现形式的科学技术研究，为数据挖掘与分析提供了一种直观的手段，可以将信息从数据空间映射到视觉空间，有助于从庞杂混乱的数据中发现其基本特征和隐藏的规律信息。大数据可视化能力是大数据领域的研究者、工程技术人员的核心竞争力之一。本章首先简要介绍数据可视化的概念，然后介绍数据可视化的方法，根据所用数据的不同分为高维大数据可视化、网格和层次大数据可视化、时空大数据可视化和文本大数据可视化，最后介绍常用的可视化工具，包括 ECharts、Tableau 和 D3。

8.1 数据可视化概述

8.1.1 数据可视化简介

在大数据的研究、教学和开发领域中，数据可视化是一个关键的方面。大数据正逐步影响着人们的生活、工作方式和思维模式，数据挖掘让人们从人类社会中发现了许多复杂行为模式，而数据可视化作为数据科学的成果展现环节，直接影响着人们对于数据的认知和使用。

数据可视化作为一种展现数据的方式，是对现实世界的抽象表达，其主要目标是建立从输入数据到符合人们的认知规律的可视化表征。人们是以视觉感官为主要信息接收途径的，更倾向于去接受一些作为图形呈现出来的信息，而不是晦涩难懂的数字。数据可视化之所以受到人们的欢迎，主要在于其易于理解、便于分享和传播、表现形式多样等特点。数据可视化可以将海量数据直观地呈现出来，有助于决策者对用户的行为特点进行分析并高效地做出决策。数据可视化在现实生活中的应用也十分广泛。

8.1.2 数据可视化的发展历程

数据可视化的发展历程可以分为六个阶段，如图 8.1 所示，分别为起源阶段、孕育时期、数据图形出现、第一个黄金期、低潮期和新的黄金期。

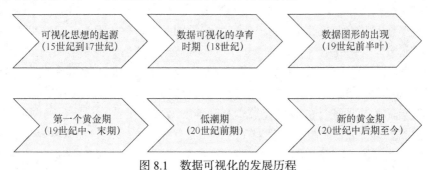

图 8.1 数据可视化的发展历程

　　可视化思想起源于 15 世纪到 17 世纪。在这个时期，人类的研究领域有限，总体数据量也处于较少的阶段，数据的表达形式也较为简单。但随着人类知识的增长与活动范围的不断扩大，为了能够有效地进行地区探索，人们开始汇总地区信息并进行地图绘制。在此期间，用于精确观测和测量物理量以及地理和天体位置的技术和仪器得到了充分发展，这对于地图的制作、距离和空间的测量都产生了极大的促进作用。此外，笛卡儿发明了解析几何和坐标系，可以实现在两个或者三个维度上进行数据分析，这成为了数据可视化历史上的重要一步。同时，早期概率论和人口统计研究开始出现。这些早期的探索开启了数据可视化的大门，让数据的收集、整理和绘制有了系统性的发展。

　　在 18 世纪，随着社会的进一步发展和物理、化学、数学等学科的兴起，统计学开始出现了萌芽。1786 年，苏格兰工程师、经济学家威廉·普莱费尔（William Playfair）出版了《商业与政治图解集》（*The Commercial and Political Atlas*）。该书中包含了 44 个图表，记录了 1700—1782 年期间英国的贸易和债务情况，并展示了这段时期的商业事件。图 8.2 展示了该书的一部分图表，从左至右分别为史上第一张饼状图、条形图和线形图。

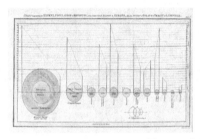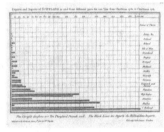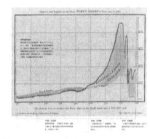

图 8.2　史上第一张饼状图、条形图和线形图

　　19 世纪上半叶，图形统计和绘图领域出现了爆炸式的发展。英国地质学家威廉·史密斯（William Smith）在 1813—1815 年间绘制了第一张着色地层图，并在 1813—1815 年期间绘制出了第一张彩色英格兰和威尔士地质图，提出了生物地层学的早期概念。在这一时期，数据的收集分析也从科学技术和经济领域扩展到了社会管理领域。人们开始有意识地使用可视化方式解决更多的问题。

　　到了 19 世纪中后期，数据可视化领域开始了快速的发展。随着数字信息对社会、工业、商业影响的不断增大，欧洲开始注重发展数据分析技术，数据可视化迎来了历史上的第一个黄金期。在这个时期，散点图、直方图、极坐标图形和时间序列图等当代统计图形的常用形式都已经出现。1854 年，伦敦暴发霍乱，10 天内超过 500 人死亡，英国麻醉学家、流行病学家约翰·斯诺（John Snow）将怀疑对象锁定于水源，统计了霍乱患者分布与水井的关系，发现大部分患者的水源都是 Broad 街的水泵，因此建议拆掉 Broad 街的水泵。约翰·斯诺对这次霍乱暴发的调查堪称流行病学史上的经典案例。事后，他绘制了一张霍乱地图，在图中标注了患者的分布和水泵的位置，更加直观地揭示了被污染的水源和霍乱疫情的关系。

　　随着 19 世纪的结束，数据可视化的第一个黄金期也终结了。在 20 世纪初，数据可视化进入了低潮期。数理统计的诞生让数学基础的发展成为了首要目标，而图形作为辅助工具被暂时搁置。而一战、二战的爆发对于经济造成了深远的影响，在这一时期，人类收集、展现数据的方式并没有得到根本上的创新。但在这个阶段，还是有较多标志性作品诞生了，例如伦敦的地铁图，至今仍在沿用。

第二次世界大战之后，工业和科学得到了迅速发展，人们迫切需要使用数据可视化技术将产生的数据进行分析与展示，从而推动了这一时期数据可视化的发展。在 20 世纪后期，计算机技术的兴起使得数据统计分析变得更为高效，而数理统计知识也为数据分析打下了坚实的基础。进入 21 世纪以来，计算机技术的发展有了质的飞跃，不断增加的数据量使得人们对于数据可视化技术的依赖不断加深。大数据时代的到来对于数据可视化的发展有着冲击性的影响，数据可视化已进入一个新的黄金期。

8.1.3　数据可视化的作用

随着大数据时代的到来，数据容量和复杂性不断增加，数据可视化技术被广泛地应用于数据分析与展示。相对于传统的使用表格或者文字进行数据描述，数据可视化以更加直观的方式展示数据，让用户对于数据的特性有更加明确的认知，也使得数据更加客观，更具说服力。数据可视化主要在于数据分析和图形展现两个方面，既要真实地表达所分析得到的数据，又要使用户可以从图形中比较不同的数据内容，从而挖掘其中蕴含的信息和特性。

具体而言，数据可视化的主要作用包括数据记录和追踪、交互式数据分析、数据立体化表现三个方面，这也是数据可视化用于辅助用户理解数据的三个基本阶段。

1. 数据记录和追踪

人类接收到的信息中有 80%以上来源于视觉感官。人类通过视觉获取到的信息要远远多于其余途径。但人类的记忆能力是有限的，如果将大量数据以数值方式进行传递，人们无法将其全部记忆在脑海中，而将数据以图形图像的方式进行展现则可以让数据变得更加通俗易懂，有助于人们更加快捷直观地理解数据。因此，数据可视化有助于人们更好地进行信息接收与传递。特别地，将动态变化的数据生成实时变化的可视化图表，可以让人们对其中变化一目了然，有效追踪其中的参数变化。图 8.3 所示为 2019 年天猫"双十一"的数据大屏和其他大屏的轮播情况。"双十一"大屏共展示了包括数据大屏在内的 21 块屏，每块屏展示的时间、色彩运用都经过了精心安排。通过"双十一"大屏，可以使用户对"双十一"的各种销售情况一目了然。

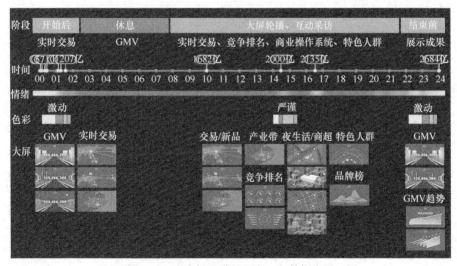

图 8.3　2019 年天猫"双十一"数据大屏

2. 交互式数据分析

可视化技术可以向用户实时呈现当前分析结果，引导用户进行协同分析，并根据用户反馈的信息对数据进行处理，完成用户与数据分析间的交互。目前，新兴的计算机技术为用户与数据交互提供了界面、接口和协议等交互条件，这使得基于可视化的人机数据交互技术得到了迅猛发展。交互式数据分析可以将用户与机器智能进行有机结合，形成沉浸式分析环境，从而提高数据关联分析的效率。

3. 数据立体化表现

对海量数据进行分析并形成具有良好视觉体验和强大说服力的图形图像可以增强数据的表现力，从而提高用户对于数据的理解。现如今，传统单调的讲述与呈现方式已经不能满足用户的需求，与海量的数据信息相比，用户的阅读时间显得远远不足。数据可视化为数据信息提供了一种直观高效的呈现方式。将枯燥乏味的信息以数据图表的形式进行展现，不仅可以缩短用户的阅读时间、让用户在短时间内将大量信息存储在脑海中，还可以增加用户对于呈现内容的兴趣。因此，目前的气象报道、新闻播报等均采用数据图表，将内容动态地、立体化地进行呈现。

8.2　数据可视化方法

数据可视化与需要展现的数据内容关系密切。下面将根据数据的类别（包括高维数据、网络和层次大数据、时空大数据、文本大数据）分别介绍各类大数据的可视化方法。

8.2.1　高维大数据可视化

在大数据时代，高维度是数据的特性之一。高维大数据的每个样本拥有多个数据属性。针对高维大数据的可视化展现，采取传统的二维图表难以满足其需求，因此高维大数据的可视化也是当前研究的热点之一。目前用于高维大数据可视化的方法主要有径向坐标可视化、平行坐标、散点图矩阵等。

1. 径向坐标可视化

径向坐标可视化（Radial coordinate Visualization，Radviz）的原理是将一系列多维空间的点通过非线性方法映射到二维空间。它将维度作为锚点固定到一个圆环上，数据点在各维度锚点的弹簧拉力作用下被映射到圆内合力为 0 的位置上，各维度锚点发出的拉力大小与数据点在对应维度上的取值成正比，而具有相似维度取值的数据点将被映射到圆内相近位置。通过 Radviz 结果图，人们可以直观地观察到投影到圆内数据点的簇聚结构，从而实现多维数据在二维空间的可视化聚类效果。

Radviz 的特点是可以直接利用原始变量进行可视化，无需依赖变量间的线性关系组合降维，因此可以更直观地呈现数据模式特征方面的信息。凭借良好的可交互性、可扩展性和原始特性保留能力，Radviz 被广泛应用于生物医疗、商业智能和故障分析等领域。

鸢尾花（Iris）数据集是一个经典数据集，在统计学习和机器学习领域经常被用作示例。该数据集内包含三类共 150 条记录，每类各 50 条记录，每条记录都有四项特征：花萼长度、花萼宽度、花瓣长度、花瓣宽度，这四个特征是它们分类的依据。

图 8.4 所示是使用鸢尾花数据绘制 Radviz 可视化图的结果。从图中可以看出，Radviz 可以将 Iris-setosa 和另外两类（即 Iris-versicolor 和 Iris-virginica）很好地区分出来。由于 Radviz 映射为多对一映射，这导致圆内数据点会出现遮挡和重合的现象。图中 Iris-versicolor 和 Iris-virginica 数据点就出现了大量重合，这也是 Radviz 图的缺点之一。此外，Radviz 圆环上维度锚点摆放的位置和顺序对数据投影的结果影响也较大。

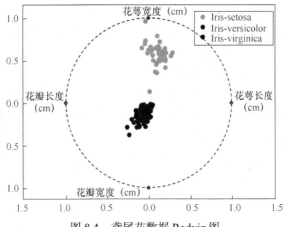

图 8.4　鸢尾花数据 Radviz 图

2. 平行坐标

平行坐标是可视化高维几何和分析多维数据的常用方法。平行坐标最早由 Inselberg 在 1985 年提出，并应用于计算几何。之后，在 1990 年，美国统计学家 Wegman 提议将平行坐标应用于多元数据分析，至此，平行坐标开始进入多元统计领域。目前，平行坐标已经成为数据可视化的主流技术之一。

平行坐标方法能够简洁快速地展示多维数据。平行坐标系使用多条平行等距的竖直轴线来代表维度，在每一条直线上刻画对应维度的数值。为了反映各个维度变量间相互关系和变化趋势，通常用折线将单个多维数据样本在所有竖直轴上的坐标点相连，得到的折线即为该样本在二维空间的映射。

图 8.5 所示是使用和上一节同样的鸢尾花数据绘制的平行坐标图，横轴分别为鸢尾花

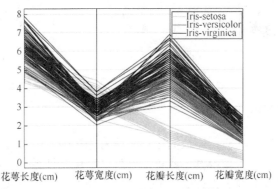

图 8.5　鸢尾花数据平行坐标图

花萼长度、花萼宽度、花瓣长度和花瓣宽度，纵轴为相应指标的数值。从图中可以看到，同类鸢尾花的折线形状和位置大致相同，在一定程度上可以区分不同类别的鸢尾花。

平行坐标是数据可视化的一种重要技术，但当数据样本过多时，可能会因折线重叠而造成视觉上的混乱。因此现在有许多研究来改进平行坐标技术。常见的改进方式有维度重排、数据点着色以及聚类等。

3. 散点图矩阵

散点图是一种常见的统计图形，主要用来揭示两个变量之间的关系。散点图包括简单散点图、三维散点图和散点图矩阵等。简单散点图主要用二维平面坐标对两个变量之间的关系进行表示。三维散点图是在简单散点图的基础上增加了一个维度，用三维坐标空间展示三个变量之间的关系。但是简单散点图和三维散点图只能表示三维及以下的数据，存在高维数据展示瓶颈。作为散点图的多维扩展，散点图矩阵在一定程度上可以克服简单散点图和三维散点图的瓶颈，对于探索高维数据中两个变量之间的关系有着不可替代的作用。对于高维数据，可以将数据中两两交叉的变量绘制成简单散点图，并将这些简单散点图按照矩阵的形式进行摆放，从而构成散点图矩阵，如图 8.6 所示。在许多统计软件（如 STATA，SAS）中均可以方便地绘制散点图矩阵。

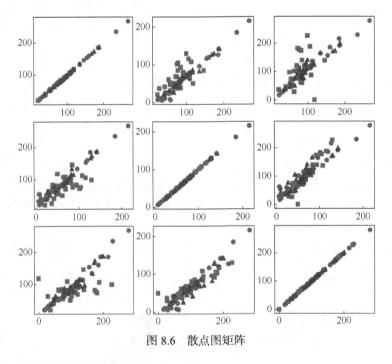

图 8.6　散点图矩阵

8.2.2　网络和层次大数据可视化

层次数据是目前很常见的结构数据之一，通常用于表示个体之间的层次关系，可以表示一些组织信息、从属关系和逻辑关系等，例如计算机文件系统、组织结构图等。层次数据可视化方法按照节点关系的表现形式不同可以分为四类：缩进式、节点链接法（节点链接树、双曲树和三维树等）、空间填充法（树图 TreeMap）和混合型（弹性层次图、层次网等）。相较于层次数据中明显的层次结构区分，网络数据不具备自底向上或者自顶向下的层次结构，可以表达更加自由和复杂的数据关系，例如社交网络、路由器网络等。同样地，网络数据可视化方法根据节点关系的表现形式不同可以分为三类：节点链接法（力导向图）、相邻矩阵和混合型。下面我们将分别介绍层次数据和网络数据最常用的可视化方法——树图（TreeMap）和力导向图。

1. 树图（TreeMap）

树图是一种常见的表达层次数据树状结构的可视化形式，又称矩形树图，主要采用面积的方式突出展现树在各层次的重要节点。树图的布局方式中使用整个矩形表示层次数据中最高层次（树的根节点）。每层的子节点递归地根据各自权重的比例，划分父节点的矩形面积，直到所有层次都划分完毕。图 8.7 所示是使用矩形树图展示 2020 年世界主要国家/地区 GDP 占比情况。

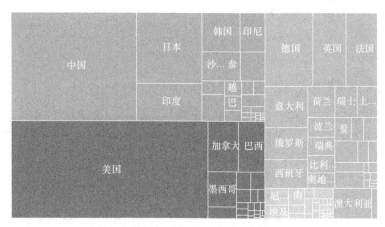

图 8.7　使用矩形树图展示 GDP 占比情况

2. 力导向图

力导向图（Force-Directed Graph），又称力学图、力导向布局图，是一种建立在力学模型基础上的一种特殊的图表，可以很好地表达关系网络。力导向图将整个网络想象成一个物理仿真系统，其中每个节点都是带有能量的粒子，粒子与粒子之间存在着排斥力，而与同一条边相关联的两个粒子间存在着引力。力导向算法作为力导向图的布局算法，对每个节点计算其引力和排斥力的合力，然后根据合力来移动节点的位置。在每次移动之后，根据新节点的位置计算出整个网络新的能量总值。与力学概念相同，能量总值越小表示整个网络越趋于稳定，从而网络图的配置显示就会变得越清晰。因此，算法的迭代优化目标就是使得整个网络的能量总值达到最小。经过数次迭代之后，整个网络最终处于稳定平衡的配置，得到我们想要的结果，如图 8.8 所示。力导向算法便于理解和使用，但是也存在着缺点。在网络配置过程中，会出现两个节点在两个不同位置上来回移动而造成算法不收敛的情况，但是不收敛不会影响网络的平衡，网络最终还是可以达到稳定状态。除此之外，力导向算法最终得到的配置是局部最优配置，并且网络的初始配置会影响最终得到的配置，因此力导向算法通常会与一个初始配置算法一起使用，以求达到较满意的网络配置。

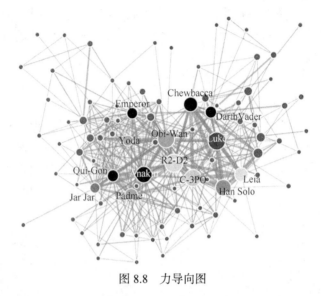

图 8.8　力导向图

8.2.3　时空大数据可视化

　　三维地理信息系统（GIS）的发展让时空数据可以在三维地理空间中进行展现，可以直观地表达出对象在空间尺度和时间维度的运动轨迹，解决了二维平面对于对象运动轨迹表现的缺陷。时间、空间和属性三方面的特征让时空数据具有时变、空变、动态和多维演化的特点，也让数据呈现出语义、时空动态关联的复杂性。时空大数据可视化是利用计算机图形图像将复杂抽象的时空数据进行显示，用能够让用户理解的可视化方法表示出属性随时间和空间的变化过程。目前，时空数据可视化方法有许多，如时空立方体、时空轨迹等。

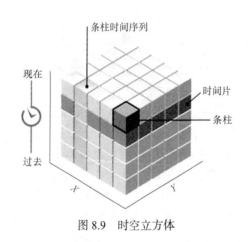

图 8.9　时空立方体

1. 时空立方体

　　时空立方体是 16 世纪末期由 Hagerstrand 提出的，是时空数据分析的重要方法之一。时空立方体采用立体几何模型表示二维平面数据沿时间轴发展变化的过程，可以对事件、空间和属性信息进行综合考虑。通过合理地设置空间网格和时间步长，时空立方体可以清晰地展示立方体内部属性随时空变化的情况，为属性在时空维度的分析提供良好的时空颗粒度。时空立方体可由 ArcGIS 软件创建，如图 8.9 所示，该软件按照固定的空间网格大小和时间步长创建出时空条柱，这些时空条柱构成了时空立方体。

2. 时空轨迹

时空轨迹是对于移动对象的空间和时间信息的序列记录，使用场景涵盖了人类行为、交通物流、动物习性、分子运动研究等诸多方面。对于各种时空轨迹数据的研究分析可以让我们发现其中的相似性数据，有助于发现其中有价值的轨迹模式，其中，伴随模式就是目前常见的一种轨迹模式，被广泛地应用于交通管理领域。简单而言，时空轨迹是时间到空间的映射，由一个以时间为自变量的连续函数进行表示。当给定某一个时刻时，通过函数可以得到该时刻下对象所处的空间位置信息（通常是二维空间或者三维空间），因此，时空轨迹是连续的。图 8.10 表示了一条时空变化轨迹。

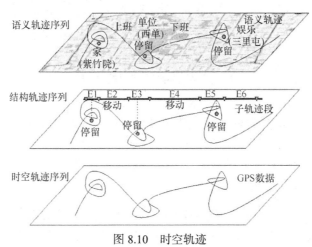

图 8.10　时空轨迹

8.2.4　文本大数据可视化

随着互联网的不断普及，网络文本数据呈现爆炸式增长。按照所包含的数据量，文本数据可以分为长文本数据和短文本数据。长文本数据主要来源于网上的文章、电子书籍、网页、博客；短文本信息主要来源于一些交互信息，例如微博、微信消息、手机短信，还有一些评论。文本数据可视化可以用视觉符号的形式将文档中提炼出来的重要信息进行表达，让人们可以通过视觉感官快速地了解文本数据中蕴含的关键信息。目前，词云是最为常用的文本可视化工具。下面我们将对这种文本可视化工具进行介绍。

"词云"的概念最早是由美国西北大学新闻学副教授、新媒体专业主任里奇·戈登（Rich Grodon）提出的。戈登曾担任迈阿密先驱报（*Miami Herald*）新媒体版块的主任，因此他一直很关注新闻内容的传播方式。他认为用网络传播的效果是纸媒、广播、电视等无法企及的。网络可以将信息进行全球化传播，而纸媒、广播、电视的传播范围有限，只能进行区域化传播。词云是对于网络传输文本的信息抽取，通过对文本的分析，过滤大量的信息，形成关键词云层或者关键词渲染，从而对文本中出现频率较高的关键词形成视觉上的凸显。图 8.11 展示了一篇电子文档生成的词云。由图可以清楚地知道这篇文档的内容与"一带一路"相关，并且极有可能是将"一带一路"与"互联网+"相结合来展开描述。目前，词云被广泛应用于教育、文化等领域。例如，在教育领域，词云可用于外语学习的辅助分析，对文章中外语词汇进行统计分析，从而为学习者提供相应的词汇表和词云图，让学习者重点学习一些高频词汇。

图 8.11　词云

8.3　数据可视化工具

本节介绍三种常见的数据可视化工具，即 ECharts、Tableau 和 D3。

8.3.1　ECharts

1. ECharts 的结构和特性

ECharts（Enterprise Charts，商业级数据图表）源自百度商业前端数据可视化团队，是一个使用 JavaScript 实现并且遵循 Apache-2.0 开源协议的免费商用可视化库。ECharts 的底层基于轻量级的 Canvas 类库——ZRender，可以提供直观、生动、交互丰富和高度个性化定制的数据可视化图表。

ECharts 兼容当前大部分的浏览器，如 IE 8/9/10、Chrome、Firefox、Safari 等。此外，ECharts 兼容多种设备，例如电脑、手机、平板和大屏等。对于图形的表示，除了常规的柱状图、折线图、散点图、K 线图和饼图等，ECharts 还提供了用于统计的盒形图，用于地理数据可视化的地图、热力图、线图，用于关系数据可视化的关系图、treemap、旭日图，多维数据可视化的平行坐标，还有用于商业智能（Business Intelligence，BI）的漏斗图、仪表盘等。ECharts 不仅能够满足各式各样的图表样式需求，还可以支持图与图的混搭。除了图表形式的多样性，ECharts 还提供了许多可交互组件，例如坐标轴、网格、地理坐标系、提示框、工具栏等。

2. ECharts 实践

（1）ECharts 安装与引入

ECharts 在 4.0 版本以后，性能、功能和易用性等各方面都有了全面的提升。ECharts 的获取路径有多种，最直接的方法是在 ECharts 官方网站（https://echarts.apache.org/zh/download.html）直接下载。官网上提供多种包含不同主题和语言的 ECharts 版本，其中主要有以下三种版本的 ECharts，可以根据需要进行下载。

① 完全版（体积最大，包含所有图表和组件）：

ECharts/dist/ECharts.js

② 常用版（体积适中，包含常见的图表和组件）：

ECharts/dist/ECharts.common.js

③ 精简版（体积较小，包含最常用的图表和组件）：

ECharts/dist/ECharts.simple.js

除此之外，也可以在 ECharts 的 GitHub 上下载最新的 release 版本（https://github.com/ECharts），或者通过 Node.js 的包管理器 npm 获取 ECharts。由于在国内直接使用 npm 的官方镜像下载较慢，所以推荐使用淘宝 npm 镜像，即使用淘宝定制的 cnpm 命令行代替默认的 npm。具体方式如下：

① 查看 npm 版本：

```
$ npm -v
```

② 使用淘宝镜像命令安装 cnpm：

```
$ npm install -g cnpm --registry=https://registry.npm.taobao.org
```

③ 使用 cnpm 安装 ECharts：

```
$ cnpm install ECharts -save
```

获取 ECharts 后，需要将其引入。ECharts 的引入方式主要包括模块化包引用、模块化单文件引用和标签式引用等。常用的 Script 标签式引入示例如下：

```
<!DOCTYPE html>
<html>
    <head>
        <meta charset="utf-8">
        <!-- 引入 ECharts 文件 -->
        <script src = "ECharts.min.js"></script>
    </head>
</html>
```

（2）绘制一个简单的图表

在绘图前需要在网页上为 ECharts 设定一个固定宽度和高度的 DOM 容器。

```
<body>
    <!-- 为 ECharts 准备一个固定宽度和高度的 DOM -->
    <div id ="chart" style= "width:800px;height:600px"></div>
</body>
```

然后通过 ECharts.init 方法初始化一个 echart 实例，并通过 setOption 方法生成一个简单的柱状图，示例代码如下：

```
<script type="text/javascript">
    var myChart = ECharts.init(document.getElementById('main'));
    // 指定图表的配置项和数据
    var option = {
        title: {
            text: '水果价格对比图'
        },
```

```
        tooltip: {},
        legend: {
            data:['价格(元/个)']
        },
        xAxis: {
            data: ["苹果","梨","香蕉","橘子","西瓜","猕猴桃"]
        },
        yAxis: {},
        series: [{
            name: '价格',
            type: 'bar',
            data: [5, 3, 2, 3, 10, 6]
        }]
    };
    // 使用 setOption 绘制图表
    myChart.setOption(option);
</script>
```

上述代码的运行结果如图 8.12 所示。

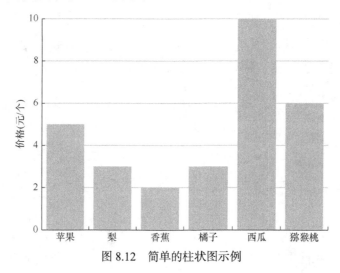

图 8.12　简单的柱状图示例

（3）添加组件

如上文介绍，ECharts 提供了许多可交互的组件，如图例组件(legend)、标题组件(title)、视觉映射组件（visualMap）、数据区域缩放组件（dataZoom）、时间线组件（timeline）等。图 8.13 中展示了添加组件的方式以及各类组件在图中的位置。图中添加的组件有 legend、toolbox、tooltip、dataZoom、visualMap、xAxis、yAxis、grid 等。下面我们将以 dataZoom 为例，介绍如何在图表绘制过程中进行组件添加。

dataZoom 组件的功能是区域缩放，用于实现"概览数据整体，按需关注数据"这一可视化需求。通过 dataZoom.xAxisIndex 与 dataZoomyAxisIndex 来指定控制哪些数轴，从而对数轴（Axis）进行数据窗口缩放和平移操作。dataZoom 组件通过数据过滤来达到数据窗口缩放的效果，过滤模式可以通过 dataZoom.filterMode 设置，其数据窗口的范围主要支持两种形式：百分比形式和绝对数值形式。

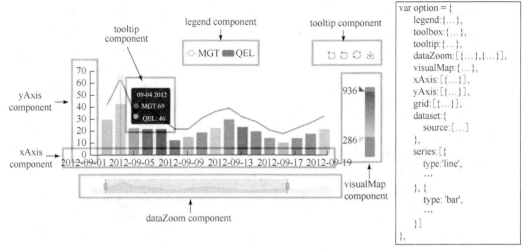

图 8.13　组件位置及添加方式

目前主要支持以下三种类型的 dataZoom 组件：

① 内置型数据区域缩放组件（dataZoomInside）：内置于坐标系中，使用户可以在坐标系中通过鼠标拖动、鼠标滚轮、手指滑动（触屏上）来进行缩放或者漫游坐标系。

② 滑动型数据区域缩放组件（dataZoomSlider）：有单独的滑动条，用户可以在滑动条上进行缩放或者漫游坐标系。

③ 框选型数据区域缩放组件（dataZoomSelect）：提供一个选框进行数据区域缩放，即 toolbox.feature.dataZoom，配置项在 toolbox 中。

在本节中，我们在散点图上使用 dataZoom 组件，让其在 x 轴和 y 轴均可以进行缩放，并且可以拖动组件或者滚轮（或者触屏手指滑动）来进行缩放。代码实现如下所示，绘制得到的结果如图 8.14 所示。

```
option = {
    xAxis: {
        type: 'value'
    },
    yAxis: {
        type: 'value'
    },
dataZoom: [
    // 控制 x 轴
    {   type: 'slider',   //这是 slider 型组件，可以通过拖动组件缩放
        xAxisIndex: 0,
        start: 10,         // 数据窗口开始范围 10%
        end: 60            // 数据窗口结束范围 60% },
    {   type: 'inside',   //这是 inside 型组件，可以通过滚轮或者触屏缩放
        xAxisIndex: 0,
        start: 10,
        end: 60 },
    // 控制 y 轴
    {   type: 'slider',
        yAxisIndex: 0,
```

```
      start: 30,
      end: 80 },
   {  type: 'inside',
      yAxisIndex: 0,
      start: 30,
      end: 80 }],
series: [{
      //图的类型是散点图
      name: 'scatter',
      type: 'scatter',
      itemStyle: {
          normal: {
              opacity: 0.8
          }
      },
      symbolSize: function(val){
          return val[2]*40;
      },
      data:[["3","4","0.896"],["1","5","0.955"],["5","8","0.669"],["2","1",
"0.552"]]}]
}
```

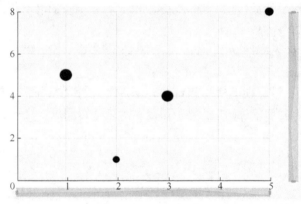

图 8.14　dataZoom 组件示例

8.3.2　Tableau

1．Tableau 简介

Tableau 是用于对数据进行可视化分析的 BI 工具，用户可以创建和分发交互式和可共享的仪表盘，以图形和图表的形式来描绘数据的趋势、变化和密度。不同于传统的 BI 工具，Tableau 操作简便，并不需要任何复杂的脚本，可以通过其拖放界面可视化任何数据。Tableau 可以为各行各业、各部门和数据环境提供解决方案，其功能具有多样性。

Tableau 的产品有 Tableau Desktop、Tableau Server、Tableau Online 和 Tableau Reader 等。

（1）Tableau Desktop

Tableau Desktop 是一款桌面端的分析软件，分为个人版（Tableau Desktop Personal）和专业版（Tableau Desktop Professional）。Tableau Desktop 可以连接到多种数据源并进行数据

获取。在数据获取之后，Tableau Desktop 可以通过拖放式界面快速地生成各种图表。个人版所能连接的数据源有限，而专业版可以连接到几乎所有格式或者类型的数据与数据库。

（2）Tableau Server

Tableau Server 是一款 BI 应用程序，用于发布和管理 Tableau Desktop 制作的仪表盘，同时也可以发布和管理数据源。Tableau Server 可以发布交互式的数据分析仪表盘，让组织中的每个人都能够查看和理解数据，有助于整个组织充分利用数据价值。使用 Tableau Server 可以对所有的元数据和安全规则进行集中管理，为用户提供精心整理的数据源。

（3）Tableau Online

Tableau Online 是完全托管在云端的分析平台。用户可以在 Tableau Online 上发布仪表盘，并与其他人在 Web 上进行交互、编辑和制作，用户可以通过收件箱接收仪表盘更新。除此之外，站点管理员可以轻松管理身份验证以及用户、内容和数据权限，确保云端数据安全。

（4）Tableau Reader

Tableau Reader 是一款免费的应用软件，用来打开 Tableau Desktop 所创建的报表、视图、仪表盘文件等。在分享 Tableau Desktop 数据分析结果的同时，Tableau Reader 可以进一步对工作簿中的数据进行过滤、筛选和检测。

2. Tableau Desktop 安装与使用

Tableau Desktop 的免费个人版的官方下载链接为 https://www.tableau.com/products/desktop/download?os=windows。Tableau Desktop 的安装过程较为简单，只需根据安装向导的提示逐步执行即可。

作为可视化工具，Tableau Desktop 的使用主要包括两个基本步骤：数据源获取、数据分析与可视化。下面我们将对这两个步骤进行讲解。

（1）数据源获取

Tableau 为数据获取提供了良好的接口，支持连接到存储在各个地方的各类数据。用户可以选择与 Tableau Server 发布的数据、本地数据文件、服务器数据库文件或者已保存的数据建立连接并创建数据源。在本文中，我们连接了 Tableau Desktop 自带的数据源——世界发展指标，之后的讲解都将以这个数据源作为示例。当数据来源于单个表的时候，可以直接连接到数据并创建数据源，但是，如果数据分布在多个表或者多个数据库中时，需要将其合并。

在 Tableau Desktop 中，数据源合并主要有关系、联接、并集和混合四种方式，其中默认方式是关系合并。关系合并根据关联的字段来确定两个表之间的联接可能性，两个表的联接并不是将数据合并在一起创建新的固定表，而是在分析阶段使用上下文适当的联接自动查询关联的表，以生成用于该分析的自定义数据表。

（2）数据分析与数据可视化

连接数据源之后，单击左下方的"数据源"选项可以查看数据源信息。图中共分两个区域：左边的区域为数据窗格，包含了数据源中的所有字段以及一些不是来自原始数据的字段，例如"度量值"和"度量名称"；右边区域为视图区域。

数据窗格中包含了许多的功能与特性，例如可以对字段进行组织（分组与排序）、自定义、查找、合并与隐藏等，这些操作均可通过菜单选项完成。当仅使用数据源中的单个表时，数据窗格默认启用"按文件夹分组"；当连接到包含多个表的数据源时，将启用按"按数据源表分组"。视图区域用于进行视图构建，即将字段从数据区域添加到视图区域来构建可视化项。在视图构建时可以根据需要向视图添加任意数量的字段。字段的添加有多种方式，例如，可以在数据区域双击一个或多个字段，或者直接将字段拖动到绘图区，或者将字段拖动到视图区上方的行和列中。在进行字段选择之后，如果需要对字段进行筛选，可以在数据区域选中相应字段，右击弹出快捷菜单，选择"显示筛选器"选项。随后，筛选器窗格中会显示该字段的筛选器。选中该筛选器，右击弹出快捷菜单，选择"编辑筛选器"选项即可对字段的度量值进行筛选，其中"编辑筛选器"窗口如图 8.15 所示。除此之外，如果需要对字段的数据进行处理，例如计算其平均值、最大（小）值等数据，可以在筛选器窗口或者行中选中该字段，右击弹出快捷菜单，移动到"度量"选项，"度量"选项中提供了平均值、中位数、计数、最大（小）值、标准差、方差等计算。

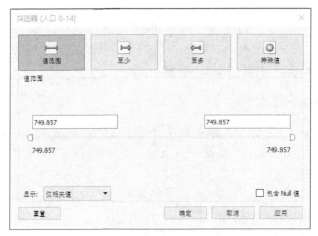

图 8.15　编辑"筛选器"窗口

在进行字段选择与处理之后，用户可以按需选择右侧智能推荐窗格中的图表样式进行绘制。度量的颜色、大小、标签等可以在标记窗格设置，即选中相应的字段并单击下拉列表后选择想要设置的内容即可设置。

8.3.3　D3

D3（Data-Driven Documents，又称 D3.js）是基于数据驱动文档工作的一款基于 JavaScript 的函数库，可以实现网页上的可视化制图。想要通过 D3 来实现数据可视化，需要具备 HTML（超文本标记语言）、CSS（层叠样式表）、JavaScript 和 SVG（可缩放矢量图形）等相关的预备知识，其中，HTML 用于设定网页的结构内容，CSS 用于设定网页的样式，JavaScript 用于设定网页的行为，SVG 用于绘制可视化的图形。

D3 的安装和引用比较简单，可以用三种方式进行引入：

① 在 github 上下载最新版本的 D3.js 文件，并在标签中引入，下载地址为 https://github.com/d3/d3/releases/download/v5.16.0/d3.zip。

② 采用 script 标签在页面中动态引用最新的发布版本，代码如下：

```
<script src="https://d3js.org/d3.v5.js"></script>
```

③ 也可以通过上文中提到的 cnpm 进行安装：

```
$ cnpm install d3 --save
```

1. 元素操作与数据绑定

D3 允许将数据绑定到文档对象模型（DOM），之后可以通过改变数据来操作文档。例如，可以将 HTML 网页中的 p 标签元素与一个数据进行绑定，之后通过绑定的数据来操作 p 标签元素。在 D3 中，数据绑定通常与元素选择一起使用。常用的进行元素选择的函数有 d3.select 和 d3.selectAll，其中，d3.select 函数选择所有指定元素的第一个，而 d3.selectAll 函数选择所有的指定元素。这两个函数的参数可以是元素选择器、id 选择器和类选择器等，返回的对象被称为选择集。两个函数的常见用法如下：

```
<script src="https://d3js.org/d3.v5.js">
<script>
    var body = d3.select('body');          //选择文档中的 body 元素
    var p1 = body.select('p');             //选择 body 中第一个 p 元素
    var p = body.selectAll('p');           //选择 body 中所有的 p 元素
    var div = body.selectAll('div');       //选择 body 中所有的 div 元素
</script>
```

除此之外，D3 还可以对元素进行插入和删除操作。实现插入操作的函数有 append 和 insert 函数。append 函数在选择集末尾插入元素，insert 函数在选择集前面插入函数。假设目前存在以下三个 div 元素：

```
<div>Apple</div>
<div>Banana</div>
<div>Orange</div>
```

使用 append 方法在三个 div 元素之后插入一个 div 元素，代码如下：

```
var body = d3.select('body');
body.select('div').append('p').text("我是一个 p 元素");
```

通过上述代码即可在三个 div 元素之后添加一个 p 标签，并且标签内容是"我是一个 p 元素"。

现在，我们使用 insert 方法在第二个 div 元素前插入一个新的 div，并将 div 中的内容设置为"pear"。为了选择出第二个 div，首先需要为第二个 div 设置 id。

```
<div>Apple</div>
<div id="second">Banana</div>
<div>Orange</div>
```

如下方代码所示，insert 函数有两个参数。第一个参数指定了插入元素的标签名，第二个参数指定了插入的位置，即在 id 为"second"的元素之前插入一个 div。

```
var body = d3.select('body');
body.insert('div','#second').text("pear")
```

对元素的删除操作通过 remove 方法完成。先选择需要删除的元素，之后对此元素调用 remove 方法即可删除。

```
var second = body.select('#second');
second.remove();
```

元素选择通常与数据绑定结合在一起。D3 中通过函数 datum 和 data 来实现数据绑定，其中 datum 函数是将一个数据与选择集进行绑定，而 data 函数是将一个数组与选择集进行绑定，每个数组成员分别与选择集中的元素一一对应。如下方代码所示，假设目前存在三个 div 元素。

```
<div>Apple</div>
<div>Banana</div>
<div>Orange</div>
```

使用 datum 方法和 data 方法将三个 div 元素与数据绑定的代码如下：

```
<script type="text/javascript" src="js/d3.js"></script>
<script type="text/javascript">
    var fruit = "fruit";
    var price = [5, 2, 7]
    var body = d3.select("body");
    var divs = body.selectAll("div");
    /* 将三个元素与同一个字符串绑定 */
    divs.datum(fruit);
    /* 将三个元素与字符串数组绑定 */
    divs.data(price)
</script>
```

2. 比例尺

比例尺是 D3 中一个重要的概念，它可以将某一区域的值映射到另一个区域，并且保持大小关系不变。在 D3 中的比例尺类型有线性比例尺、序数比例尺、量化比例尺和时间比例尺等。下面将对常用的两类比例尺——线性比例尺和序数比例尺进行详细介绍。

（1）线性比例尺 d3.scale.linear 方法

线性比例尺是连续性比例尺，可以将一个连续的区域映射到另一个区间。线性比例尺由 d3.scale.linear 方法定义，代码如下：

```
let scale = d3.scale.linear().domain([1,5]).range([0,100]);
```

其中 domain 方法表示输入域，range 方法表示输出域。相当于将 domain 中的数据集映射到 range 的数据集中。

上述代码将输入域为[1,5]的数据映射到输出域为[0,100]的数据中，映射关系如图 8.16 所示。

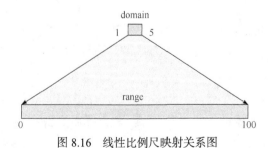

图 8.16　线性比例尺映射关系图

　　定义了映射关系之后，就可以使用比例尺将输入数据映射到输出数据中。但是需要注意，比例尺定义的是一种映射关系，因此输入数据并不局限于 domain 方法中的输入域，超出输入域的部分将会按照映射关系扩展。

```
scale(1);              //输出 0
scale(4);              //输出 75
scale(5);              //输出 100
scale(-1);             //输出-50
```

　　（2）序数比例尺 d3.scale.ordinal 方法

　　d3.scale.ordinal 方法的输入域和输出域都是离散的数据，并且两者间形成一一对应关系。但是当输入数据不在输入域中时，依旧会输出数据，因此需要注意输入数据的正确性。d3.scale.ordinal 方法的映射关系如图 8.17 所示。

　　d3.scale.ordinal 方法的定义方法及输入输出如下所示：

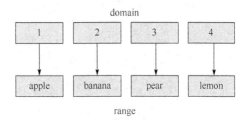

图 8.17　d3.scale.ordinal 方法映射关系

```
let scale = d3.scale.ordinal().domain([1,2,3,4]).
range(['apple','banana','pear','lemon']);
scale(1);          // 'apple'
scale(2);          // 'banana'
scale(10);         // 'apple'
```

　　3. 使用 D3 绘制简单折线图

　　了解了 D3 的元素选择与数据绑定之后，我们可以使用 D3 绘制简单的图表。在本文中以折线图为例进行介绍。绘图首先需要一个用于绘图的画布。HTML 提供了两种画布类型：SVG 和 Canvas。

　　（1）SVG

　　SVG 指的是可缩放矢量图形（Scalable Vector Graphics），是用于描述二维矢量图形和绘图程序的语言，遵循万维网联盟（W3C）制定的开放标准。SVG 使用 XML 格式来定义图形，这意味着对于 SVG DOM 中的每个元素均可以为其设置 JavaScript 事件处理器。此外，还可以将 SVG 文本直接嵌入 HTML 中显示。SVG 绘制的图形为矢量图，对图形进行放大不会失真。SVG 适合绘制带有大型渲染区域的应用程序，例如谷歌地图。

　　（2）Canvas

　　Canvas 是 HTML 5 中新增的元素，通过 JavaScript 来绘制二维图形。不同于 SVG 绘制的矢量图，Canvas 绘制的是位图，因此放大之后会出现失真。Canvas 是逐像素进行渲染的，适合制作图像密集型的游戏场景。

　　下面将详细讲解如何使用 D3 进行折线图的绘制。首先需要新建一个页面，并创建一个 id 为 "container" 的 div 标签。

```
<!DOCTYPE html>
  <html lang="en">
    <head>
      <meta charset="UTF-8">
```

```
        <title>Title</title>
    </head>
    <body>
      <div id="container"></div>
    </body>
</html>
```

在绘制图形之前需要定义画布，在本文中我们使用 SVG 进行折线图绘制，即使用 JavaScript 代码在上述代码定义的 div 标签中添加一个 svg 标签，并为其设置 width 属性与 height 属性。绘制的数据为 2020 年 7 月 9 日到 2020 年 7 月 14 日的最高（最低）气温变化，代码实现如下所示：

```
//2020 年 7 月 9 日—2020 年 7 月 14 日最高气温变化
var data = [
      {   date:new Date(2020,7,9),
          value:29},
      {   date:new Date(2020,7,10),
          value:29},
      {   date:new Date(2020,7,11),
          value:31},
      {   date:new Date(2020,7,12),
          value:35},
      {   date:new Date(2020,7,13),
          value:31},
      {   date:new Date(2020,7,14),
          value:28}]
// 创建 SVG 画布
var width = 800,
    height = 400,
    padding = {
               top: 40,
               right: 40,
               bottom: 40,
               left: 40
              };
    var svg = d3.select("#test-svg")
              .append('svg')
              .attr('width', width + 'px')
              .attr('height', height + 'px');
```

在进行数据定义与画布创建之后，需要定义折线图的 x 轴和 y 轴。

```
// x 轴:时间轴
var xScale = d3.scaleTime()
               .domain(d3.extent(data, function(d){
                  return d.date;}))
               .range([padding.left, width - padding.right]);
var xAxis = d3.axisBottom()
              .scale(xScale)
              .tickSize(10);
svg.append('g')
```

```
   .call(xAxis)
   .attr("transform", "translate(0," + (height - padding.bottom)+ ")")
   .selectAll("text")
   .attr("font-size", "10px")
   .attr("dx", "50px");
// y轴
var yScale = d3.scaleLinear()
            .domain([0, d3.max(data, function(d){
                return d.HighestTemp;
            })])
            .range([height - padding.bottom, padding.top]);
var yAxis = d3.axisLeft()
            .scale(yScale)
            .ticks(10);
svg.append('g')
   .call(yAxis)
   .attr("transform", "translate(" + padding.left + ",0)");
// 绘制 x 坐标轴和 y 坐标轴
var line = d3.line()
            .x(function(d){
                return xScale(d.date);
            })
            .y(function(d){
                return yScale(d.HighestTemp);
            });
```

在定义了 x 轴和 y 轴之后就可以生成折线。折线生成代码如下所示：

```
// 生成折线
svg.append("path")
   .datum(data)
   .attr("fill", "none")
   .attr("stroke", "steelblue")
   .attr("stroke-width", 1.5)
   .attr("stroke-linejoin", "round")
   .attr("stroke-linecap", "round")
   .attr("d", line);
```

图 8.18 展示了由上述代码生成的折线图。

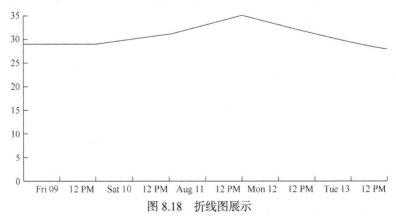

图 8.18　折线图展示

习　题

1. 请简述什么是大数据可视化。
2. 数据可视化有哪些主要作用？每个方面完成什么工作？
3. 数据可视化的方法有哪些？
4. 高维大数据可视化有哪些方法？
5. 请搜集三个词云实际应用的例子。
6. 下载安装 ECharts，尝试将图 8.14 绘制成饼图。
7. 下载安装 Tableau。
8. 使用 D3 绘制一个气温变化的折线图。
9. 除了书中介绍的可视化工具，还有哪些可视化工具较为常见？
10. 你身边有哪些数据可视化的应用？

第9章 大数据与人工智能

大数据和人工智能是当前计算机领域应用非常广泛的技术。大数据的相关理论技术对现代人工智能技术的演进起到了重要的助推作用。人工智能的核心是机器学习，而优化算法又是机器学习的支柱之一。在大数据的支撑下，机器学习迎来第二波浪潮——深度学习。

9.1 人工智能概述

9.1.1 人工智能简介

人工智能是在计算机科学、控制论、信息论、神经心理学、语言学等多学科领域研究的基础上发展的一门综合性很强的交叉学科。自 1956 年在达特茅斯会议（Dartmouth Summer Research Project on Artificial Intelligence）上被正式提出之后，人工智能迅速发展，有人称其为继三次工业革命后的又一次革命。

2016 年 3 月 15 日，由谷歌旗下 DeepMind 公司研制的人工智能围棋程序 AlphaGo 对战世界围棋冠军李世石并以 4：1 的总比分打败对手。AlphaGo 的成功，在全球范围内激起了人工智能的新一轮浪潮。如今，具有无限潜力的人工智能正以其无穷的魅力引领现代科技的发展。

人工智能就是使机器具有类似人的智能，又称为机器智能。人工智能是一门研究如何构造智能机器（智能计算机）或智能系统并使它们能模拟、延伸、扩展人类智能的学科。人工智能研究的主要内容包括知识表示、机器感知、机器思维、机器学习和机器行为五个方面。

9.1.2 人工智能核心技术

人工智能的研究涉及众多领域，如各种知识表示模式、多样的智能搜索技术、求解数据和知识不确定性问题的各种方法、机器学习的不同模式等。人工智能的研究内容与具体领域密切相关。下面将介绍人工智能在大数据方向的核心技术与主要研究领域。

1. 机器学习

机器学习是人工智能的核心，能够让计算机从数据中获取新知识，并在实践中不断地增强和完善能力，使得计算机在下一次执行同类型任务时获得更好的效果或者更高的效率。在大数据时代下，各行业对智能化的需求持续增加，如何对复杂多样的数据进行深层次的挖掘分析，并通过机器学习算法高效地获取知识，已成为大数据和人工智能领域的一个主要研究方向。

2. 知识发现和数据挖掘

知识发现（Knowledge Discovery）和数据挖掘（Data Mining）是人工智能、机器学习和数据库相结合的产物。如何从大量数据中挖掘有价值的信息并获取数据中的潜在规律与知识来指导工作和生产活动，已成为亟须解决的问题。

3. 专家系统

专家系统（Expert System）是依靠人类专家已有的知识建立起来的知识系统，是人工智能研究中开展最早、最活跃、成效最多的领域。在大数据背景下，专家系统将朝着更加专业化的方向发展，基于海量的复杂数据，以模型推理为主、规则推理为辅，结合实际应用满足大数据场景下的需求。

4. 自然语言处理

自然语言处理（Natural Language Processing，NLP）是人工智能领域中的一个重要方向，主要研究如何实现人与计算机之间用自然语言进行有效通信的各种理论和方法。现代自然语言处理算法主要是基于机器学习和深度学习技术的。大数据场景下各种智能算法的高速发展将进一步推动自然语言处理的发展。

5. 人工神经网络

由于冯·诺依曼体系结构的局限性，人们一直在寻找新的信息处理机制来解决一些数字计算机尚无法解决的问题，神经网络计算是其中的一种重要的解决思路。人工神经网络（Artificial Neural Network，ANN）通过模拟大脑神经网络处理、记忆的方式处理信息，是由大量处理单元互联组成的非线性、自适应信息处理系统。如今，人工神经网络已在图像处理、模式识别、自动控制、组合优化、信息处理等多个领域获得广泛的应用。

6. 模式识别

模式识别（Pattern Recognition）是指对表征事物或现象的各种形式的信息进行处理和分析，以对事物或现象进行描述、辨认、分类和解释的过程，是信息科学和人工智能的重要组成部分。21世纪是数据的世纪，在此背景下，作为人工智能技术基础的模式识别技术，必将获得巨大的发展空间。

7. 分布式人工智能和智能体

人工智能的研究和应用催生了很多新领域，其中较为突出的一个领域是分布式人工智能（Distributed AI，DAI）和智能体（Agent）。分布式人工智能的研究基础是大数据，不断进步的大数据研究将会推动分布式人工智能和智能体的持续快速发展。

在大数据的浪潮中，依托于大数据的发展，在大数据以及计算和理论基础等各个方面的创新加持下，人工智能将出现更大的突破，并在各个领域焕发生机。

9.1.3　人工智能与大数据的应用

在大数据支持下，人工智能在过去十几年内得到了快速发展，相关技术逐渐为大众所知并应用在各行各业中，如安防、金融、零售业、教育、医疗、制造业、智慧城市建设等，大数据背景下的人工智能将通过数据驱动改变这些行业。

1. 安防

随着平安城市建设的不断推进，监控点位从最初的几千路、几万路，到如今几十万路的规模，视频和卡口产生的监控数据呈指数级增长。面对海量数据，简单利用人海战术进行检索和分析已不可行，需要人工智能助力实时分析视频、图像等内容，探测异常信息，并进行风险预测。

2. 金融

金融是人工智能重要的应用场景之一。在大数据的强力支撑下，人工智能技术正在迅速改变传统金融行业的各主要领域。围绕消费者行为和需求的不断变化，传统的金融服务行业参与者正面临着各领域各环节的重构，例如，通过大数据和人工智能技术获取消费者行为和偏好模式，为消费者提供定制化的产品和服务，进而提升客户体验并增强客户黏性。

3. 零售业

受益于零售行业的数字化转型，人工智能已经渗透到零售的各个价值链环节。例如，以计算机视觉（Computer Vision，CV）为代表的深度学习技术是支撑智慧零售的重要技术。深度学习主要用于海量多源异构数据的分析与建模，以实现产业链的优化，其中计算机视觉技术可应用于消费行为分析与商品识别。在大数据和人工智能快速发展的背景下，零售产业正迎来新零售和智慧零售的发展机遇与挑战。

4. 教育

人工智能技术正在推动教育信息化的快速发展，包括向用户提供人工智能教育内容、工具以及相关服务，结合大数据技术进行分析和回馈，并应用于学习过程中的"教、学、评、测、练"五大环节，产生适合学习者个性的解决方案和有效回馈意见。人工智能赋能教育的关键词词云如图 9.1 所示。

图 9.1 人工智能赋能教育的关键词词云

5. 医疗

在人口老龄化、慢性病患者群体增加、优质医疗资源紧缺、公共医疗费用攀升的社会环境下，人工智能为医疗领域带来了新的发展方向和动力。人工智能和大数据技术在医疗领域的持续发展和应用落地，将极大简化当前烦琐的就医流程，并在优化医疗资源、改善医疗技术等多个方面提供更好的解决方案。目前，基于人工智能的医疗技术已基本覆盖医疗、医药、医保、医院这四大医疗产业链环节。人工智能下的智慧医疗产业链如图 9.2 所示。

图 9.2　智慧医疗产业链

6. 制造业

人工智能与大数据等相关技术相结合，通过工业物联网采集各种生产过程数据，借助深度学习算法进行处理并提供建议，进而实现自主优化，提升制造业各环节的生产效率并改进质量。在国家政策指引下，我国制造业正加速智能化进程。2015 年国家正式颁布《中国制造 2025》，将智能制造工程作为政府引导的五个工程之一。2017 年我国智能制造试点示范专项加速落地，与此同时国家对于智能制造专项的补助金额也在持续增长。在此背景下，制造业将成为人工智能的应用蓝海。

7. 数字政务

人工智能和大数据在降本增效方面的突出成果开始加速推进政府智慧化变革。2016 年以来，以便民、高效、廉洁、规范为宗旨，在人工智能与大数据技术的支撑下，浙江省政府实施了著名的"最多跑一次"政务服务改革。通过"一窗受理、集成服务、一次办结"的服务模式创新，让企业和群众到政府办事实现"最多跑一次"的行政目标。

8. 无人驾驶

人工智能时代，与汽车相关的智能出行生态的价值正在被重新定义，出行的三大元素"人""车""路"被赋予类人的决策和行为。整个出行生态将会发生巨大的改变，其中强大的计算力与海量的高价值数据是构成多维度协同出行生态的核心力量。随着人工智能技术在交通领域的应用朝着智能化、数字化、电动化和共享化的方向发展，以无人驾驶为核心的智能交通产业链正在逐步形成并完善。自动驾驶技术分级见表 9.1。

表 9.1　自动驾驶技术分级

自动驾驶分级		名称	定义	驾驶操作
NHTSA[①]	SAE[②]			
L0	L0	人工驾驶	人类驾驶员驾驶汽车	人类
L1	L1	辅助驾驶	方向盘或加减速操作由车辆自动完成，其他动作由人类驾驶员完成	人类、车辆
L2	L2	半自动驾驶	方向盘和加减速中的多项操作由车辆完成，其他动作由人类驾驶员完成	人类、车辆
L3	L3	条件自动驾驶	绝大部分驾驶动作由车辆完成，人类驾驶员保持注意力	车辆
L4	L4	高度自动驾驶	限定道路和环境下车辆可完成所有驾驶动作，人类驾驶员无须保持注意力	车辆
	L5	完全自动驾驶	车辆完成所有驾驶动作，人类驾驶员无须保持注意力	车辆

注：① 美国高速交通安全管理局（National Highway Traffic Safety Administration，NHTSA）；② 美国汽车工程师学会（Society of Automotive Engineers，SAE）。

9. 智慧城市

城市是人工智能技术最终落地的重要综合载体。为了解决目前城市发展中遇到的一系列问题，实现健康舒适、高安全性、生活高度便利化的现代城市生活，可将大数据和人工智能技术应用于城市基础设施系统，先行在城市各大综合载体中构建，逐步推广至整个城市层面，最终构建完善的智慧城市基础设施系统。

9.1.4　人工智能与大数据的关系

大数据和人工智能是当今最流行和最有用的两项技术。计算机可以用来存储数百万条记录和数据，但分析这些数据的能力需要由大数据技术提供支撑。

在工业革命、电气革命之后最重要的产业革命——新一代信息革命中，人工智能将成为其最重要的科学技术。大数据作为未来信息数据的发展方向，基于大数据理论的相关技术对现代人工智能技术的演进起到了重要的助推作用。

下面将从人工智能的感知、认知和展示三个方面具体阐述大数据和人工智能的关系。

1. 大数据采集完善智能感知

在传统数据采集技术中，传感器数量少、精度较低，并且数据采集途径匮乏，采集到的数据所记录的特征维度有限，后续的数据处理也比较简洁，无法高质量地还原现实世界的特征。

相比之下，基于大数据的采集技术能够收集到足够多的感知数据，进一步精确地还原真实世界。具体而言，随着物联网技术的快速发展，大量终端上的各类传感器可以采集到种类丰富的海量实时数据；得益于通信网络技术的不断升级，数据能够完整地传输到云端服务器上；广泛运用的云计算技术能够帮助网络和设备运营商实现实时稳定存储和高效并行处理。上述技术使得海量数据的实时采集成为可能，并为后续的智能高效处理提供了必要条件。

以移动数据的采集为例，过去采集的数据往往种类较少，且维度很低，难以进行全面、深入的分析。随着移动计算的迅速发展，更多的移动终端（如移动手机、传感器和射频识别系统等）和应用逐渐在全世界普及，采集的数据呈指数级暴发，此外还能联合记录不同种类的数据，为后续的深入分析提供了更多的可能。

2. 大数据处理加速智能认知

依赖云计算技术，大数据的并行存储与处理得到了有效的解决，然而依赖人工智能相应算法的人工智能认知尚存在一定的问题。人工智能的认知经历了推理、专家系统、直觉、计算等阶段，大数据时代海量增长的数据将推动其从量变走向质变，进入新的阶段。

图灵奖获得者 Richard Hamming 认为"计算的目的不在于数字本身，而在于对其中规律的洞察"，这与人工智能核心技术机器学习的思想不谋而合。通过机器学习技术从大数据中挖掘出有价值的知识，是大数据智能认知的关键途径。具体而言，机器学习能够从大数据中提取经验用来训练模型，使其更加符合实际系统的情况，系统则根据已有的数据对未来发生的各种可能性进行预判。大数据背景下如何有效提高预测性能是未来机器学习的研究重点之一。

诗词歌赋是人类智商、情商的综合体现，机器通常无法完成此类任务，然而如微软小冰这样的人工智能机器人从网络中获取大量诗词信息进行训练，总结规律进行创作。如今，微软小冰已创作了数万首诗歌，并出版诗集《阳光失了玻璃窗》。这种基于大数据的自学方式大大加速了微软小冰的认知能力，使其快速成长为学识渊博的"大诗人"。

3. 大数据处理助力智能展示

科学技术行业细分、专业性强的趋势越来越明显，让大众快速准确地获取并掌握大数据智能采集、处理的结果，是大数据助力人工智能技术成功应用的关键。大数据支持下的智能展示凭借其强大的交互性和可视化特性，使大众能方便快捷地享受大数据和人工智能的研究成果。

人类感知信息量的 70%以上是视觉感知信息，可视化技术是目前智能展示的重要手段。近年来，蓬勃发展的虚拟现实（Virtual Reality，VR）、增强现实（Augmented Reality，AR）技术，代表了未来智能展示技术的发展方向。

在较大规模应用场景下，视频、AR、VR 等智能展示技术均需海量的数据支撑，加上智能认知与处理过程产生的中间数据，使数据规模更为庞大。上述应用需要大数据实时处理技术使视频更流畅，进而实现 AR、VR 与现实无缝结合。在此基础上，用户将会获得更佳的体验。

此外，人工智能也是处理大数据最有效和最理想的方法。大数据是广泛、复杂以及海量的信息集合，传统的数据处理系统无法处理这些复杂的数据，需要设计特定的方法从大量数据中自动提取有价值的信息并进行深入分析，而人工智能正是最理想和有效的方法。

人工智能之所以能够模拟人的思维，核心在于其可以通过海量数据进行学习，最终提供有价值的信息和知识。

9.1.5　大数据领域的人工智能展望

大数据技术加速了人工智能的发展，为多领域技术的全面进步带来了很多机遇，同时也产生了如下挑战。

第一，大数据应用的垂直化不利于人工智能的快速发展。大数据应用对垂直行业的专业性要求很高，只有对垂直行业的需求和现状有了深入了解后才有可能有效发挥大数据的优势。从专家系统开始，人工智能就已经意识到业务的专业性是限制该领域发展的最大瓶颈。

第二，数据来自已知世界。我们对未知世界是无知的，以机器学习为代表的智能技术发展能否突破认知瓶颈？机器学习基于已知的观测数据建立模型，并依据模型来求解问题，但能否解决"黑天鹅"的认知瓶颈，对未知世界是否具有更强的认知预测能力，是人工智能面临的挑战。

第三，在大数据时代下，人工智能的发展必须要有相适应的法律、伦理和社会环境来支撑和约束。人工智能是人类社会的伟大发明，但同样也存在着潜在的社会风险，这种社会风险具有时代性、共生性、全球性特点。对于人工智能所引发的现代性负面影响，我们有必要采取预防性行为和因应性制度。未来应以人工智能的发展和规制为主题，形成对应的制度性、法治化的社会治理约束体系。

随着人工智能技术的快速发展及其在各行业（如金融、交通、医疗和教育等领域）的广泛应用，大数据中蕴含的价值正得到不断的开发，并持续产生巨大的经济效益和社会效益。在大数据驱动的人工智能时代，两者将互为助力，共同推动社会的进步与发展。

9.2　机器学习与大数据

近年来，大数据技术在全球迅猛发展，掀起了巨大的研究热潮，引起全球业界、学术界和各国政府的高度关注。随着计算机和信息技术的迅猛发展和普及应用，行业应用数据呈爆炸性增长。动辄达到数百 TB（太字节，Terabyte）甚至数 PB（拍字节，Petabyte）规模的行业/企业大数据已经远远超出了传统计算技术和信息系统的处理能力范围。与此同时，大数据往往隐含着很多在小数据量时不具备的深度知识和价值。大数据智能化分析挖掘将为行业/企业带来巨大的商业价值，提供多种高附加值的增值服务，从而提升行业和企业生产管理决策水平和经济效益。此外，大数据的深度价值很难通过简单分析被发现，通常需要使用基于机器学习和数据挖掘的智能化复杂分析方法才能获取。

9.2.1　大规模机器学习优化算法

传统机器学习算法的研究数据较为简单，维度低、类别少且规模小。面对海量数据时，传统的机器学习方法面临标注困难、类别多、维度高和规模大等问题，因此，大规模数据的学习给机器学习带来诸多新的挑战。

数学优化涉及机器学习这门学科的多个方面，是机器学习的基础之一，尤其是数值优化，在过去机器学习二十年的发展和转型过程中发挥了不可或缺的作用，将机器学习问题的求解转化为优化问题是当前机器学习的主流方法。计算机技术在飞速发展，对大规模优化的要求也在不断提高，大规模机器学习优化方法的研究是如今机器学习研究方向的热点之一。

机器学习的基本数学理论框架如下：设 $\mathcal{X} \in \mathbb{R}^{m \times n}$ 为输入空间，$\mathcal{Y} \in \mathbb{R}^n$ 为输出空间，X 和 Y 分别是定义在输入空间和输出空间上的变量。选取模型 h 作为决策函数，对于给定输入 X，由 $h(X)$ 给出相应的输出。对得到的决策结果，通过非负实值的损失函数 $L(Y, h(X))$ 度量决策错误的程度。常见损失函数包括 0-1 损失函数、平方损失函数、绝对损失函数、对数损失函数等。模型的输出值与实际值的差距越小，模型效果就越好。

输入 X 和输出 Y 是服从随机分布 $P(X, Y)$ 的随机变量，损失函数期望定义为

$$R(h) = E_P \big[L(Y, h(X)) \big] = \int_{\mathcal{X} \times \mathcal{Y}} L(y, h(\boldsymbol{x})) \tag{9.1}$$

这是理论上模型 h 关于联合分布 $P(X, Y)$ 的平均损失，称为风险损失或者期望损失。

学习的目标就是选择期望风险最小的模型，然而由于联合分布 $P(X, Y)$ 未知，期望损失难以直接计算。现实中通常基于模型 h 关于训练数据集的平均损失 R 估计期望风险。给定训练数据集 $T = \{(\boldsymbol{x}_1, y_1), (\boldsymbol{x}_2, y_2), \cdots, (\boldsymbol{x}_n, y_n)\}$，该数据集上的经验风险或者经验损失定义为

$$R_n(h) = \frac{1}{n} \sum_{i=1}^n L(y_i, h(\boldsymbol{x}_i)) \tag{9.2}$$

在此基础上，可将机器学习问题转变为最优化问题的求解，定义如下：

$$\min_h \frac{1}{n} \sum_{i=1}^n L(y_i, h(\boldsymbol{x}_i)) \tag{9.3}$$

机器学习问题可以看作一个无约束优化问题，通常采用迭代的方法进行求解。针对该问题，最经典的优化算法是梯度下降法。梯度下降法结构简单，易于实现，常作为机器学习中训练模型的核心算法，并且当目标函数是凸函数时，梯度下降法能正确求取全局最优解。下面介绍几种常用的梯度下降算法，批量梯度下降法（Batch Gradient Descent，BGD）、随机梯度下降法（Stochastic Gradient Descent，SGD）、Adam、LBFGS。

1. BGD 和 SGD

梯度下降法以负梯度方向作为极小化算法的下降方向，其基本思想是在每一轮迭代过程中求解关于参数的偏导数，并将其用于调整参数。

以线性回归为例，模型 $h = \boldsymbol{\theta}^{\mathrm{T}} \boldsymbol{x} + b$，其中 $\boldsymbol{\theta}, \boldsymbol{x} \in \mathbb{R}^{m-1}$，$b$ 为截距项，线性回归的损失函数（不考虑正则项）为

$$J(\theta) = \frac{1}{2n} \sum_{i=1}^n (h(x_i) - y_i)^2 \tag{9.4}$$

给定训练集 T，BGD 中参数通过式（9.5）调整，定义如下：

$$\theta_{k+1} = \theta_k - \frac{\alpha_k}{n} \sum_{i=1}^n (h(x_i) - y_i) x_{ik} \tag{9.5}$$

其中 α 是学习率，合适的学习率能够帮助算法快速下降和收敛。如式（9.5）所示，在每一轮训练中，BGD 会基于所有训练样本调整参数，直至收敛。在小规模数据集中，运算速度不会受到太大的影响，并且能取得较好的效果。然而在大规模数据集中，若每一次迭代通过样本整体调整参数则会存在计算量大、计算时间长的问题。

相比之下，SGD 在每一轮的迭代过程中只通过一个随机样本更新参数，定义如下：

$$\theta_{k+1} = \theta_k - \alpha_k(h(x_i) - y_i)x_{ik} \qquad (9.6)$$

由于每次只选择一个样本更新参数，每一轮迭代计算量小、运算速度快，使得 SGD 在大规模数据集中能够得到很好地应用。

需要注意的是，由于 SGD 每次只通过一个样本更新参数，若样本带来的梯度变化方向与正确方向相背，则优化目标将会远离最佳优化结果，所以 SGD 在整体优化过程中存在很多噪声并且算法很难收敛。为了缓解这个问题，可采用小批量（Mini-Batch）梯度下降。Mini-Batch 每次通过固定尺寸的样本集更新参数。

2. Adam

自 SGD 提出以来，基于 SGD 的各种优化算法得到了广泛的应用。Adam 算法是 2015 年国际学习表征会议（International Conference on Learning Representations，ICLR）的一篇论文中提出的关于 SGD 的扩展算法之一。类似于 SGD，Adam 是一种基于低阶矩自适应估计的关于一阶梯度的随机目标优化算法。Adam 算法的提出者认为其集合了两种 SGD 扩展算法 AdaGrad 和 RMSProp 的优点。

AdaGrad 称为自适应学习率优化算法，是梯度下降法最直接的改进。梯度下降法依赖于手动设置的学习率，学习率在整个训练过程中保持不变，若学习率设置得太大，损失函数会震荡且不稳定，难以收敛，若学习率设置太小，则整个学习过程收敛速度太慢。AdaGrad 通过前几轮迭代的历史梯度值动态调整学习率。

RMSProp 是对 AdaGrad 的改进，其将 AdaGrad 的梯度平方的累积改为指数加权平均移动，避免了 AdaGrad 中长期累积梯度值带来的学习率趋于 0 的问题。

在随机梯度下降过程中，由于数据不同维度分布的方差不一致，计算梯度时会产生波动导致收敛缓慢，为了加快梯度下降的收敛速度，减少震荡，很多优化算法会引入动量（Momentum）。动量通过累积历史梯度值指数级衰减的移动平均，使得下一次迭代继续沿着之前的惯性方向走。

Adam 是一种基于动量思想的随机梯度下降优化算法，它在每次迭代中计算梯度的一阶矩和二阶矩并计算滑动平均值，通过偏差校正后用于更新参数。

Adam 算法的算法步骤如下：

Adam 算法：

输入：学习率 α，估计的指数衰减率 β_1, β_2，随机目标函数 $f(\theta)$
输出：优化后的参数 θ

初始化参数向量 $\theta^{(0)}$，初始化一阶二阶矩向量 $\boldsymbol{m}^{(0)}, \boldsymbol{v}^{(0)} = 0$，初始化迭代次数 $t = 0$

① **While** $\theta^{(t)}$ 不收敛：

---

② $\quad t = t+1$

③ $\quad$计算 $f_t(\boldsymbol{\theta})$ 关于 $\boldsymbol{\theta}^{(t)}$ 的偏导数：$g_t = \nabla_{\boldsymbol{\theta}} f_t(\boldsymbol{\theta}^{(t-1)})$

④ $\quad$更新有偏一阶矩估计：$\boldsymbol{m}^{(t)} = \beta_1 \cdot \boldsymbol{m}^{(t-1)} + (1-\beta_1)\boldsymbol{g}^{(t)}$

⑤ $\quad$更新有偏二阶矩估计：$\boldsymbol{v}^{(t)} = \beta_2 \cdot \boldsymbol{v}^{(t-1)} + (1-\beta_2)\boldsymbol{g}^{(t)2}$

⑥ $\quad$偏差校正一阶矩：$\hat{\boldsymbol{m}}^{(t)} = \boldsymbol{m}^{(t)}/(1-\beta_1^{(t)})$

⑦ $\quad$偏差校正二阶矩：$\hat{\boldsymbol{v}}^{(t)} = \boldsymbol{v}^{(t)}/(1-\beta_2^{(t)})$

⑧ $\quad$更新参数向量：$\boldsymbol{\theta}^{(t)} = \boldsymbol{\theta}^{(t-1)} - \alpha \cdot \hat{\boldsymbol{m}}^{(t)} / \left(\sqrt{\hat{\boldsymbol{v}}^{(t)}} + \epsilon \right)$

⑨ **End**

其中 ϵ 是用于数值稳定的小常数，建议默认为 10^{-8}。

3. L-BFGS

上面介绍的都是关于一阶梯度的优化算法，下面将讨论关于二阶梯度的优化算法并介绍 BFGS（Broyden-Fletcher-Goldfarb-Shanno）算法及其在大数据情况下的改进算法 L-BFGS（Limited-Memory BFGS）。

与一阶方法相比，二阶方法使用二阶导数改进了优化，最广泛使用和最经典的二阶方法是牛顿法。牛顿法基于二阶导数展开在某点 $\boldsymbol{\theta}_0$ 附近忽略高阶导数，近似损失函数 $J(\boldsymbol{\theta})$。基于牛顿法的参数更新规则为

$$\boldsymbol{\theta}^* = \boldsymbol{\theta}_0 - \boldsymbol{H}^{-1}\nabla_{\boldsymbol{\theta}}J(\boldsymbol{\theta}_0) \qquad (9.7)$$

其中 $\boldsymbol{H}$ 是 J 相对于 $\boldsymbol{\theta}$ 的黑塞矩阵在 $\boldsymbol{\theta}_0$ 处的估计。牛顿法是二阶收敛，收敛速度快。然而由于黑塞矩阵中元素数量是待求解参数数量的平方，并且牛顿法在每次训练迭代过程中都需要计算黑塞矩阵的逆，计算量大，不适用于大数据规模下的优化。

BFGS 算法具有牛顿法的一些优点，并且其计算量低于牛顿法。牛顿法的主要计算难点是计算 $\boldsymbol{H}^{-1}$。以 BFGS 为代表的一系列拟牛顿法通过人为构造可以近似黑塞矩阵的正定对称矩阵 $\boldsymbol{M}$，避免每次迭代都需要计算 $\boldsymbol{H}^{-1}$，从而节约计算成本。

BFGS 算法在拟牛顿法中有着重要的地位，在中低维数据中已成为目前公认的最有效的算法，BFGS 在每一次迭代计算前都需要上一次迭代得到的 $\boldsymbol{M}_k$ 矩阵，随着大数据环境下数据维度的不断增大，不可避免地面临占用内存大、计算效率低的问题。在此情况下，L-BFGS 应运而生。L-BFGS 在每一次迭代过程中只存储一些用于更新 $\boldsymbol{M}$ 的向量，避免存储完整的 $\boldsymbol{H}^{-1}$ 近似矩阵 $\boldsymbol{M}$，显著降低存储代价。

9.2.2　大数据下的机器学习

1. 面临问题

传统机器学习面临的一个新挑战是如何处理大数据。目前，大规模数据下的机器学习问题普遍存在，现有的许多机器学习算法采样基于内存的策略，难以针对大数据实现高效

的处理。因此，如何设计新的机器学习算法以适应大数据处理的需求，是大数据时代的研究热点方向之一。在大数据背景下训练复杂的机器学习模型，需要在机器学习算法设计中解决计算量、计算时间以及内存容量的问题。

2. 主要趋势

未来大数据背景下的机器学习算法设计主要有三种趋势：并行算法、在线算法以及近似算法。

（1）并行算法

解决大数据下机器学习算法问题最主要的方法就是并行化。具体的就是在大数据处理中将数据处理任务分配到多台计算机或者多个处理器上，这些计算机或者处理器相互通信和协作，快速、高效地处理大型复杂数据。并行算法的处理效率与计算机或处理器的数目、成本、总运算量和分布式架构有关，其设计不仅仅需要解决存储量的问题，还需考虑到通信数据的多少、数据间是否同步等问题。

大数据背景下，内存容量是制约计算量的主要因素。若并行算法能够提前识别和分类数据并合理安排各计算机并行处理数据，让每台计算机并行计算时的内存消耗低于未并行时的内存消耗，计算能力将会得到显著提高，并且计算时间会进一步缩短。

（2）在线算法

传统的机器学习算法通常在每一轮训练完成后，用所有的数据去更新模型，导致每次更新的计算量很大。这种学习方法在小规模数据上取得了显著的成功，但当数据规模较大时，传统方法会出现计算复杂度高、响应慢的问题，导致其无法满足实时性要求。针对该问题，在线算法被提出并成为当前机器学习的另一发展趋势。在线算法无须存储巨量数据，并且每次只需一个样本就能更新模型，大大减少了计算量，降低了算法的时间复杂度和空间复杂度，进一步减小了机器的内存消耗，提高了模型的效率。

（3）近似算法

在机器学习中，很多算法都需要进行各种矩阵分解。分解运算的时间通常与样本数据的平方成正比。对于大数据背景下的海量数据，若不能实现矩阵的高效分解，机器学习的应用就会受到很大的限制。近似算法是一种有效实现大规模矩阵分解的方法，其原理是首先找出大矩阵的近似矩阵（近似矩阵通常是和大矩阵具有相似性质的小矩阵），然后对近似矩阵分解，得出近似矩阵的分解结果，并将近似矩阵的分解结果等同于大矩阵的分解结果。这种类型的近似计算已经在多项实验中被证明是有效的，很多近似算法已成为大数据下机器学习的高效方法。

与此同时，在机器学习技术的帮助下，大数据中有价值的深度信息和潜在知识将会得到更有效的挖掘和利用，进而产生更大的效益。

9.3　深度学习与大数据

深度学习研究如何从数据中自动提取多层数据特征表示，是人工智能的核心分支之一。深度学习的核心思想为通过一系列的非线性变换和数据驱动的方法，从原始数据中提取由低层到高层、具体到抽象、一般到特定语义的特征。

传统的机器学习理论主要关注模型容量和模型泛化能力之间的关系，而深度学习中的深度结构模型是典型的高复杂度模型，其模型容量相比传统的浅层机器学习模型有显著的提高。

模型的训练数据集规模是决定模型泛化能力的重要因素之一。过去由于训练数据不充足，模型经常出现过拟合、泛化能力差等问题。在大数据环境下，训练数据不充足的问题已得到解决，而大数据内部复杂多变的高阶统计特性也需要通过深度结构模型这样的高容量模型进行有效捕获。因此，深度学习与大数据的契合是必然的，它们互为助力，持续推动各自的发展。

9.3.1　典型深度学习算法

1. 深度神经网络

深度神经网络（Deep Neural Network，DNN）是一种含有多层隐藏层（Hidden Layer）的神经网络，具有特定的结构和训练方式，其思想来源于人类对信息的层次处理机制，即对原始信号进行低级抽象，并逐渐向高级抽象迭代。

DNN 通过输入层输入数据，从低层到高层逐层提取特征，建立低级特征到高级语义之间复杂的映射关系。DNN 的优点在于克服了人工设计特征费时费力的问题，并且深层建模能够更加有效地表示实际应用中的非线性复杂问题。深度神经网络的核心思想可用以下两点描述：

① 无监督学习逐层训练每一层，将上一层输出作为下一层的输入；

② 有监督学习微调所有层。

下面介绍几种经典的深度神经网络，包括卷积神经网络、循环神经网络、长短期记忆网络和被认为是深度学习最新突破之一的胶囊网络。

（1）卷积神经网络

神经元是人工神经网络的基本处理单元，一般是多输入单输出，其结构如图 9.3 所示。

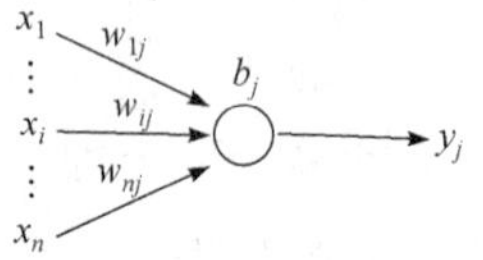

图 9.3　人工神经元结构

在图 9.3 中，x_i 为输入信号，有 n 个输入信号同时输入神经元；w_{ij} 为输入信号 x_i 与神经元 j 连接的权重值；b_j 表示神经元 j 的内部状态，即偏置值；y_j 为神经元的输出

$$y_j = f\left(\sum_{i=1}^n w_{ij}x_i + b_j\right) \tag{9.8}$$

其中 $f(\cdot)$ 为激活函数。

神经网络是指将多个人工神经元连接起来，将一个神经元的输出作为下一个神经元的输入。

1962 年，生物学家 Hubel 和 Wiesel 研究了猫脑的视觉皮层，发现视觉皮层的细胞具有一组复杂的结构，这些细胞对视觉输入空间的子区域很敏感，因此称视觉皮层为感受野。感受野中的细胞可以分为两种：简单细胞和复杂细胞。简单细胞可以在感受野的范围内最大限度地响应边缘刺激，而复杂细胞则具有较大的接受区域，并且对于精确位置的刺激在局部上是不变的。卷积神经网络（Convolution Neural Network，CNN）的提出正是源自此项研究。

如图 9.4 所示，CNN 的基本结构由输入层、卷积层、池化层、全连接层和输出层构成。卷积层和池化层通常交替设置，即一个卷积层连接一个池化层，池化层后面再连接一个卷积层。

卷积层模拟感受野的简单细胞，由多个通道组成，每个通道由多个神经元组成，每个神经元通过卷积核与上一层通道局部连接。卷积核是一个权值矩阵。卷积层通过卷积操作提取输入的不同特征，低级卷积层提取边缘、线条、角落等低级特征，更高级的卷积层提取图案、模式等更高级的特征。

在同一个输入通道和同一个输出通道中，CNN 的权值是共享的。基于权值共享提取特征时不用考虑局部特征的位置，并且权值共享能够降低模型复杂度，使得要学习的 CNN 模型参数数量大大减少，易于训练。

池化层紧跟在卷积层之后模拟感受野的复杂细胞，同样由多个通道组成。卷积层是池化层的输入层，卷积层的一个通道与池化层的一个通道对应，且池化层的神经元与其输入层局部相连。池化层通过降低通道的分辨率获得空间不变性的特征并起到二次提取特征的作用。常用的池化方法包括最大池化、平均池化、随机池化等。

在多对卷积层和池化层后，连接着不少于 1 层的全连接层。全连接层的每个神经元与前一层的所有神经元全部连接，整合卷积层和池化层中具有类别区分性的局部信息。

CNN 具有的局部连接、权值共享和池化操作等特性可以有效降低网络复杂度，减少参数数目，并且 CNN 具有很强的鲁棒性和容错能力，易于训练和优化。

（2）循环神经网络

传统的神经网络也称为前馈神经网络（Feed-Forward Neural Network，FNN），由一系列简单的神经元组成。FNN 包含输入层、隐藏层和输出层，每层神经元与下一层神经元全连接，数据从输入层开始逐层通过隐藏层直至输出层。FNN 的基本网络结构如图 9.5 所示。

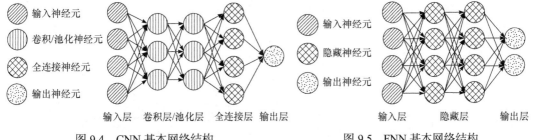

图 9.4　CNN 基本网络结构　　　　图 9.5　FNN 基本网络结构

在 FNN 中所有数据相互独立处理，然而许多任务的数据蕴含大量上下文信息，彼此之间有着复杂的关联，比如视频、音频、文本，因此 FNN 有着很大的局限性。

循环神经网络（Recurrent Neural Network，RNN）是 DNN 中一类特殊的内部存在自连接的神经网络，可以学习复杂的矢量到矢量的映射。RNN 最大的特点就是神经元在某时刻的输出可作为下一时刻的输入，这种循环的网络结构可以保持数据中的依赖关系，非常适合用来处理序列数据。

图 9.6 为 RNN 的基本网络结构图，通过隐藏层上的回路连接，将前一时刻的网络状态

传递给当前时刻，当前时刻的网络状态传递到下一个时刻。如图 9.6 所示，RNN 可以看作所有层共享权值的深度 FNN，其通过连接两个时间步进行扩展。

如图 9.7 所示，RNN 的结构重复并且结构中的参数共享，使得需要训练的神经网络参数大大减少。此外参数共享也使得模型可以扩展到不同长度的数据上，因此 RNN 的输入可以是不定长的序列。

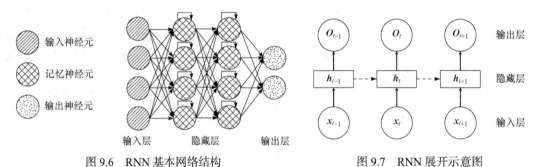

图 9.6　RNN 基本网络结构　　　　　　图 9.7　RNN 展开示意图

（3）长短期记忆网络

虽然 RNN 在最初设计时的目的是学习数据的长期依赖性，但实践表明由于 RNN 的实际训练过程中往往存在梯度爆炸和梯度消失的问题，标准 RNN 很难长期保存信息。

为了解决这个问题，有人提出了长短期记忆（Long-Short Term Memory，LSTM）网络。相较于传统 RNN 的隐藏单元结构，LSTM 隐藏单元的内部结构更加复杂。信息在沿着网络流动的过程中，通过增加门控机制使得 LSTM 能有选择地添加或减少信息。LSTM 的宏观网络结构与 RNN 基本相同。

将 LSTM 的隐藏单元称为 LSTM 单元。LSTM 的门控机制中存在三种类型的门，分别为输入门、遗忘门和输出门，LSTM 通过这些门实现信息的更新、过滤和存储。

图 9.8 所示为 LSTM 单元内部结构，其中

$$\sigma(x) = \frac{1}{1 + \exp(-x)} \tag{9.9}$$

称为 Sigmoid 函数，是常用的非线性激活函数。

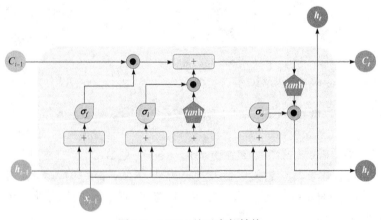

图 9.8　LSTM 单元内部结构

此外,输入门控制网络中当前输入信息 x_t 有多少可以流入记忆单元 c_t。遗忘门是 LSTM 单元的关键组成部分,控制输入信息的遗忘和保留,并且可以避免梯度随时间反向传播时引发的梯度消失和梯度爆炸问题。输出门控制记忆单元 c_t 对当前输出值 h_t 的影响,即控制记忆单元 c_t 的哪一部分会在时间步 t 输出。

（4）胶囊网络

在 CNN 的工作过程中,浅层的卷积层检测简单特征,高层卷积层将简单特征加权合并到复杂特征中,并通过池化层保留重要特征丢弃其他特征,最后通过非常高级的特征进行分类预测。

然而 CNN 存在两个问题。一方面 CNN 只关注要检测的目标是否存在,而不关注组件之间的相对空间关系,例如,CNN 检测人脸时只判断目标是否五官齐全,即使将鼻子和左眼换位,CNN 依然判断这是人;另一方面 CNN 很难学习三维空间信息。此外最大池化的方法虽然通常能够提高 CNN 的准确率,但同时也丢失了很多有价值的信息。为解决上述问题,胶囊网络（Capsule Network,CapsNet）被提出并得到了广泛研究。

CapsNet 中的基本单元是胶囊（Capsule）,它是由一组神经元组成的神经元向量。向量的模长表示某个实体存在的概率;向量的方向表示实体的属性,例如位置、大小、颜色等。

图 9.9 展示的是一个简单的 CapsNet 模型,用来执行数字分类任务。第一层是卷积层,对输入图像进行卷积操作,得到初始特征;第二层是卷积胶囊层,通过上一层的初始特征生成胶囊;基于动态路由选择算法对卷积胶囊层进行路由选择得到最终的 DigitCaps 层,在 DigitCaps 层有若干个胶囊,可以根据这些胶囊进行分类。此外,DigitCaps 层中的胶囊经过几层全连接层后可以重构图像。

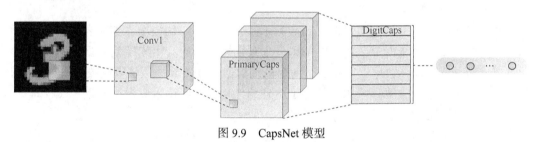

图 9.9　CapsNet 模型

CapsNet 相对 CNN 有着更强的计算力和鲁棒性,被认为是深度学习的新突破之一。

2. 深度生成模型

深度生成模型（Deep Generative Models,DGM）使用与 DNN 类似的多个抽象层和表示层。下面简单介绍几种经典的 DGM。

（1）受限玻尔兹曼机

玻尔兹曼机是一种基于能量的模型,最初作为一种广义的“联结主义”被引入,用来学习二值向量上的任意概率分布。受限玻尔兹曼机（Restricted Boltzmann Machines,RBM）同样是基于能量的模型,是马尔科夫随机场的一种特殊类型。RBM 包含一层随机隐藏单元（潜变量）和一层可观察单元,是一类具有对称连接、无自反馈的双层、无向随机深度生成模型。RBM 的层间全连接,层内无连接。其基本结构如图 9.10 所示,其中可观察 v（visible layer）层表示可见数据，隐藏层 **h** 用来提取特征。

（2）深度信念网络

深度信念网络（Deep Belief Network，DBN）是第一批成功应用深度架构训练的非卷积模型之一。2006 年 DBN 的引入引领了深度学习的复兴。尽管如今与其他生成学习算法相比，DBN 已很少使用，但应当承认 DBN 在历史中的作用。

在 RBM 的基础上，DBN 是具有若干隐藏层、涉及有向和无向连接的混合图模型。DBN 的基本结构如图 9.11 所示。

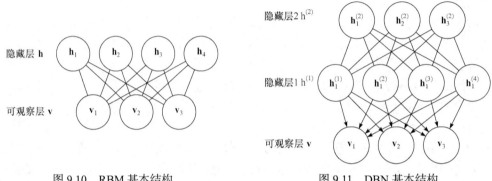

图 9.10　RBM 基本结构　　　　　　图 9.11　DBN 基本结构

可以认为 DBN 是由多个 RBM 串联堆叠而成的，在训练时，从低到高逐层训练 RBM，将上一层 RBM 隐藏层的计算结果作为下一层 RBM 的可视输入数据。与 RBM 一样，DBN 也没有层内连接。

（3）生成对抗网络

生成对抗网络（Generative Adversarial Networks，GAN）的提出受到博弈论中二人零和博弈的启发，整个系统由一个生成模型和一个判别模型构成。生成模型捕捉真实数据样本的潜在分布并产生新的数据；判别模型判别输入数据是真实数据还是生成数据。GAN 的优化过程是一个极小极大博弈问题，目标是达到纳什均衡，使得生成模型逼近真实样本的未知分布。GAN 计算流程和基本结构如图 9.12 所示。

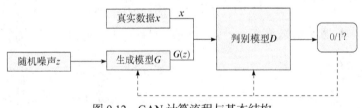

图 9.12　GAN 计算流程与基本结构

假设 GAN 是一个游戏，游戏双方分别为一个生成模型 G 和一个判别模型 D。为了获得游戏的胜利，游戏双方需要不断优化，分别提升自己的生成能力和判别能力，直至达到两者之间的平衡状态。任意可微分函数都能用来表示 GAN 的生成模型和判别模型。如图 9.12 所示，G 的输入为随机噪声 z，作为生成样本的潜在空间，输出为生成数据 $G(z)$。D 的输入为真实数据 x 和生成数据 $G(z)$，并对输入数据进行判别，真则输出 1，伪则输出 0，然后通过输出结果优化生成模型。生成模型 G 和判别模型 D 相互对抗并迭代优化的过程

使得 **D** 和 **G** 的性能不断提升，最终 **D** 无法正确判断数据来源时，便认为 **G** 已经学习到了真实数据的分布。

9.3.2　大数据下的深度学习

1. 面临问题

深度学习横跨计算机科学、工程技术和统计学等多个学科，并被广泛应用于政治、金融、天文、地理、医疗以及社会生活等领域。深度学习的优点在于模型拥有很强的表达能力，并且能处理高维稀疏特征数据。通过引入深度学习的思想、方法和技术，能及时有效地解决大数据带来的挑战。将深度学习应用于大数据分析并发现数据背后的潜在价值成为业界关注的热点。

尽管深度学习在大规模网络中取得了一定的成绩，但仍存在一些不足。如何有效处理大数据的规模所带来的大样本，有效处理大样本中的高维属性和多样类型的数据仍然是一个问题。

2. 主要趋势

未来大数据环境下深度学习的发展可能包括：

① 深度学习能够更好地处理目标和行为识别等复杂问题，并学习更复杂的函数关系，进而利用更多的深度结构和深度学习算法来解决更复杂的问题。

② 虽然在部分领域（如语音识别和手写体识别）已经将深度学习与简单推理紧密结合，但在未来，可以将深度学习与复杂推理进行有效结合，进一步推动人工智能的发展。

③ 大数据虽然规模大，但并不意味着训练样本数量充足。目前深度学习模型训练仍需要大量标注样本，因此基于少量有效样本训练深度学习模型的研究令人期待。

④ 深度学习有助于提升大数据挖掘的精度和深度，是大数据分析的一种重要分析方法。面对大数据所带来的环境变化，应充分利用计算资源，怎样改进深度学习算法从而提升其性能需要进行更深入的研究。

⑤ 目前的深度学习框架在不需要人工提取特征的情况下能够实现端到端的学习，但人类文明发展至今积累了丰厚的先验知识，如何将现存的人类知识库融入深度学习框架将成为重要的研究热点。

习　题

1. 人工智能研究的基本内容包括哪几个方面？
2. 请给出下列词语的英文翻译。

| 机器学习 | 数据挖掘 | 专家系统 | 自然语言处理 |
| 人工神经网络 | 模式识别 | 分布式人工智能 | |

3. 大数据和人工智能如何应用于安防领域？
4. 简要叙述人工智能与大数据的关系。
5. 机器学习的基本数学框架是怎样的？

6. 批量梯度下降和随机梯度下降如何更新参数? 批量梯度下降为什么不适用于大规模机器学习的优化?

7. 大数据环境下的机器学习存在哪些问题? 在未来的发展中有着怎样的趋势?

8. 为什么说大数据和深度学习的契合是必然的?

9. LSTM 如何实现信息的长期保存?

第10章 政务大数据

近年来，政务信息化正逐渐从电子政务发展为智慧政务。政务大数据通过大数据技术将政务相关的数据整合起来应用在政府业务领域，赋能智慧政务，提升政务实施效能。"最多跑一次"改革便是政务大数据赋能智慧政务的重要成果之一。然而在大数据时代，政务大数据同样面临各种安全问题，需要建立完善的安全保障机制。同时，区块链技术因具有去中心化、不可篡改、可追溯等技术特点，开始被广泛应用于政务大数据领域，推动着"政务上链"成为当下政务大数据建设的热点。

10.1 智慧政务概述

10.1.1 政务信息化发展历史

随着信息技术的飞速发展，在推进国家治理体系和治理能力现代化的今天，利用信息技术来推进政府简政放权、优化服务、提升政务效能显得尤为重要。智慧政务作为政府提升治理能力和高效履职的重要手段，在社会治理中深入应用，成为了政府部门转变职能、作风和工作方式的重要途径。

回顾政务信息化的发展历程（见图10.1），智慧政务是电子政务发展到高级阶段的必然产物。

图 10.1　我国政务信息化的发展历史

在传统政务阶段（1990年以前），政府采取面对面的方式为市民提供服务，而政务信息主要通过纸质文件保存，不便于信息的存储和共享。随着信息与通信技术的发展和互联网的出现，电子政务应运而生，政务信息处理的效率极大提高，政务信息得以在机房或数据中心保存。但在该阶段由于互联网发展仍处于起步状态，电子政务服务仍受时间和空间的限制，无法满足便利性和实时性的要求。2005年后，随着 Web 2.0、CDMA 和 GPRS 等移动通信技术的发展，移动设备可通过无线接入基础设施为政府和社会公众提供信息和服务，这突破了时间和空间的限制，形成了移动政务阶段。在移动政务阶段，信息交互的便利程度得到了提升，地方政务网站的功能也逐渐完善，政务数据开始被初步共享和利用，进而促进了政务信息公开、透明。2015年前后，Web 2.0 进入 Web 3.0 阶段，虚拟网络经由无线通信设备、语义网络、RFID/USN 等技术手段与现实世界紧密联系；同时，随着人工智能、大数据和云计算等现代化信息技术的发展和应用，政务大数据体系架构不断完善，原先分散存储的政务信息被有效地利用起来，电子政务进入了智慧政务阶段。

10.1.2 智慧政务内涵

智慧政务是基于智慧城市和智慧社会这一背景和体系提出的，伴随着智慧城市的发展而逐步形成。如图 10.2 所示，智慧政务、智慧商务、智慧家庭和智慧社区是构建智慧城市的四大组成部分，它们之间既有交叉又有独立的部分，其中，智慧政务代表的是政务层面的服务体系，是构建智慧社会的关键。

在传统的城市政府中，各个部门是按业务、管理职责分别设立并各司其职的。因此在传统的电子政务信息化建设过程中，多以纵向单位为网络建设垂直系统，从而逐渐形成了各部门信息系统互相隔离的局面。智慧政务的内涵在于依托大数据、云计算等信息技术，实现政府内部业务系统之间以及与外部（横向/纵向）业务系统各职能部门之间的资源整合与系统集成，以实现政府运行廉洁高效、公共治理集约精准、公共服务便捷惠民、社会效益显著突出的目的。智慧政务体现了政府公共服务范式从全能型向智慧型转变的趋势，是大数据时代电子政务发展的新方向。

与传统电子政务相比，智慧政务的服务范围更广。20 世纪末，"电子政府事务"作为一种政府协助和优化决策的管理方法出现，"政府再造"让政府机构使用独立的信息系统。政务系统已经建立了政府对公众（G2C），政府对企业（G2B），政府对雇员（G2E）和政府对政府部门（G2G）的在线交流渠道，高效、智能的电子政务正在迅速发展。如图 10.3 所示，在智慧政务阶段，政府事务还面向更广泛的公共领域，例如政府的社区服务、公共安全、公共应急响应和社会管理等。目前，智慧政务的服务范围和内容还在不断拓宽加深，最终目标是实现智慧办公、智慧决策和智慧服务。

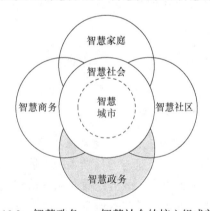

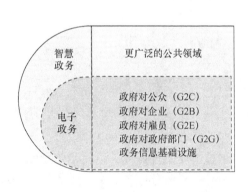

图 10.2　智慧政务——智慧社会的核心组成部分　　图 10.3　电子政务和智慧服务的范围

全面、海量的政务大数据是实现智慧政务的基础，当前智慧政务的数据来源也变得更加广泛。如图 10.4 所示，传统电子政务的数据来源主要有两种：业务数据和个人基础信息数据等。而智慧政务的数据来源既包括了前期已有的传统政务数据，又加入了泛在数据，包括活动数据、地点数据、图像数据和移动数据等。随着新基建项目的不断落地，政务大数据将出现一个短暂的爆发期，在这期间，基于 5G、人工智能、物联网、区块链等技术的政务类城市大数据应用将逐渐涌现。在未来，政务大数据将逐渐向着城市数据资产的方向发展，将支撑起整个城市的总体运行。同时政务大数据也逐渐通过智慧化场景的应用，在政府提高自身形象及城市提高营商环境等方面扮演越来越重要的角色。

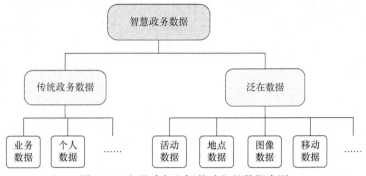

图 10.4　电子政务和智慧政务的数据来源

10.1.3　"最多跑一次"改革

"最多跑一次"改革是我国智慧政务阶段的重要发展成果。2016 年底，"最多跑一次"改革在浙江省首次被提出，这项"刀刃向内"、面向政府自身的自我革命，已然显现出成效。随后在全国范围内，各省、直辖市、自治区以浙江省为样板，纷纷开展"最多跑一次"改革。2018 年 5 月，"最多跑一次"写入政府工作报告，李克强总理在报告中说，深入推进"互联网+政务服务"，使更多事项在网上办理，必须到现场办的也要力争做到"只进一扇门""最多跑一次"。

1.　"最多跑一次"改革概述

"最多跑一次"是指群众和企业到政府部门办理服务类或许可类事项时，在满足材料齐全、符合法定要求的情况下，实现从受理申请到事项办结全过程只需"跑一次"或"一次不用跑"。这是一种自上而下的改革，通过设定群众和企业到政府部门办事"最多跑一次"的要求，形成政府改革的目标，从而倒逼政府部门进行自身改革。

具体而言，"最多跑一次"改革有以下三个改革目标。

（1）实现"一窗受理、集成服务"

通过科学设置"综合受理窗口"，不断整合政务资源、简化审批流程，实现线上线下联动，构建"前台综合受理、后台分类审批、统一窗口出件"的服务模式，使得群众和企业到政府部门办事只需"跑一次""跑一窗"，实现办事的高效便捷。进一步地，改革的远期目标是设置无差别的综合受理窗口，在任一窗口都能实现所有事项即来即办的服务。

（2）深入推进"互联网+政务服务"

通过数据资源的共享促进部门业务的协同，依托省、市、县、乡、村五级联动的政务服务网，逐步推进权力事项集中进驻、网上服务集中提供、政务信息集中公开、数据资源集中共享，做到"一网通办"。通过数据多跑路的做法，实现让群众少跑腿甚至不跑腿的目标。

（3）提高公众的满意度

以"公众需求"为导向，树立以"人民为中心"的服务理念，让公众共享改革红利，增强群众的获得感。"最多跑一次"改革是一个不断以新的改革理念去发现问题、解决问题、提高公众满意度的过程，要以群众和企业的获得感修正改革目标，用干部的"辛苦指数"

换取群众的"满意指数"，查漏补缺，以取得新的成效。

"最多跑一次"改革自从推出以来已经在全国范围内取得了阶段性成效，人民群众的获得感不断提升，政府办事效率大幅度提高，政府各部门协同取得了实质性突破，政府整体建设得以全面推进，公共服务环境明显改善，治理现代化水平明显提升，"放管服"改革不断深化推进。目前，"最多跑一次"改革仍在全国各省、自治区和直辖市不断深入推进。

2. 大数据在改革中的应用

大数据技术作为能够深度挖掘数据价值的技术手段，其在助推"最多跑一次"改革中的应用主要体现在以下三个方面。

（1）构建一体化服务平台

一体化服务平台的构建，使得人们无论是通过政务大厅还是政务服务网站办理政务业务时都可以获得较为良好的服务体验。公众可以随时随地通过一体化服务平台办理自身所需的政务业务，通过提交办理业务所需的材料→办理业务流程→完成业务办理这三个流程能够有效提高政务服务的效率。在实际创建一体化服务平台的过程中，需要多个部门之间相互协作，共同完成实际创建工作，同时需要上级对一体化服务平台加强监察的力度，以便能够实现一体化服务平台的创建，从而为改革打下良好的基础保障。

（2）大数据信息互通

在改造传统政务流程的过程中，需要在数据层面实现部门内部、部门之间的数据共享和应用，打破数据"信息孤岛"。服务平台的数据处理工作应由各部门共同管理，避免一些重复性的工作，这样也能使群众在办事的时候不会出现数据信息重复的情况，减少数据清洗的工作量，为后续的大数据分析奠定良好的基础。同时，还需要加强数据信息互通的实际应用效果，以便能够有效提高数据信息互通的服务理念，从而为改革工作提供数据保障。

（3）人工智能实现智慧服务

人工智能是当前大数据时代中所研发与实践的新型智能机器，可以代替政务服务人员完成部分基本服务工作。人工智能具备人像识别、语言识别、图像识别以及自然语言处理等功能，可以通过构建的一体化服务平台实现一对一服务，并且在服务时提供较为全面、快捷、方便以及高效的体验，从而为政务服务改革工作提供功能保障。

总体而言，随着"最多跑一次"改革的深入，大数据技术将在改革的实际应用中继续发挥重要作用，并不断丰富智慧政务的内涵。

10.2　政务大数据体系架构

10.2.1　政务大数据概述

政务大数据的定义包含两方面：从狭义上来说，政务大数据是指政府所拥有和管理的数据，包含自然信息、社会主体信息、城市建设信息、社会管理信息以及服务与民生消费类信息等；从广义上来说，政务大数据是政府掌握的数据在公共服务领域的应用实践，即政府将自身的业务数据和收集的外部数据进行汇集和治理，并开展数据共享交换、开放、交易以及业务协同等应用。

政务大数据具有三个特点。一是数据规模大，价值高。我国是人口、领土、贸易等多方面大国，因此相应的政务大数据规模庞大。以省级数据共享为例，可共享的政务数据规模达 PB 级，而全国的数据规模则更为庞大。二是数据类别多，价值高。政务大数据记录了社会活动的全部，形成了种类繁多的信息类和数据项。此外，政务大数据汇聚了各级政府部门的业务数据和相关公共数据，记录着社会主体活动的各个方面，因此具有巨大的价值。三是数据格式杂乱，质量不高。由于区域和行业信息化发展水平的差异，各数据源头单位记录数据的格式种类多样，有各种数据库类型和电子文档格式，也有大量的纸质文档。同时，由于缺乏统一的数据标准，政务数据普遍存在数据质量问题，例如数据重复、数据错误、数据缺失等。

政务大数据的以上特点也是目前政务大数据治理所要面对的问题。政务大数据的治理需求包括建立政务大数据标准规范、建立全面数据质量管理体系和实现数据治理可视化等，需要构建完整的政务数据治理体系以实现对政务大数据的治理。

10.2.2　政务大数据总体架构

目前的政务大数据总体架构可概括为"四横两纵"结构，如图 10.5 所示。横向来看，主要分为统一云平台、大数据中心和 AI 算力平台、业务中台和服务前台。从纵向看，分为统筹规范和安全保障两个部分。横向的分层结构，自下而上通过整合软硬件资源和数据资源，形成面向不同领域的业务中台，进而整合成面向城市治理、利企慧民和产业发展三大领域的服务前台。体系架构中纵向的分层结构分为统筹规划和安全保障两块内容，是形成政务大数据总体构架的保障体系。

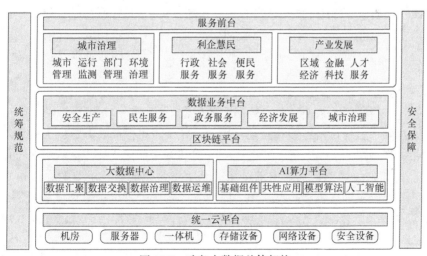

图 10.5　政务大数据总体架构

1. 统一云平台

许多政府部门在制定统筹性的规章制度之前，已经根据系统运行的需要建设了本部门的管理机房。因此在建设统一云平台时，不应追求物理上的集中，而要充分利用现有的基础设施资源，即利用各部门既有机房设施构建一体化云。统一的云体系可向各单位提供软硬件基础设施服务，并能进行安全保障、数据灾备和运维管理。

　　一体化云通过整合硬件资源，将分散在外的不同部门信息部署到统一的云平台上，将各个部门的数据库设施逐步整合至云中心的资源池，其核心思想是"物理分散，逻辑统一"。云平台的最底层包括机房、服务器、一体机、存储设备、网络设备和安全设备。云平台集中管理并为各部门提供网络、计算、存储、安全保障、运行维护等基础服务，能够为大数据中心和 AI 算力平台提供软硬件支持，为各部门提供高质量的云服务。

　　2. 大数据中心和 AI 算力平台

　　大数据中心和 AI 算力平台承担着共享数据管理和治理的功能，能为各部门提供统一的数据服务和 AI 算力服务。

　　数据价值无法发挥的一个重要原因是数据资源分散在各个部门，导致数据标准不统一，部分原始数据难以直接使用。此外，当数据间没有进行关联和交叉比对时，数据的价值便无法充分挖掘。如上文所述，智慧政务阶段的数据相较于传统政务数据其来源更加广泛，因此需要有相应的获取渠道和数据筛选手段。统一的大数据中心可通过集合所有可利用的政府数据和社会数据，汇聚全部的数据资源，满足各部门的共性数据需求。具体地，大数据中心的功能主要有数据汇聚、数据交换、数据治理和数据运维，即通过各种大数据处理技术提升数据的准确性和有效性，为各部门提供规范且高质量的数据。通过大数据中心建设，能够让线上线下的政府政务数据可共享，实现从"群众跑腿"到"让数据多跑路"的转变。

　　由于算力和算法对性能与技术投入都有很高的要求，单一部门获得的软硬件支撑相对较弱，同时碎片化建设易导致资源浪费，所以需要建设统一的算力平台，通过集中新技术，为各部门提供高质量、高支撑能力的共性技术服务。统一的 AI 算力平台集成了各种智能算法框架，由基础组件、共性应用、模型算法、人工智能等模块构成，可为上层服务建设统一的计算资源池，以便于向部门业务提供智能、高效、安全的计算服务。

　　3. 业务中台

　　业务中台包括区块链基础平台和数据业务中台。

　　区块链基础平台通过搭建和管理高可用、可拓展、可控制、开放服务的区块链服务体系，推动相关部门作为节点上链，并通过 API 接口为上层应用提供区块链基础服务。构建在统一云平台和大数据中心基础上的区块链基础平台，能够在不改变原有系统架构的情况下，通过共识机制确保数据不被篡改，借助时序区块结构保证数据全程可溯，从而建立数据共享的互信关系以及数据安全共享流程，为跨级别、跨部门的数据互联互通提供可信环境。

　　数据业务中台构建在区块链基础平台之上，各部门负责本领域的数据业务中台建设，将数据业务中台打造成领域性的基础设施，使业务中台起到集合领域基础数据、融合共性技术的作用。业务中台面向的主要领域包括安全生产、民生服务、政务服务、经济发展和城市治理。每一个领域都有自身的数据和业务，通过充分利用中台提供的数据和技术资源，开展业务场景建设，维护系统运行，支撑业务开展。

4. 服务前台

服务前台旨在围绕"一件事"线上线下"一次办",推动跨地区办理,推行 7×24 小时不打烊"随时办"服务,实现 5A 政务服务模式(Anyone、Anytime、Anywhere、Anyway、Anything,代表着全体服务对象可以在任何时间、任何地点、选择合适的方式获取各项政务服务),让服务对象随时随地便捷地获取各项政务服务,实现"让信息多跑路、让百姓少跑腿",方便群众办事。

根据政务大数据的主要服务对象,政务大数据总体架构应以"优政、惠民、兴业"为三大宗旨,通过服务前台为政务大数据主要面向的对象提供服务。"优政"宗旨体现在城市治理方面,包括城市管理、运行监测、部门管理、环境治理等模块;"惠民"宗旨体现在利企惠民方面,包括行政服务、社会服务、便民服务等模块;"兴业"宗旨体现在产业发展方面,包括区域经济、金融科技、人才服务等模块。服务前台还包括整个城市大数据的呈现与交互端,这里面既包括大屏展示类的展现端,也包括 Web 门户和 App 门户的交互操作端,还包括了互联网设备设施、人工智能终端设备的反向控制端。

5. 两纵结构

统筹规范和安全保障体系是政务大数据总体架构建设得以平稳、持久运行的保障。

在统筹规范方面,政务大数据需要指定包括规划统筹、项目统筹、技术统筹和数据统筹在内的管理架构。统筹规范是有组织有规范地使用政务信息的保障,伴随着政务大数据横向结构自下而上的构建过程,体现了数据的合理规范使用,应当明确政务大数据建设的总体标准、技术标准、数据标准、业务应用标准、管理标准、服务标准等内容,重点推进数据标准体系建设,对数据汇聚、数据平台、数据安全、数据应用等,优先制定相应技术标准,指导业务有序开展。

在安全保障方面,电子政务信息关乎到政府部门的机密,关乎到政府部门在社会上的形象。电子政务在实施过程中高度关注公众权益保护、国家安全信息,也关乎社会稳定、个人隐私的信息,使得政务与电子的结合能够在更加安全和便利的环境下进行。政府应当根据国家相关的要求和制度,构建安全管理体系、防护体系、编撰规范和规章制度体系,使得政务数据在生命周期的各个阶段得到有力安全保障。

10.2.3　政务大数据安全

1. 政务大数据安全问题

政务大数据涉及政府和民众的隐私信息,在赋能智慧政务的同时也伴生了诸多安全问题。在大数据时代,政务大数据面临的信息安全问题主要有:自然灾害问题、软件和硬件问题、组织管理问题和法律法规问题。

大数据的基础硬件设施包括数据传输、存储的相关设备等,这些设备的安全直接关系到电子政务信息的安全。首先,我国因自然灾害带来的数据损失比例较大,其主要原因是自然灾害带来的停电事故,如 2018 年台风"山竹"过境期间,受灾地区的电子政务信息就受到了一定的安全威胁。其次,系统软硬件上的安全漏洞也不可忽视,特别是我国电子政务使用的芯片、路由器以及操作系统等核心设备和技术对国外技术依赖性较强，一旦出现系统安全漏洞，存储在云端的数据将受到网络攻击的威胁。再次，在数据的组织管理方面，执行过程中很有可能由于机构复杂、管理权责不分明等问题对数据维护产生威胁，人为造成信息系统的损失。最后是法律法规问题，当前我国电子政务相关的法律法规尚不完善，对数据安全威胁行为的约束能力不足，是政务大数据潜在的安全威胁。

2. 建立政务信息安全保障

从政务数据安全的生命周期角度来看，数据的采集、存储、共享等各个阶段均伴随着不同程度的风险，每一个阶段都需要使用相应的安全措施。

在数据采集阶段，需要对结构化数据和非结构化数据进行识别，并根据敏感数据识别引擎和策略自动识别敏感数据。政务大数据的安全等级一般分为四个层次：敏感数据、可共享数据、禁止共享数据和公共数据。根据分层结果对数据资产进行标记，并对其进行动态更新。如果存在多类型高度互联的数据或多种类型的数据采集，按照"高层次"的原则，保持与采集中最高层次数据一致的安全级别，部署并实施一致的数据安全保护技术措施和安全管理机制。

在数据存储阶段，需要对重要敏感数据进行加密存储，避免数据中心的软硬件安全问题，防止系统受到入侵以及基础设施受到破坏。同时，需要对敏感数据进行标签标注，分析敏感数据分布，识别展现数据驻留风险，做好对数据的加密工作。最后，还需要明确各级部门对数据访问管理的权限，完善政务数据存储备份恢复能力。

在数据共享阶段，需要在满足各委、办、局的数据使用需求的同时，防止共享数据的外泄，因此应当对这些数据进行模糊化处理。而对于运营商查询、导出、修改数据的需求，如果运营数据中包含了运营商不应触碰的核心数据或内部数据，则需要采用数据动态脱敏系统对这些数据进行动态脱敏，有效防止人为泄露数据。

面对新的安全形势，数据安全防护需要在顶层规划设计环节就全面把握好安全体系的平衡，在强调重点的同时要做到内外兼修。政府部门要以全面管控为目标，贯彻构建安全标准体系、防护体系和管理体系，确保网络安全和信息安全。

10.3 政务大数据与区块链

10.3.1 区块链概述

1. 区块链的概念

区块链是以比特币为代表的数字加密货币系统的核心支撑技术，被认为是继大型机、个人计算机、互联网、移动社交网络之后的第五种计算范式。随着近年来比特币的快速发展和普及，区块链技术的研究和应用也呈现出爆炸式的增长趋势。区块链包含社会学、经济学和计算机科学的一般理论和规律，包含分布式存储、点对点网络、密码学、智能合约、拜占庭容错和共识算法等一系列复杂技术。

区块链技术的快速发展引起了政府部门、金融机构、科技企业和资本市场的广泛关注。

狭义上，区块链是一种按照时间顺序将数据区块以顺序相连的方式组合成的一种链式数据结构，并以密码学方式保证的不可篡改和不可伪造的分布式账本。广义上，区块链技术是利用块链式数据结构来验证与存储数据、利用分布式节点共识算法来生成和更新数据、利用密码学的方式保证数据传输和访问的安全、利用由自动化脚本代码组成的智能合约来编程和操作数据的一种全新的分布式基础架构与计算方式。

当前区块链技术在数字金融、物联网、智能制造、供应链管理、数字资产交易等多个领域的应用不断发展，促进了经济社会的创新发展。需要注意的是，区块链产业目前仍然处于初期发展阶段。区块链技术在系统稳定性、应用安全性、业务模式等方面尚未完全成熟，这对上链数据的隐私保护、存储能力等提出了要求，也给法律和监管提出了新问题。

2. 区块链的特点

区块链具有去中心化、时序数据、集体维护、可编程、安全可靠等特点。

（1）去中心化

区块链数据的存储、传输、验证等过程均基于分布式的系统结构，整个网络不依赖一个中心化的硬件或管理机构。区块链的每个节点都有一个账本的副本，全部节点的账本同步更新。公有链中所有参与节点的权利和义务都是均等的，系统中的数据块由整个系统中具有维护功能的节点来共同维护。

（2）时序数据

区块链采用了带有时间戳的链式区块结构存储数据，从而为数据添加了时间维度，具有极强的可追溯性和可验证性，同时又通过密码学算法和共识机制保证了区块链的不可改性，进一步提高了区块链的数据稳定性和可靠性。

（3）集体维护

区块链系统的数据库采用分布式存储，任一参与节点都可以拥有一份完整的数据库备份，整个数据库由所有具有记账功能的节点来共同维护。一旦信息经过验证并添加至区块链，就会被永久地存储起来，且参与系统的节点越多，数据库的安全性就越高。

（4）可编程

区块链技术可提供灵活的脚本代码系统，支持用户创建高级的智能合约、货币或其他去中心化应用。

（5）安全可靠

区块链技术采用非对称密码学原理对数据进行加密，同时借助分布式系统各节点的工作量证明等共识算法形成了强大算力来抵御外部攻击、保证区块链数据不可篡改和不可伪造，因而具有较高的安全性。

10.3.2　推动政务数据"上链"

1. "区块链+政务服务"发展

区块链技术的去中心化、无需信任系统和防止篡改等特点，为解决政府数据中存在的开放共享难度大、整合难、数据安全管控存在风险等问题提供了解决路径。2019 年 10 月

24 日，中共中央政治局就区块链技术发展现状和趋势进行第十八次集体学习。习近平总书记指出，要探索利用区块链数据共享模式，实现政务数据跨部门、跨区域共同维护和利用，促进业务协同办理，深化"最多跑一次"改革，为人民群众带来更好的政务服务体验[①]。这意味着曾经因比特币走进大众视野的区块链技术，开始以其特有的技术优势为"互联网+政务服务"的进一步发展提供新的解决方案。2020 年 7 月，阿里巴巴与江西合作打造的全国首个省级"区块链+政务服务"基础平台——"赣服通"3.0 小程序在支付宝上线。"赣服通"3.0 以为民服务解难题为宗旨，以诚信安全为前提、可追溯为手段、简化便捷、公平公正公开为目标，涵盖数字身份、电子票据、电子存证、行政审批、产权登记、工商注册、涉公监管、便民服务八大场景。

2. 区块链在政务大数据中的作用

在图 10.5 所示的政务大数据总体架构图中，区块链基础平台属于业务中台的一部分，它在政务大数据应用过程中的作用主要体现在以下三个方面。

（1）打通政务"数据孤岛"

在"互联网+政务服务"建设过程中，我国政务信息化发展良好，但政务数据的互联互通仍未完全实现，同时政务数据资源碎片化、政务协同缺乏信任基础等问题突出，因此亟须将区块链技术引入解决政务"数据孤岛"难题。利用区块链技术，可为链上的参与各方建立数据交易的信任基础，实现政务数据共享过程中的数据确权、安全加密、多方安全等，维护跨部门、跨地区、跨层级合作，优化政务服务，提升政府政务效率。

（2）追溯数据流通过程

区块链可建立非人为控制的信任系统，利用分布式节点共识算法来生成和更新数据，在区块链与政务的深度融合过程中，打破数据归属权、管理权和使用权难界定的问题，实现各地区、各部门之间以信任和共识为基础的数据流通。并且，通过区块链具有的不可篡改、可溯源等特性，可以实现链上政务数据生成、存储、使用和更新的全程留痕，保障数据安全性。

（3）实现政务数据全生命周期管理

利用区块链技术可以实现对政务数据的全流程存证，尤其在监管方面，以数据驱动为核心，通过区块链构建全域监管系统，能够制定更合理化的风险预警机制，增加数据管控能力。例如，构建基于区块链网络的电子票据系统，可将税务机关、开票企业、纳税人和报销企业纳入区块链网络，实现科技驱动监管，降低票据监管成本并提升数据共享效率。

10.3.3　基于区块链的政务大数据共享和交换

接下来的内容重点介绍基于区块链的政务大数据共享和交换过程，即区块链政务信息资源共享与交换模型。在该模型中，主要角色有数据的生产者和数据的消费者，具体包括财政、税务、民政、卫生、教育、公安等各政府部门的业务中心，以及事业单位、企业、社会公众和非营利性组织等。在逻辑上，数据的生产者和消费者组成了由多类型链构成的区

① 习近平主持中央政治局第十八次集体学习并讲话.（2019-10-25）[2021-07-10]. http://www.gov.cn/xinwen/2019-10/25/content_5444957.htm.

块链网络，其中的每个链由不同的节点组成，这些节点维护着各类实体信息，且不同链的数据相互隔离。

如图 10.6 所示，区块链政务信息资源共享与交换模型的逻辑架构主要划分为网络层、区块链基础设施层和业务应用层。在三层架构的基础上，形成了五个服务支撑体系，即 P2P 网络服务体系、共享区块链命名服务体系、共享区块链目录服务体系、共享智能交换服务体系、认证及信任服务体系。

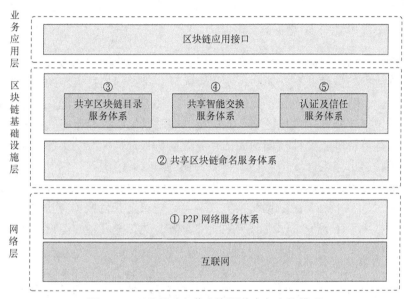

图 10.6　区块链政务信息资源共享与交换模型

1. P2P 网络服务体系

在区块链政务信息资源共享交换模型的三层架构中，网络层的核心任务是使得区块链上的各个参与方能够通过网络进行点对点的网络服务，确保各节点的有效通信。网络层采用基于分布式哈希表的 P2P 组网技术，通过索取其他节点的地址信息和广播自己的地址信息，实现各政务参与节点与区块链网络之间的连接通信。P2P 网络中的节点是地理位置分散、关系平等、功能不同的通信实体。此外，网络层通过转发业务信息和同步区块信息，所有业务节点都不断和邻居节点交换信息，保证整个网络中各节点共同维护、监督和对等地管理信息。

2. 共享区块链命名服务体系

目前，区块链上各参与方的账户、智能合约等基本信息体现为一个"地址"。该地址是用户参与区块链业务时的标识。"地址"生成通常采用加密算法，其中生成的公钥将用作业务交易的输入地址或输出地址，而私钥则用于对交易的签名，由用户保存。由于"地址"通常为固定长度的十六进制的数据标识，存在难以辨识类型和对应的数据实例，难以记忆、书写、复用等问题。区块链命名服务体系（Blockchain Name System，BNS）可以对业务层和用户、智能合约之间的对应关系命名化，让业务层不再关心相关的合约地址，也让参与方在操作的过程中更加高效。

3. 共享区块链目录服务体系

在政务信息资源共享与交换中，需要对所有参与区块链服务的资源目录进行统一的管理，明确信息资源的范围和关系，实现资源统一注册，并提供对信息资源的组织、存储以及资源定位、订阅、查询等服务。在区块链政务信息资源共享交换模型中，该功能通过区块链目录服务体系实现，其功能包括注册管理、资源管理、授权管理、定位服务、订阅服务和查询服务等。

4. 共享智能交换服务体系

在区块链政务信息资源共享与交换模型中，不同机构或部门间需要建立一个互联互通的网络以实现数据信息的共享交换。为实现跨地区、跨部门信息资源的共享交换，需要实现信息资源描述、分类、交换等方面的标准化，这就需要依赖于智能交换服务体系。智能交换服务体系包括互操作一致性证明共识机制、即时通信协议、服务交换网关和安全传输协议，其中可计算标准一致性模型和验证政务数据是否符合标准约束的互操作一致性证明共识机制使区块链节点就区块信息达成全网一致；即时通信协议提供灵活的互操作性、点对点的保密通信以及跨链通信功能以用于各业务部门之间的临时性交互；服务交换网关提供了一种链下（Off-Chain）的数据交换方式，允许请求者获得数据交换的权利；安全传输协议则在区块链体系中为各机构或部门之间的通信提供安全可靠的传输方式。

5. 认证及信任服务体系

在政务信息资源共享与交换中涉及跨地区和跨系统的业务，可能涉及不同的数字证书认证机构和不同的证书颁发机构（Certificate Authority，CA）以及不同密码体系签发的数字证书。因此，需要实现多 CA 数字证书的互信、互认，使得应用不同 CA 数字证书进行数字签名的数据能够验签，使用不同密码体系签发的加密数据能够被正确解密。认证及信任服务体系的作用正是为政务信息共享与交换相关的实体、资源、应用等提供跨地区、跨部门、跨系统的统一信任服务，解决实体互信、凭证互信、系统互信等问题。

习 题

1. 我国政务信息化的发展经历了几个阶段？每个阶段的特点是什么？
2. 智慧政务有哪些服务领域？
3. 政务大数据有哪些数据来源？
4. 了解你所在地的"最多跑一次改革"有哪些便民的变化？
5. 政务大数据的体系架构有哪些组成部分？结构如何？
6. 当前政务大数据面临哪些安全问题？
7. 什么是区块链？它有哪些技术特点？
8. 区块链在政务大数据中发挥什么作用？
9. 除了政务领域，区块链还应用在哪些方面？

第 11 章　商业大数据

近年来，随着信息系统技术的快速发展和广泛应用，各行各业积累了大量与企业运营密切相关的业务数据，这些数据对于推动企业提升管理决策水平具有重要价值。与此同时，互联网的普及也为企业经营模式创新提供了新的渠道。对企业来说，如何有效利用大数据创新技术是其顺应经济发展趋势实现数字化转型必须考虑的重要问题。本章从商业智能、社交计算和推荐系统三个维度阐述商业大数据及其应用。

11.1　商业智能与大数据

11.1.1　传统商业智能

商业智能帮助企业管理数据并辅助决策，提高了企业运营效率。本节将从商业智能的背景与简介、应用领域和关键技术三个方面介绍传统商业智能。

1. 商业智能简介

商业智能（Business Intelligence，BI）这一术语由 Gartner Group 于 1989 年首次提出，它描述了一系列的概念和方法，通过应用基于事实的支持系统来辅助商业决策的制定，商业智能的出现是多种因素综合作用的必然结果。

首先，企业产生并积累了大量数据。越来越多的企业将信息化管理应用于生产经营的各个阶段，以简化业务流程，提高运行效率。在此过程中产生了包括销售、运营、财务、人员信息等在内的大量企业数据，但这些数据往往存在冗余和不一致的问题，企业难以对其进行直接管理和有效利用。因此，如何解决大量生产运营数据的管理以及充分利用数据的价值成为亟待解决的问题。

其次，"数据等于资产"的新企业观念开始形成。企业积累的数据蕴含了诸多有价值的信息，如从企业成功的决策过程产生的数据中可以发现有助于未来商业决策的知识。商业智能本质上就是将数据转化为知识，为企业决策提供科学依据。

最后，企业运营模式正在逐渐升级。信息技术和互联网的快速发展使得信息和数据在商业活动中发挥的作用越来越大。

总之，在现代化的业务操作过程中，通常会产生大量的数据，如何有效利用这些数据来快速准确地找出有价值的信息和知识，帮助企业在业务管理和发展上做出正确决策，是商业智能需要解决的问题。具体而言，商业智能可以提供帮助企业迅速收集、管理和分析数据的技术和方法，将数据转化为有价值的信息和知识，从而为企业管理与决策提供有效支持。

随着大容量存储技术、并行处理器技术、大规模数据挖掘和数据仓库等技术的快速发展，企业引入商业智能系统的成本更低，进而得到更高投资回报率。此外，互联网技术使得分销商、供应商、零售商和生产企业之间的数据访问和共享成为可能，越来越多的企业开始重视商业智能的研究与应用。

如图 11.1 所示，商业智能流程主要包括如下步骤：对数据源的数据进行提取和转换并存储在数据仓库中，当有具体业务需求时锁定目标数据并对其构造联机分析形成多维立方体，然后通过对多维立方体的数据挖掘得到对应的模式和规律，分析人员对模式和规律进行评价和检验后形成有用的知识和可视化图表。

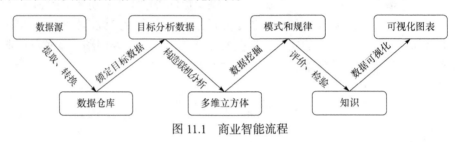

图 11.1　商业智能流程

2. 商业智能的应用领域

商业智能的应用领域非常广泛，本节将介绍商业智能的典型应用领域，包括金融风控、物流管理、广告营销、零售电商、交通出行以及客户服务。

（1）金融风控与商业智能

随着人们消费水平的逐渐提高，为了追求更高的生活质量，很多人可能会选择通过贷款来缓解经济压力。对于金融机构而言，贷款用户数变多有利于业务的发展，但是随之可能产生不良贷款率上升、贷贷风险增加的问题。在这种背景下，金融机构希望借助以商业智能技术为核心的信息处理系统，基于海量的业务数据，优化信贷流程，分析信贷过程的可行性，提升机构自身检测违约风险的能力。现在已经有越来越多的金融机构选择与科技公司加强合作，借助商业智能等技术增强风控能力，降低金融机构在业务中面临的各类欺诈风险。

（2）物流管理与商业智能

早期物流行业的业务运转主要依靠人工驱动，货物的包装、分拣、装车、运输、订单路线规划等各个方面都耗费了大量资源，业务单一且网络化水平较低，流通时间大多耗费在仓储环节，成本高且效率低。针对上述问题，物流企业可以利用订单信息和业务流程中产生的大量数据，结合商业智能技术对于数据的洞察力，系统地分析出业务数据中潜在的规律，从而在风险预测、风险控制、流程管理、服务拓展、路径规划等方面做出最佳决策，减少物流环节中的开支和时间损耗，最大化物流管理过程的效率，帮助企业获得更高的收益。

（3）广告营销与商业智能

在广告营销领域，传统的大范围广告投放往往成本较高且无法得到预期效果，获取潜在受众用户并进行精准广告投放才能将广告效益最大化。广告营销企业结合商业智能技术对客户提供的广告创意进行分析决策，利用业务流程中产生的反馈数据，洞察不同创意的受众特点，提高广告交易额。另外，企业需要从海量数据中挖掘、分析潜在购买受众的需求，了解更受买家欢迎的广告具备哪些特点，对不同的需求数据进行智能匹配与精准推送，以提升交易成功率。

（4）零售电商与商业智能

随着我国经济的快速发展和居民收入水平的不断提高，我国社会消费品零售总额与网络零售总额呈现整体上升趋势。淘宝、天猫、京东等互联网电商巨头依靠流量红利布局建设电商平台，经历了前期的快速发展阶段后，如今面临获客成本增加、同质化竞争加剧以及新型零售形式挤压等问题。电商平台通过引入基于大数据、云计算、人工智能等前沿技术的商业智能技术，一方面可以根据用户购买特征行为数据，提供个性化的精准商品推送，另一方面能够优化营销推广渠道，实现高效的商品曝光与客流获取，结合实时定价策略进行销售。不仅电商平台，线下零售企业受限于对客户需求缺乏洞察能力的传统弊端，现在也在积极推进店铺智能升级。例如，利用人脸识别技术、视频监控和物联网技术，以信息化的方式对店内的设施进行改造，可以识别门店客流、记录会员消费兴趣和客户购物轨迹等信息，并利用大数据技术打通线上线下一体的零售网络，结合商业智能技术推动智能便捷的新零售生态的构建。

（5）交通出行与商业智能

近年来，公众出行需求的逐步提升带来了地面交通拥堵、机场车站人流密集、公共交通场站安全等诸多问题。大数据、云计算、人工智能等技术的崛起，为解决这些问题提供了有效的方案。从应用场景来看，现阶段的商业智能在交通领域的应用集中于智慧出行、交通信号灯管理、高精地图导航、机位调度、自动驾驶、公共交通系统优化、停车位动态规划管理等方面，未来将形成用户、车辆、实体道路与虚拟网络统一融合的全平台智慧出行系统。

（6）客户服务与商业智能

商业活动是客户与企业之间的交流过程。客户服务是维持企业与客户之间连接关系的重要方式，对企业商品销售、市场拓展和品牌影响力等方面都具有深远影响。传统客户服务存在人员培训成本高、质量效果把控难度大和售前转化率较低等共性问题，一定程度上限制了企业的经营效率。商业智能利用企业积累的大量客服对话数据以及对应行业的基础知识搭建专业知识库，进一步学习得到智能客服系统开放式问答及交互式对话的技能，对客户提出的咨询问题快速输出匹配答案，优化客户的交流体验。此外，智能客服系统的后台管理系统可有效代替传统人工抽检，解决抽检覆盖率低和非实时被动响应等问题。

3. 商业智能关键技术

商业智能的实施落地需要满足三个条件：第一，需要确保企业有正确且足够的数据可供使用；第二，这些企业数据可以转化为具有潜在价值的信息和知识；第三，要将这些信息传递给企业决策人员，将商业智能落实到企业行为中。具体而言，商业智能的过程包含数据抽取、分析和发掘三个主要方面，对应于大数据中的数据仓库技术、联机分析处理技术和数据挖掘技术。

（1）数据仓库技术

企业日常业务流程中所涉及的各种数据通常称为操作数据，存放于业务数据库中。操作数据中包含业务相关信息，企业的一般业务流程中操作数据的收集、整理、存储以及增删查改等过程主要通过人工实现。但是并非所有操作数据都对决策人员了解业务和优化决策有帮助。与业务数据库存储的信息不同，数据仓库中存储的是经过清洗、转换和加工后的数据。因此，数据仓库技术是商业智能的基石，它不仅为商业智能提供了分析决策所需要的有价值的数据，而且能够对数据进行预处理，保留有价值的分析数据，大大提高了商业智能决策过程的效率，帮助企业快速、高效地进行商业决策。如图 11.2 所示，数据仓库架构主要分为三个部分：数据源、数据仓库以及数据分析工具。数据仓库处于数据处理的中间连接地位。

图 11.2　数据仓库架构

在大数据时代，企业内部产生或收集的海量数据带来了新的机遇与挑战。一方面，这些数据对于企业判断形势环境、进行分析决策起到更加重要的作用；另一方面，传统的技术难以对海量数据进行高效的处理和有效的分析。数据仓库独特的优势有助于充分地利用这些海量数据促进企业的正确决策。

（2）联机分析处理技术

在分析业务数据时，从不同角度考察业务情况是一种很自然的思维模式。例如，分析某业务的销售情况，通常要比较不同季度在同一地区的销售状况或者同一季度在不同地区的销售情况等。这种从不同角度分析问题的方式就是多维分析。针对上述场景，联机分析处理工具可以协助决策人员找出蕴藏在数据中的价值并分析关联或者因果关系，进而让企业管理者详细了解数据的所有相关问题，并及时给出解决方案。在大数据时代，海量数据蕴含的规律可以通过可视化技术来呈现。联机分析处理与大数据可视化技术的结合，可以使企业管理者在短时间内从各种不同角度去考察业务的经营情况，为得到科学高效的决策提供有力的支撑。图 11.3 展示了联机分析处理工具的分析查询流程。分析人员定义分析问题后，对数据进行预处理并存入数据仓库中，然后针对数据建立模型，最后进行联机分析处理得出分析结果生成报表。

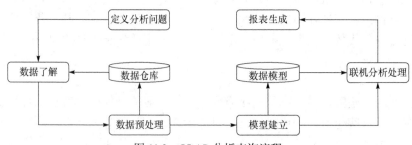

图 11.3　OLAP 分析查询流程

（3）数据挖掘技术

在决策人员熟悉业务场景的前提下，数据仓库技术和联机分析处理技术可以帮助决策人员获得所需的业务信息。但是人工分析数据难免会有疏漏，相比于数据仓库和多维分析工具，数据挖掘能够自动发掘这些被忽略的信息。数据挖掘运用数理统计学中的统计分析方法，从大量的数据中寻找潜在关联关系。这些关系一般能够显示数据之间的相似或者相反的变化。分析者往往能够从这些关系中得到有价值的信息。

商业智能帮助企业进行正确决策，不仅仅是为决策人员提供容易分析的规律，最能体现"智能"的方面在于排除决策人员个人能力高低及其主观性的干扰，结合数据挖掘等技术以科学的方法自动发掘数据中隐藏的规律或关系，为企业提供系统全面的分析素材。数据挖掘技术也印证了大数据时代的一种思维转变，即要相关关系而不要因果关系，即不局限于几种因素之间的因果，而是挖掘所有因素之间的相关联系，才能更有效地发掘数据中隐藏的关键信息与知识。图 11.4 展示了数据挖掘的基本流程，包括需求解读、搜集数据、数据预处理、评估模型以及解释模型。

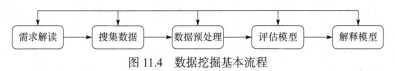

图 11.4 数据挖掘基本流程

11.1.2 大数据时代的商业智能

1. 大数据商业智能与传统商业智能的区别

传统商业智能基于数据仓库、数据挖掘等技术进行数据的抽取、展示与分析，从而为企业实现商业价值提供支撑。大数据时代的商业智能将大数据与人工智能、机器学习、智能语音交互、知识图谱、运筹学等相结合，围绕商业活动中各关键环节进行深入洞察分析，并通过完整的解决方案及应用推动产品创新与服务升级。

相比于传统商业智能，大数据时代的商业智能具备更加多样化的技术，并且能够处理分析海量多源异构数据。具体而言，得益于云计算、机器学习、人工智能等前沿技术的快速发展，大数据时代的商业智能解决方案能够针对更广泛的数据源进行处理，并提供更多元化的分析结论，进而为分析决策提供有效支持。

下面分别从服务特点与价值和服务模式两个方面对传统商业智能与大数据时代商业智能进行对比分析。

（1）服务特点与价值

传统商业智能针对企业内部各业务流程提供数字化管理服务，是企业数字化的基础，而大数据时代的商业智能能够基于企业和市场数据，利用大数据、人工智能等创新技术提供各种解决方案，并为企业提供科学的决策依据。前者的服务价值体现在解放部分人力统计工作、提升工作效率等方面；后者的服务价值则更多地体现在从外部市场、内部企业等多个方面提供智能、科学、有效的决策依据。

（2）服务方式

传统商业智能的服务方式是信息管理系统，用于企业内部的生产、运营、客户管理等；而大数据时代的商业智能的服务方式更加多样化，包括行业数据监测、咨询服务以及平台式的数据库和应用服务等。

2. 大数据技术赋能商业智能

在数字化、信息化推动社会快速发展的时代，各行业都积累了海量的数据资源。据 IDC

估算，全球数据总量到 2025 年将达到 163 ZB，相当于 2016 年所产生数据量的十倍[①]。IDC 的调查显示企业中 80%的数据是非结构化数据。由于非结构化数据的格式和标准不一，如何有效利用这些多源异构数据为企业经营决策提供支持有重要的意义。大数据相关技术可以通过数据采集、数据存储、数据分析和数据应用等环节对不同来源、不同类型的数据进行有效处理，结合机器学习等人工智能技术，可大幅提升企业对数据的处理效率与分析能力。

商业智能是通过数据整合、分析和可视化来实现商业价值的解决方案，而大数据技术的重点在于海量数据处理，是完整的数据处理流程和方法。在大数据处理技术的基础上，商业智能可以扩展数据来源、提升数据处理性能。同时，商业智能也可以将大数据中的有效信息进行整合、提炼和可视化。商业智能与大数据是相辅相成的，二者的融合会更利于对数据的充分利用，提升企业的决策水平。

传统商业智能在进行数据分析时所获得的数据都是来自企业内部数据库的结构化数据，并没有接入外部数据，而大数据商业智能的数据来源不仅包括企业内部数据也包括外部数据，这些数据包括音频、视频、图像等在内的多种非结构化数据以及半结构化数据。商业智能利用大数据技术对企业产生的大量非结构化数据进行整合和分析处理，从而帮助企业更全面地了解运营状况，做出更好的决策。

11.1.3　商业智能案例

本节内容将介绍商业智能的应用案例，分别从银行行业、零售行业、电信行业和医疗行业等方面进行分析介绍。

1. 商业智能与银行行业

对于银行来说，信贷风险评估是关乎企业发展的重要能力。在传统方法中，银行对客户的风险评估大多是基于过往的信贷数据和交易数据等，以客户的历史信用情况作为风险评估标准。这种方法最大的弊端在于没有考虑到行业整体发展状况和实时经营情况，缺少前瞻性。商业智能的应用能够有效提升信贷风险评估的真实性。

近年来，以中国工商银行为代表的银行开始应用大数据、商业智能、人工智能等技术，打造智慧化风险管理应用平台，全面提升企业的风险评估能力。具体而言，利用大数据技术强大的数据处理能力，实现业务数据的高效抽取、加工和处理，有效提升数据分析效率，缩短银行决策模型开发周期，加快模型迭代速度；加强人工智能和机器学习等技术应用，利用海量数据处理技术对高维数据进行高效计算，设计机器学习反欺诈模型，提高模型的风险识别能力，同时利用关联分析技术，挖掘客户之间的关联关系，为风险识别和战略决策提供科学依据。

2. 商业智能与零售行业

电子商务的发展、网上大宗货物交易和配送体系为商业零售企业提供了大量信息和商

[①] 前瞻产业研究院. 2025 年全球数据量将达 163ZB 大数据立法进程加速.（2020-03-23）[2021-12-04].
https://www.infoobs.com/article/20200323/38267.html.

业机会，同时也对传统的进货方式构成了很大的挑战。商业透明度加大且竞争更加激烈，市场也更加复杂。随着互联网的发展，很多企业开始建立起自己的信息系统。

英国有一家零售连锁商 Argos 采取了线上线下的融合模式。Argos 的线下门店很小，店里只摆放少量的商品样品。顾客可以通过店里的屏幕上网搜索，选择商品之后，可以在店里下单。每个门店有一个小型仓库，如果所选的商品在仓库里有，顾客可以当场提货，如果暂时缺货，顾客可以选择约定的时间在门店自提，或选择配送上门。Argos 这种线上线下融合的模式可以精准地控制门店、仓储带来的支出，也可以通过销售状况针对性地调整商品的生产和库存数量，提高企业效率。

国内也有一些企业开始尝试将信息化的概念融入实体店中，将零售店所有货架、商品、购物篮、收银设备等构建成一个通过传感器相互联系的物联网。每当顾客在货架上拿走一件商品时，商店后台的信息系统会同步记录商品信息，解决了传统的零售商品盘点问题。顾客在结算时，结算系统会根据购买商品生成这些商品的联系记录。当拥有大量的商品购买联系记录后，就能利用商业智能系统分析出很多商品之间的潜在关联，进而为关联商品的位置摆放提供优化建议，从而提升用户购物体验，增加商家收入。

3. 商业智能与电信行业

随着我国国民经济的快速发展，国内电信市场的竞争越来越激烈，电信企业单纯依靠用户数的增加维持业务高速增长的难度也越来越大，各企业之间的关系也从最初简单的互联互通开始全面深化到业务层面的相互对等开放，谋求从竞争企业的用户中开发话务量。

2018 年中国联通宣布"云化-智能化-互联网化"新一代经营分析系统正式上线，将极大程度地释放人员能效，发挥数据管理价值。该系统采用"人工智能+大数据+商业智能"为内核的一站式大数据平台，支持联通集团重点业务的数据分析与处理。在业务层面，管理者能够全程看到业务的动态表现，从而指导产品经理进行更好的渠道管理，高效实现员工绩效管理、库存量预警、成本管控、业务发展趋势分析、用户行为分析等业务功能。

4. 商业智能与医疗行业

医院信息化的快速发展积累了海量数据，如何整合医院中的各类信息资源并进行有效的开发利用，构建一个以患者为核心、覆盖广泛的实际应用、面向不同信息使用者的数据分析平台显得尤为迫切。因此，把商业智能技术引入医院信息统计领域，建立注重整合业务数据和辅助决策分析的商业智能系统，对于医疗行业的发展有着重要意义。

医院商业智能平台的构建基于独立的数据仓库。历史积累数据及医院外部相关数据在经过预处理和转换后，可分主题合并到一个企业级的数据仓库里。商业智能系统中的多维分析引擎则用来对数据仓库的数据进行高效地多维度分析，并将常用的维度指标定义抽象到报表层定制参数，便于用户自由组合各个维度并进行数据统计分析。例如，通过日期、费别、地区等各种维度的组合查询，来查看不同科室门诊几年来的排队情况和门诊工作量变化趋势。通过这些变化趋势，可以实时分析病人从挂号到取药的时间数列，及时掌握影响病人诊疗效率的因素，继而提高医疗服务质量和病人满意度。

11.2　社交计算与大数据

11.2.1　传统社交网络

以下内容将从社交网络的基本概念与理论基础、发展过程以及商业价值三个主要方面介绍传统社交网络。

1. 社交网络概念与理论基础

社交网络即社交网络服务，源自 SNS（Social Network Service），是指以"互动交友"为基础，以实名或者非实名的方式在网络平台上构建的一种社会关系网络服务，属于目前社会化媒体中的一种主流形式。

社交网络有两个理论基础：六度分隔理论和"150 法则"。六度分隔理论由美国著名社会心理学家米尔格伦于 20 世纪 60 年代提出，简单理解其内容：任意两个人所间隔的人不会超过六个。六度分隔理论说明"弱链接"是社会存在的普遍现象，但是却发挥着非常强大的作用。该理论有助于分析社交网络中由"弱链接"引起的信息传播效果。"150 法则"的作者罗宾·邓巴将法则形象地描述为，150 就是在一次不期而遇的聚会上，你不会感到尴尬的人数最大值。150 成为一个我们可以保持有效社交关系的人数最大值。不管通过哪一种社交网络与多少人建立了"强链接"，那些"强链接"仍符合"150 法则"。

根据用户使用社交网络的目的，以及各网站的定位，艾瑞咨询将社交网络主要分为以下两类：一是综合类社交网络，社交参与者以建立、拓展、维系各类人际为目的而进行的个人展示、互动交流、休闲娱乐等活动的社交形式，目前以微博、脸书、推特等为典型代表；二是垂直类社交网络，社交参与者带有具体社交目的而参与的社交网络，包括婚恋交友类社交网络、商务交友类社交网络等。

2. 社交网络的发展过程

社交网络最初起源于网络社交，而电子邮件又是网络社交的开端。早期的电子邮件为远程信息传输问题提供了有效的解决方案。此后出现的电子公告板（Bulletin Board System，BBS）因具备信息发布和话题讨论的功能有效推动了网络社交的发展。之后的即时通信和博客则是前面两种社交工具的进阶版，比如微信、推特、QQ、新浪博客等都在各个方面丰富了社交网络的交流方式，拉近了人们之间的距离。

社交网络的发展过程可以划分为五个阶段：初期概念化阶段、结交陌生人阶段、娱乐化阶段、社交图阶段、云社交阶段。从社交网络的五个发展阶段来看，人们已经把线下烦琐的生活方式逐渐转化为线上简便的低成本的管理方式。近些年来，社交网络作为一种新生的交流方式得以大规模普及，也给越来越多的用户提供了一个将现实世界里的复杂关系融入虚拟环境进行沟通的平台。

根据 We Are Social 和 Hootsuite 合作发布的《2020 年 7 月全球数字洞察报告》分析，目前全球的社交媒体用户已经达到 39.6 亿，脸书是全球活跃用户最多的社交网站，月活跃用户人数超过 26 亿；微信和 QQ 作为腾讯的两款即时通信工具，月活跃用户数量分别为

12.03 亿和 6.94 亿，其中，微信已经成为人们工作和日常交流的主要平台，是中国领先的主流社交平台。

随着智能手机的飞速发展、5G 网络的普及应用以及数据网络基础电信设施的完善，越来越多的人成为基于移动互联网的社交平台上的活跃用户。

3. 社交网络的商业价值

下面介绍如何利用社交网络的优势，发掘出社交网络存在的商业价值，主要包括网络广告模式、电子商务模式和共享经济模式三个方面。

（1）网络广告模式

在线广告依托于互联网，没有时间或空间的限制。社交网络平台的广告有很多类型，其中最为基础的就是文字图片广告，它是网站最基本的盈利模式。在网络广告发展的早期阶段，运营商在网页上放置广告的技术门槛低，但广告的投放收益并不理想。随着社交网络的发展，出现了精准文字图片广告。因为社交网络平台的用户基础牢靠，针对的对象目标明确，使得各社交网络平台的运营人员能够准确定位市场和产品受众，从而能够保证精确的广告投放。另外，由于社交网络平台的大数据应用，社交平台能够通过用户的上网数据分析用户的兴趣并实施精准营销。

（2）电子商务模式

社交网络平台能充分利用其用户量大、传播速度快、范围广的特点开展电子商务相关活动。平台上的用户可以根据自己的喜好兴趣构建属于自己的个人社交人际圈，而且不直接涉及产品或服务的交易，进而，拥有相同爱好的用户通过社交网络平台可以快速地建立起人际关系网，并且能够长期保持不断地向外延伸及扩展。社交网络平台能够通过电子商务直接盈利，也可以为电子商务平台导入用户流量以获得分成。通过精准的用户产品定位及社交口碑等能够使社交网络平台与电子商务的结合更具优势。

（3）共享经济模式

共享经济也称为协作经济，涉及生活的各个领域。共享经济可以依托社交网络平台打开市场通道。具体而言，共享经济模式能够利用拥有大数据的社交网络平台，通过数据为人们提供更加专属舒适的服务，而且可以大大减少共享经济中存在的信任问题。共享经济模式正在成为社交网络平台转型的未来趋势之一。

11.2.2　大数据时代的社交网络

1. 大数据在社交网络中的应用

将大数据与社交网络相结合，有助于更好地了解行业和市场，进而有效提高个人及企业的决策能力。下面从市场营销、犯罪预警和舆情分析三个方面介绍大数据在社交网络中的应用。

（1）市场营销

社交网络不仅为用户创建了一个交流的平台，还为企业提供了一个绝佳的广告宣传和市场营销契机。例如，国内知名的社交网络平台新浪微博聚集了绝大多数企业的官方账号用于宣传和传播企业广告。新浪微博通过创建话题的方式允许用户对一个主题进行讨论。

热门主题讨论会得到更高的曝光率，微博热搜的概念应运而生。企业能够借助热搜这一概念让广告得到迅速传播，提升用户关注度。此外，微博可以根据用户的浏览记录，利用大数据文本分析技术和推荐模型生成该用户的画像，进而实现对用户的精准广告投放，让市场营销的效果最大化。

（2）犯罪预警

随着互联网的快速发展，很多犯罪行为也开始脱离传统模式，转向借助社交网络等媒介，而且犯罪实施过程往往具备较高的智能性和隐蔽性，给网络用户带来很大威胁。如何在大数据背景下进一步加强对网络犯罪的预警、侦查、防范和打击等具有重要意义。以网络传销犯罪为例，当前对于网络传销案件的侦查难点在于犯罪的组织者、参与者、服务器设备等往往分布在不同区域，而且互联网为其提供了极大的便利，相关部门的监察难度大。因此需要构建和完善全国犯罪侦查大数据共享平台，将有关信息、情报、案件等线索进行整合规范，实现统一管理和共享共用，并且利用大数据技术对海量信息进行筛选，让信息得到充分利用。另外，网络传销犯罪大多是利用各式各样的网络社交平台来发展下家，需要利用大数据技术对这些网络信息进行分析鉴别，从而迅速锁定侦查目标，确定侦查范围，在此基础上实现对一些犯罪行为的预测预警。

（3）舆情分析

在大数据时代，研究者利用海量网络数据建立舆情监控与引导机制，并在此基础上为决策者提供支持。大数据时代的舆情分析与传统的社会舆情分析相比，更加注重庞杂、多样的网络数据搜集、存储和处理，以便从低价值密度的海量多源异构数据中获取准确的舆情资讯。以大数据技术为基础的网络舆情分析系统，主要是以主流的社交网络平台的数据为基础，通过复杂网络分析方法对各种数据进行分析，自动跟踪话题的发展，为热点事件的危机定性、技术干预、跟踪反馈等工作提供实践依据。

2. 大数据分析相关技术

大数据分析方法属于数据挖掘、机器学习、信息检索以及自然语言处理等领域的内容。目前，主流的社交网络大数据分析方法包括网络分析方法、社群识别方法、文本分析方法、信息扩散模型和方法以及大数据信息融合方法等。下面介绍其中几个。

（1）网络分析方法

用户在社交网络中的行为和关系包含很多有价值的信息，可以对其进行集体智慧的抽取。一般情况下，社交网络的影响力可以通过中心性测度进行度量，但该方法在大规模网络中的计算复杂度较高。为了解决这一问题，研究人员试图从大规模图分析中寻求解决方案。Apache Giraph 采用迭代计算方法，对交互式的图进行处理。该方法适用于密集型的机器学习算法，并且对资源管理提供支持，使众多计算机能够在同一个 Hadoop 簇中进行计算和存储，其中相同的数据可以利用 MapReduce 或者 Spark 进行并行分析。

（2）文本分析方法

文本在社交网络所收集的非结构化内容中占有很大比重。文本分析方法采用信息抽取技术从文本中抽取实体及其关系，并利用向量空间模型对文献或者文本内容进行推断，最终得出有价值的知识。文本分析的一种较为常用的技术是潜在语义索引（Latent Semantic Indexing, LSI），该技术利用矩阵的奇异值分解方法将文本映射为低维空间的特征向量。基于无监督机器学习的文本分析方法无须对数据进行标注，可以应用于大多数文本数据中，具有较强的普适性。

（3）大数据信息融合方法

不同来源的大数据融合后可以为用户提供更好的服务。语义异构在基于本体的信息融合中是非常重要的问题。不同形式的融合会对研究领域产生不同影响。相比于其他语义网络，社交网络中的语义异构包括语言差异问题和不同概念结构之间的匹配问题。为了消除传统网络整合中的数据异构问题，已有方案通常使用基于资源描述框架（Resource Description Framework，RDF）的链接开放数据作为统一模型在不同资源层级中传输数据，从而实现构建链接数据的目的。

11.2.3　社交计算案例

本节将介绍社交计算的应用案例，包括网络空间治理、社会风险治理、零售行业和图书馆建设四个方面。

1. 社交大数据与网络空间治理

当今社会，社交媒体已经成为用户内容获取与危机风险传播的主要渠道。根据艾媒咨询发布的《2021 上半年中国移动社交行业研究报告》，2020 年中国移动社交用户规模依然已然达到 9.24 亿人，预计 2022 年中国移动社交用户整体突破 10 亿人。社交媒体的传播生态呈现出全民化、社交化的特点，在日常情境中产生的海量社交大数据为基于多维度、多群体、多因素的大规模数据分析提供了可能，进而为网络内容生态的风险治理提供了有效支持。

社交平台的数据包括文本、视频、图像等类型，这些数据的信息量庞大，可能包含网络谣言、黄暴虚假新闻等不良信息，严重危害了网络言论环境。传统基于关键词过滤、屏蔽等措施的治理效果有限。社交大数据为优化网络空间内容生态治理提供了重要的技术支撑。应用人工智能、自然语言处理、文本挖掘、图像分析、视频分析等技术，对社交平台不良信息进行监测、分类和追踪，可以更大程度地发挥社交大数据的治理价值。

2. 社交大数据与社会风险治理

相较于传统治理措施的局限性，大数据治理具有实时性、全面性等优势，而与社会调查或其他大数据来源相比，社交媒体在紧急状态下往往是用户最先接触的信息渠道，这使得社交大数据在风险状态下具有突出的实时性特点，可以助力风险治理。

社交大数据能提早发现社会问题或自然灾害，及时进行风险预警。利用社交媒体大数据进行风险监测、信息排查和预警，对目标主题的数据走向进行智能分析，从而揭示风险趋势。例如，美国西北大学的 Kathy Lee 团队对推特数据进行深度文本与时空分析，建立了实时疾病监测系统，可以用于对季节性流行病的早期预警。社交大数据能够对自下而上的海量数据进行收集、处理与精确分析，从而筛选出有价值的信息，为管理者从全局角度做出科学判断提供数据支持。

3. 社交大数据与零售行业

互联网时代，电商平台给传统零售行业带来了巨大的冲击，但随着阿里巴巴、京东、苏宁等电商平台的流量红利进入平稳期，以社交网络为基础的新零售模式开始崭露头角。

据艾媒咨询《2021 年中国批发市场直播电商产业调查及发展趋势报告》，中国社交电商行业交易规模逐年上升，2020 年社交电商交易规模达 20 673.6 亿元，预计 2021 年将达 23 785.7 亿元。此外，商务部、中央网信办和发展改革委三部门联合发布的《电子商务"十三五"发展规划》明确提出要"鼓励社交网络发挥内容、创意及用户关系优势，建立链接电子商务的运营模式"。行业资本的看好以及国家的鼓励政策让社交新零售的发展势如破竹，社交大数据赋能的新型社交新零售时代已经来临。

社交新零售不同于传统电商购物平台，它利用可以与用户进行分享和互动的社交平台构建以人脉和信任为核心的销售渠道，并且让每个人都能为商品进行推广。例如，小红书平台的达人通过对产品的实际使用体验进行分享，让每个人都可以获得产品使用的反馈；瑞幸咖啡通过用户购买咖啡后在社交网络上分享的裂变拉新方式，在不到一年的时间内成为国内仅次于星巴克的咖啡连锁品牌；拼多多通过拼团砍价的驱动模式，让每个用户在社交网络上分享购物链接，最终实现 5 亿规模用户的积累。社交新零售在社交网络和大数据的基础上，充分发挥人与人之间的关系作用，让零售行业焕发活力。

4. 社交大数据与图书馆建设

近年来，我国基本公共文化服务建设逐步完善，公共图书馆的发展受到很大的重视。根据我国《"十四五"公共文化服务体系建设规划》的要求，推动公共图书馆功能转型升级是一项重要任务。随着 5G、大数据、物联网等技术的高速发展，如何让每个人都能享受公共图书馆带来的服务是图书馆建设需要解决的问题。

学校图书馆是一种集中式服务，书籍的查询、借还等操作非常方便。不同于学校图书馆，公共图书馆的服务面向整个社会，需要考虑比学校图书馆服务更复杂的情况。在这种背景下，公共图书馆建设应该充分利用社交大数据技术，通过搭建图书社交平台，用户不仅可以在平台上进行查询、借还等操作，还可以分享书籍的阅读感受，从而优化用户的阅读体验。各图书馆之间通过数据共享，然后利用社交大数据技术分析用户的阅读喜好，再对图书馆藏书进行高效整合和灵活调度，从而最大限度上满足用户的阅读需求。

11.3　推荐系统与大数据

11.3.1　传统推荐系统

推荐系统的出现是为了解决互联网时代信息过载问题。下面将从推荐系统的产生背景和常见的推荐系统算法两个方面介绍传统推荐系统。

1. 推荐系统背景与简介

社交网络和电子商务的发展使得推荐系统的研究和应用变得越来越广泛。纵观推荐系统的研究发展过程，可将其分为如下三个阶段。

第一阶段是推荐系统形成的初期阶段。在这一时期属于探索阶段，产生了基于协同过滤和基于知识的推荐系统。Xerox Palo Alto 研究中心开发了实验系统 Tapestry。该系统基于当时相对新颖的利用其他用户显式反馈的思想，帮助用户过滤邮件，解决邮件过载问题。

　　第二阶段是推荐系统商业应用的出现。在这一时期推荐系统快速商业化，取得了非常显著的效果。MIT 的 Pattie Maes 研究组于 1995 年创立了 Agents 公司，明尼苏达州的 GroupLens 研究组于 1996 年创立了 NetPerceptions。这些工作主要解决在超越实验室数据规模的情况下运行推荐系统带来的技术挑战，其中最著名的是亚马逊电子商务推荐系统。亚马逊使用基于物品的协同过滤算法处理大规模评分数据，从而产生质量良好的推荐，有效提高了亚马逊的营业额。

　　第三阶段是研究大爆发、新型算法不断涌现阶段。2000 年至今，随着应用的深入和各个学科研究人员的参与，推荐系统得到快速发展。来自数据挖掘、人工智能、信息检索、安全与隐私等各个领域的研究，都为推荐系统提供了新的策略和方法。得益于海量数据的产生，算法研究方面也取得了很大进步。推荐系统领域的顶级会议 ACM 推荐系统大会于 2007 年第一次举行，提供了一个重要的国际论坛来分享推荐系统最新的研究成果，助力推荐系统的研究与发展。

　　图 11.5 展示了一般推荐系统的架构。用户可以通过 Web 端或者移动端访问系统，系统会对物品数据进行建模，如根据物品标签进行分类和聚类等。当用户产生一定的业务记录时，系统也会对用户的记录进行建模，生成用户的偏好模型，最终由不同的推荐算法得到个性化推荐结果。

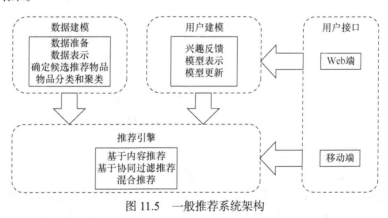

图 11.5　一般推荐系统架构

2. 常见的推荐系统算法

　　常见的推荐系统算法主要分为三类，分别为基于内容的推荐算法、基于用户的协同过滤推荐算法和基于物品的协同过滤推荐算法。

（1）基于内容的推荐算法

　　基于内容的推荐算法根据用户已经交互或者评分的物品进行推荐，属于物品与物品关联的方法。图 11.6 展示了该算法的推荐思路。首先通过显式反馈（如评分）或隐式反馈（如浏览、搜索、点击、购买等行为）获取用户交互过的物品，然后从这些物品的特征中学习用户的偏好，进而计算用户偏好与待预测物品内容特征的匹配度，最后根据匹配度对物品进行排序并进行推荐。

　　基于内容的推荐方法依赖于用户偏好和物品的特征信息，无需评分记录，因此不存在数据稀疏的问题。同时对于新物品只需要进行特征提取就可以实施推荐，解决了新物品的冷启动问题。

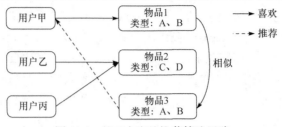

图 11.6　基于内容的推荐算法思路

（2）基于用户的协同过滤算法

图 11.7 展示了基于用户的协同过滤推荐算法思路。在一个推荐系统中，当一个用户甲需要个性化推荐时，可以先找到与其兴趣相似的邻居用户（例如用户丙），然后将邻居用户喜欢而用户甲没有见过的物品推荐给用户甲。该算法主要有两个步骤。步骤一是找到和目标用户兴趣相似的邻居用户集合；步骤二是找到邻居用户集合喜欢而目标用户没见过的物品进行推荐。第一步的关键在于计算用户之间的兴趣相似度。相似度的计算有很多种算法，例如常用的余弦相似度算法。得到用户之间的相似度后，该算法获得邻居用户丙基于邻居用户的交互记录实施推荐。

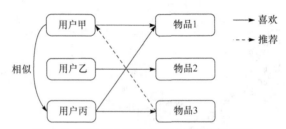

图 11.7　基于用户的协同过滤推荐算法思路

（3）基于物品的协同过滤算法

图 11.8 所示为基于物品的协同过滤推荐算法思路，这是目前业界应用最多的算法。该算法给用户推荐那些和他们喜欢的物品相似的物品。基于物品的协同过滤算法并不利用物品的内容属性计算物品之间的相似度，而是通过分析用户的行为记录计算物品之间的相似度。如图 11.8 所示，该算法认为物品 1 和物品 3 具有很大的相似度是因为喜欢物品 1 的用户大多也喜欢物品 3。基于物品的协同过滤算法主要分为两步：第一步是基于用户的交互记录计算物品之间的相似度；第二步是根据物品的相似度和用户的历史行为生成推荐列表。

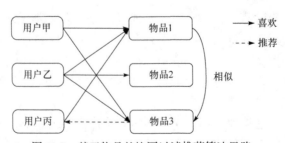

图 11.8　基于物品的协同过滤推荐算法思路

11.3.2　大数据时代的推荐系统

1. 大数据时代的推荐系统与传统推荐系统的异同

大数据时代的推荐系统是传统推荐系统的延伸。不同的是，大数据时代的数据产生的速度更快，数据高维稀疏，数据采集途径更多，隐式反馈数据、非结构化数据、半结构化数据的比例增加。丰富的数据为推荐系统提供了诸多机遇与挑战。

由于海量数据使推荐系统对数据处理能力的要求更高，同时丰富的物品使得用户对推荐系统的实时性和准确性要求更高，导致适合传统推荐系统的方法难以直接应用于大数据时代的推荐系统中，需要对算法进行改进。大数据时代的推荐系统具有如下几个方面的特性。

一是需要处理的数据量更大。多源数据融合会引入高维稀疏数据，并且数据存在冗余和噪声，因此大数据时代的推荐系统需要更高的数据处理分析能力。

二是采集数据以用户隐式反馈数据为主。相比传统推荐系统使用的用户评分数据等显式反馈数据，隐式反馈数据具有采集成本低和信息丰富的优势，可以减轻传统推荐系统显式反馈数据的稀疏性对推荐系统性能的影响，但从隐式反馈数据中准确提取用户的兴趣偏好的难度也更大。

三是对推荐结果的准确性和实时性要求更高。在大数据环境下，数据的产生速度更快，时效性更短。丰富的数据可以保证推荐的准确性，同时短时效的信息也要求推荐系统能够保证产生结果实时性，缓解用户时刻面临的信息过载问题。

如图 11.9 所示，大数据时代的推荐系统框架可以分为四层，分别是源数据采集层、数据预处理层、推荐生成层和效用评价层。具体而言，在数据预处理层对采集数据进行预处理，主要包括用户偏好获取、上下文用户偏好获取、社会化网络构建等处理过程，其结果作为推荐系统的输入。推荐生成层是推荐系统的核心层，其主要任务是生成实时性强、精准度高以及用户满意的推荐结果。目前主要的推荐技术包括基于矩阵分解的推荐系统、基于隐式反馈的推荐系统、基于社会化推荐系统和组推荐系统。在效用评价层，系统结合用

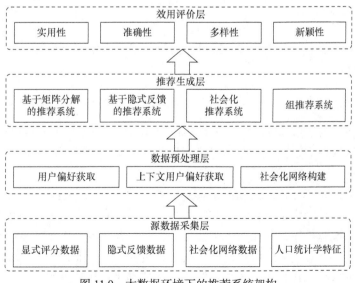

图 11.9　大数据环境下的推荐系统架构

户的反馈数据将推荐结果呈现给用户，利用准确性、实时性、新颖性、多样性等指标评估推荐效果，并根据需求对其进行扩展和改进。

2. 关键技术

大数据时代的推荐系统的关键技术主要包括分布式文件系统、分布式计算框架和并行化推荐算法。

（1）分布式文件系统

传统的推荐系统通过收集用户的浏览、购买和评分等历史操作记录来实现用户个性化推荐。但是大数据时代的推荐系统所收集的数据规模过大，当数据无法全部载入服务器内存时，会出现数据处理的性能瓶颈，导致产生推荐结果的效率低，甚至难以实施推荐。大数据推荐系统采用基于集群技术的分布式文件系统管理数据，建立一种高并发、可扩展性强并且能高效处理海量数据的大数据推荐系统架构，为海量数据集的分析处理及后续的推荐过程提供支撑。

（2）分布式计算框架

分布式计算框架能最大限度地发挥分布式数据的优势，例如，Hadoop 中的 MapReduce 就是一种分布式的计算框架，应用于大规模数据的并行处理。该计算框架的核心思想是"分而治之"，即将整个数据集的处理操作进行分解，分发给集群管理的各个子节点协同完成，然后整合各子节点的中间结果，完成数据集的高效处理和分析。

（3）并行化推荐算法

很多互联网企业拥有从 TB 级别到 PB 级别甚至更高级别的数据量。例如，腾讯 Peacock 主题模型分析系统需要进行高达十亿文档的主题模型训练。面对如此庞大的数据，若采用传统串行推荐算法，时间开销和计算性能都无法满足实际推荐场景的要求。因此，面向大数据的推荐系统从设计上要考虑推荐算法的分布式并行化技术，使其能够在海量的、分布式的、异构的数据环境下高效准确的实现。

11.3.3　推荐系统案例

本节内容将介绍推荐系统的实际案例，分别从推荐系统在新闻行业、社交平台和视频行业的应用进行说明。

1. 推荐系统与新闻行业

面对迅速产生的海量新闻，用户往往难以做出选择。个性化新闻推荐系统能够给用户推荐比较符合其兴趣的新闻，降低用户的信息获取成本，提升阅读效率，已经成为新闻检索领域的一项重要研究内容。

图 11.10 展示了基于内容的新闻推荐系统的架构。该系统主要包括创建用户关注度字典、个性化推荐、系统增量更新三个方面的内容。系统利用用户的相关信息为不同的用户提供不同的新闻推荐排序，从而实现个性化的新闻推荐。推荐系统的主要组成部分包括创建用户关注度字典、寻找相似用户、计算预测关注度、产生推荐。

首先，通过分析用户行为构建用户关注度字典来描述用户关注度。影响用户关注度的因素有用户是否阅读新闻内容、阅读新闻时间、是否收藏与分享以及是否阅读系统的推荐

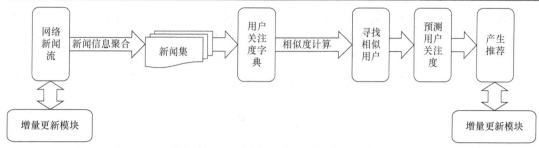

图 11.10　基于内容的新闻推荐系统架构

新闻等。推荐系统需要对每个因素设置合理的权重，综合考虑所有因素能反映出用户对该条新闻的兴趣或者关注程度，进而构建用户关注度字典。

其次，计算任意用户之间的相似度是主流新闻推荐算法的基础。采用相似性度量方法，基于用户关注度字典等数据计算用户相似度，得到用户相似度矩阵。推荐系统可以利用用户相似度矩阵寻找相似的用户从而实现推荐。

最后，基于用户相似度来计算每个用户与所有候选新闻的预测关注度，将候选新闻根据预测关注度进行排序并生成推荐结果。

2. 推荐系统与社交网络

作为全球排名第一的社交网站，截至 2021 年 9 月 30 日，脸书的平均每日活跃用户人数为 19.3 亿，月度活跃用户人数为 29.1 亿。用户总量高达 30 多亿，如何在大数据规模情况下仍然保持良好性能已经成为世界级的难题。为解决这一难题，脸书团队使用一个分布式迭代的图数据处理平台——Apache Giraph 作为推荐系统的基础平台。

在多个应用上的实验结果表明，脸书的系统比标准系统要快 10 倍左右，而且可以轻松处理超过 1 000 亿条交互行为数据。目前，Apache Giraph 已经用于脸书的多个应用中，包括页面或者组的推荐等。

3. 推荐系统与视频行业

美国奈飞（Netflix）公司作为一家在线影片租赁提供商，提供了海量的数字影片内容，而且能够让顾客快速方便地挑选影片，已经连续五次被评为顾客最满意的网站。奈飞公司发布的 2021 年第二季度财务报告显示，全球流播放服务付费用户总人数达 2.0918 亿。观众每次在网站上观看内容时，网站都会收集使用情况统计信息，例如观看历史记录、标题评级等，此外，网站还会收集观看内容的设备类型以及观看时间等数据。据估算，奈飞存储了约 105 TB 的视频数据，由于推荐系统需要融合上述记录数据，其数据集会更大。奈飞的推荐和个性化功能在业界以精准著称，并公布了推荐系统架构，如图 11.11 所示。

奈飞对其中的组件和处理过程进行了解释：①离线层，主要用于数据存储和模型训练，因为该层没有实时性要求，可以进行批量的离线计算为系统提供原始推荐内容，是系统架构中最基础的部分；②近线层，介于离线层和在线层之间，可以执行类似于在线计算的方法，但又不必以实时方式完成。该层使用在线数据和离线计算结果来产生模型并存储在数据库中，以便在线服务计算使用；③在线层，是整个系统中最为重要的部分，其在线计算产生的推荐结果决定了网站能否吸引用户。在线计算能更快地响应最近的事件和用户交互，具有很强的实时性，对系统计算能力和推荐算法的精度要求很高。总体而言，离线层耗时长却能进行大规模数据计算且能使用精度更高的推荐算法；在线层对用户的交互具有实时性，但是无法应用复杂的推荐算法；近线层综合考虑离线层和在线层的优缺点，减少系统整体的短板。三者的结合有效提升了奈飞推荐系统的效果，为用户提供更好的使用体验。

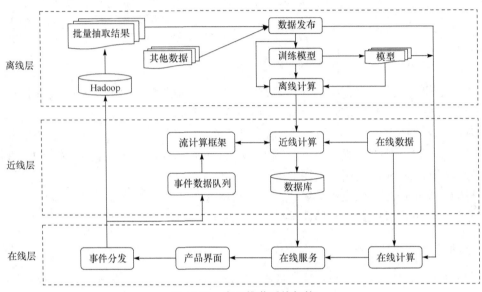

图 11.11　奈飞推荐系统架构

习　　题

1. 请分析传统商业智能产生的背景，并列举传统商业智能的主要技术。
2. 请说明大数据时代商业智能与传统商业智能之间的主要区别。
3. 结合实际案例说明你对社交网络的认识，并尝试分析社交网络的理论基础。
4. 简述你生活中的社交大数据的经历或例子。
5. 推荐系统产生的背景是什么？
6. 请简述传统推荐系统的典型算法。
7. 你认为大数据为推荐系统的发展带来了什么机遇与挑战？
8. 联系实际生活，谈谈你生活中与推荐系统相关的案例或服务。

第 12 章　多媒体大数据

近年来，随着互联网、移动互联网和物联网等技术的快速发展，世界已经进入多媒体大数据时代。根据 YouTube 官方博客 2017 年 2 月发布的数据，YouTube 用户每天观看超过 10 亿小时的视频。据 Internetlivestats 2021 年 4 月的统计，Instagram（Facebook 旗下的一款社交应用）用户平均每秒上传超过 1 000 张照片。海量的多媒体数据加上高效的大数据处理能力，使得互联网巨头公司得以快速发展。本章将从文本、图像、音频和视频四个方面介绍多媒体大数据。

12.1　文本大数据

12.1.1　文本大数据简介

文本是互联网中最常见的数据类型，其应用非常广泛。本节将从文本大数据的概念、文本大数据处理方式和文本大数据分析三个方面进行介绍。

1. 文本大数据的概念

在计算机技术和信息技术高速发展的时代，信息数据的产生和传播速度呈指数级增长。互联网每秒都会产生大量的网络信息数据，包括新闻文档、研究论文、书籍、数字图书馆、电子邮件等，文本数据逐渐呈现出典型的大数据特征。在互联网时代，信息过载问题更加突出，人们对于挖掘和利用文本数据的需求也更加强烈，这些因素推动了文本大数据的产生。文本大数据是网络大数据的重要组成部分，文本大数据研究的目标是从海量的文本数据中挖掘有价值的信息。

2. 文本大数据的处理方式

人类通过识别物体的特征来认识不同物体，计算机也是如此。让计算机拥有理解数据的能力，需要找出能反映数据本质的特征。将文本大数据映射到数据对应的特征空间，需要确定文本大数据的表示方式。一个有效的文本特征表示方式是保证文本可理解、可计算的基础。在确定了特征表示方式的基础上，从文本大数据中学习能够精确表达文本语义的特征是实现内容理解的关键。

在实际应用中，文本大数据往往具有多源异构性。实现海量文本的分析处理需要首先将非结构化的文本数据转化为结构化数据，然后利用文本特征表示技术将文本信息映射到计算机可理解的特征空间，进而为计算机理解文本语义提供数据基础。目前，文本特征学习方法主要分为监督学习和非监督学习两种。监督学习利用训练数据构建适合数据特征的模型；非监督学习主要通过降维将数据约简至低维特征空间，以发现数据的内在规律。基于无监督的特征学习可以自动地学习数据特征，从而有效地避免烦琐的人工特征工程，是文本大数据的一个重要研究方向。深度学习作为特征学习的主要手段，不仅可以利用海量训练数据实现分类、回归等传统机器学习的目标，还可以在模型的训练过程中产生层次化的抽象特征用以改进已有算法的效果。

3. 文本大数据分析

文本大数据分析是指结合大数据技术与传统文本分析技术，实现对海量非结构化的文本字符串中包含的词、语法、语义等信息进行表示、理解和抽取，进而挖掘和分析出其中存在的重要规律和潜在价值。文本大数据分析是对传统自然语言处理工作的深化和延伸，其关键步骤有分词、词性标注、命名实体识别、命名实体关系抽取、句法分析、语义角色标注、文本分类与聚类、情感分析等。

图 12.1 所示为文本大数据分析引擎系统架构。对于一个文本分析系统而言，首先需要有一定的文本数据积累，即从数据源采集文本数据并进行处理，生成结构化文档，然后对其进行倒排索引以方便检索任务。当用户查询时，系统会根据查询词在文本库中进行检索与匹配，然后将得到的结果进行采样与摘要、多维建模、交互分析等分析操作，最终将结果返回给用户。

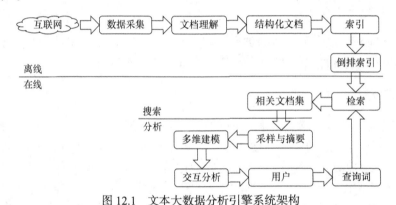

图 12.1　文本大数据分析引擎系统架构

12.1.2　文本大数据代表性技术

1. 大数据时代文本分析的机遇和挑战

传统的文本分析技术研究侧重于提高单项分析技术的精度和质量，而在文本大数据时代，文本数据的体量大、更新快、复杂度高、质量参差不齐等特点给文本分析提出了新挑战。

第一，网络文本数据更加复杂多样。随着移动互联网的逐渐普及，网络上的文本表达方式越来越多样。如何有效处理和分析各种类型的文本，尤其是语法不规则的各种短文本，如何有效识别各种新出现的网络词汇，以及如何准确识别和检测各种长尾实体和概念都是亟须解决的问题。此外，很多文本信息是交互式的数据，如何针对实际应用需求，挖掘和分析有价值的信息是迫切需要解决的问题。

第二，文本大数据的质量和可信性不高。文本大数据尤其是互联网文本大数据中掺杂着很多低质量甚至虚假的信息，数据缺乏权威来源。因此，如何从庞杂的文本中筛选出可靠信息，并对文本信息的质量进行准确评估，进而挖掘和分析出可靠可信的知识来支撑上层应用和决策，是一个非常具有挑战性的问题。

第三，如何高效融合非文本数据。文本数据包含大量高价值信息，但在文本数据的基础上，融合和利用其他类型的大数据，尤其是结构化数据，可进一步发挥出数据的价值。因为数据特征的差异，如何综合利用包括自然语言处理、机器学习、数据挖掘、信息检索、深度表示学习等多项大数据分析技术，对文本数据和其他类型大数据进行有效融合，是一个重要的研究方向。

第四，如何将研究成果落地到实际应用中。文本大数据的分析应用应该立足于解决实际问题，而传统的文本分析技术研究者往往主要研究某一特定技术，与实际需求有一定差距。在大数据时代，如何基于文本大数据分析技术开发出满足客户需要、解决实际问题、真正创造价值的应用是需要考虑的问题。

在大数据时代的文本分析中，挑战和机遇是并存的。首先，日渐成熟的大数据基础生态提供了针对海量文本数据存储、检索和计算的技术手段，能够助力文本分析应用的真实落地。其次，机器学习、人工智能和自然语言处理等领域的发展以及各种文本分析算法的提出，为文本分析带来了更多有效的解决方案，让计算机能够代替人工进行文本分析。最后，产业数字化推动整个产业将数据信息化，这为文本分析提供了海量数据。例如，医院的信息化改革将每个患者的就诊记录保存在电子病历上，文本分析技术能从海量的医疗记录文本数据中挖掘出药物的使用情况，包括适应症、剂量、用药方式和不良反应等，进而帮助医院合理采购药品。

2. 文本大数据代表性技术

本节将主要介绍两种文本大数据代表性技术，分别是自然语言处理技术和文本挖掘技术。

（1）自然语言处理技术

自然语言处理是计算机科学与人工智能交叉的一个领域，是研究人与人交互以及人与计算机交互中的语言问题的一门学科。自然语言处理的最终目标是使计算机能够像人类一样理解自然语言，是虚拟助手、语音识别、情绪分析、自动文本摘要、机器翻译等应用背后的驱动力。

图 12.2 所示为自然语言处理流程。通过对不同类型的数据进行相应的识别操作，将数据转换为文本数据，然后对其进行中文分词、词性标注、实体识别、词法分析等预处理，在此基础上进一步对数据进行信息抽取、句法分析和文本分类，再进行语义分析和篇章分析，最终获取文本数据的全面概况。

（2）文本挖掘技术

在大数据时代，使用传统方式对海量文本进行处理，不仅耗时耗力，而且人工编码等处理过程面临诸多挑战，而基于数据挖掘技术的文本挖掘方法，可以利用机器学习算法实现对大量文本的快速有效处理。文本挖掘涉及数据挖掘、机器学习、统计学、自然语言处理、可视化技术、数据库技术等多个学科领域的知识和技术，包括数据预处理、数据挖掘、统计分析、可视化等步骤。图 12.3 描述了文本挖掘技术流程。首先对文档集进行预处理生成文档中间形式，然后通过文本挖掘发现数据中的规律与模式，进而对模型进行评估和表示，最终获取潜在知识。

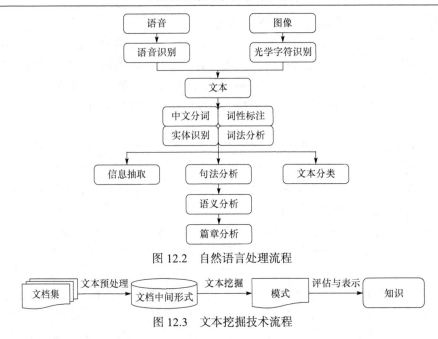

图 12.2　自然语言处理流程

图 12.3　文本挖掘技术流程

12.1.3　典型应用案例

文本大数据目前在生活中已经得到非常广泛的应用，本节内容将从情感分析、电影行业、旅游行业、欺诈检测和情报挖掘等方面介绍文本大数据技术。

1. 文本大数据与情感分析

情感分析是对带有情感色彩的主观性文本进行分析、处理、归纳和推理的过程，属于自然语言处理技术的二级领域。在文本分析领域，情感分析可以自动对基于文本大数据技术收集的数据进行分类，挖掘用户的情感与态度，进而为分析决策等任务提供支持。

新浪微博作为拥有 4.65 亿活跃用户的社交、资讯媒体平台，每天都有大量的新闻资讯在平台上发布，并产生海量的评论和转发数据。微博评论数据体现了用户对于新闻事件的态度，利用文本大数据技术可以对网络舆论进行情感分析，判断用户对这些公共事件的情感倾向，进而根据分析结果对事件进行应急处理以及舆论疏导，维护社会稳定。腾讯视频和优酷视频等视频平台也利用文本大数据技术对影视剧的影评文本进行情感分析，分析出用户对影视剧的观点和态度，进而调整平台的片源，为用户提供个性化服务等。

2. 文本大数据与电影行业

根据普华永道发布的《全球娱乐及媒体行业展望 2021—2025》报告，2019 年我国电影总票房达 642.66 亿元，预计到 2025 年影院总收入将达 101 亿美元。如此优异成绩的背后除了电影工作者的默默耕耘，也有产业数字化的功劳。"酒香也怕巷子深"，优秀电影的传播也离不开宣传。传统电影的宣传方式主要有海报、电视预告片、点映等，但是电影投资方、制作人和放映方无法获取并利用反馈数据来准确预测电影的票房和收入。随着互联网的快速发展，目前电影以网络预告片、网络点映、网络首播等多种宣传方式从覆盖面和深度两方面拓展了电影宣传方式和效果。同时，通过分析网络电影评论等相关网络文本数据，电影投资方、制作人和放映方可以实现对电影热度、电影认可度、电影受众、电影票房的精准预测。

例如，豆瓣电影是一个提供电影介绍、用户评论以及评分的网站。利用文本大数据技术对豆瓣影评数据进行分析挖掘，进而筛选出大众广泛认可的优秀电影，分析出大众普遍喜爱的电影特点和拍摄风格，也可以对用户个体的影评记录和评分历史进行分析，得出用户的个性化需求，进而为用户定制个性化的影片推荐策略。

3. 文本大数据与旅游行业

随着国民收入的不断提升和旅游资源的持续开发，中国旅游事业发展迅猛，各地游客数量逐年增加。另外，在"互联网+行业"的背景下，旅游业与互联网的结合为旅游事业的发展注入了新的活力。游客可以通过互联网对旅游全过程进行规划，比如通过互联网购买车票、预订酒店、查看攻略、制定路线等，利用文本大数据技术分析旅游攻略、游客评论等海量文本数据，对旅游行业具有重要的价值和意义。例如，通过选取携程旅游网和同城旅游网等关于特定旅游景点的游记文本数据，对旅游者个体特征、旅游动机、旅游消费偏好和旅游态度等进行分析和研究，并根据研究结果提出相应的改善建议，进而推进当地旅游产业的发展。文本大数据分析在古镇旅游、乡村旅游、自然景观旅游等方面的应用研究具有重要的促进和指导作用，将网络文本大数据分析应用于旅游行业的发展前景和经济效益十分突出。

4. 文本大数据与欺诈检测

当前，商业欺诈行为无处不在。在大数据时代，能够获取与大量欺诈行为相关的数据，利用大数据技术和机器学习算法对这些数据进行深入挖掘分析，可以有效检测欺诈行为。

欺诈行为数据存在的形式通常包括保险理赔记录、电子邮件、财务报告、客服电话等。例如，英菲尼迪保险公司（IPCC）是一家汽车保险公司，它为那些拥有高于平均水平事故风险的司机提供保险。考虑到保险公司的客户群是高风险用户，该公司特别重视欺诈行为。通过使用大数据文本分析技术在书面索赔报告中找到欺诈行为的证据，使得诈骗案件的识别成功率大大提高。

5. 文本大数据与情报挖掘

近年来，在信息化的推动下，公安信息系统中积累了海量的业务信息，除规范化程度很强的结构化数据之外，还有大量的案件叙述文本描述等非结构化数据，包括案件卷宗、审讯笔录、案情简要等。这些文本信息包含了重要的信息情报，深层次地分析和利用这些数据，对公安部门的工作有着重要意义。

现阶段，基于自然语言处理等文本大数据技术，技术人员可对多源、异构、海量的公安情报文本进行文本分析挖掘，高效抽取文本要素，如作案时间、作案地点、涉案人员等信息。将抽取的要素信息与其他公安情报数据进行融合，可以提升非结构化数据的应用效果，增强情报信息维度，从而提高公安部门内部系统信息整合、综合分析和预警的能力，不断提高智能化的情报工作水平，为公安部门业务开展提供有效的决策支持，增强公安部门的快速响应能力。

12.2　图像大数据

12.2.1　图像大数据简介

据 IDC 预测[①]，全球数据圈将从 2020 年的 47 ZB 增至 2025 年的 175 ZB，其中中国数据圈增速最为迅速，平均每年的增长速度比全球快 3%，预计到 2025 年将增至 48.6 ZB，占全球数据圈的 27.8%，中国将成为全球最大的数据圈，其中图像数据占比很大。根据脸书官网 2021 年 3 月发布的统计，脸书用户已经上传了超过 100 亿张图片，每天有 2~3TB 的照片被上传。在 Instagram 上，用户平均每秒上传超过 1 000 张照片（每天超过 8 600 万张），图像大数据已初具规模。图像可以表达的信息比文本等形式更加直观，但其存储、分析和计算的难度也更大。如何利用大数据、云计算、人工智能等技术来发掘海量图像数据的价值，是亟须研究的问题。目前，图像大数据技术主要面临两个挑战：维度爆炸和语义鸿沟。

（1）维度爆炸

机器学习和深度学习等技术处理的图片输入是像素矩阵。随着图片数量以及清晰度的增加，对应的像素矩阵维度越来越大，最终将导致维度爆炸。解决图片维度爆炸的方法有两种。第一种是直接从图像本身进行低维度特征的提取，比如卷积神经网络。深度卷积神经网络是一个端到端的特征提取器，网络的每个层在不同语义层次对输入图像进行语义特征提取，且高层的特征图像通常具有维度较低、语义层次较高的特点。第二种是提取约简维度的统计特征向量。常用的统计量包括 RGB 颜色直方图、边缘分布直方图等。

（2）语义鸿沟

目前大多数的搜索引擎采用文本关键字来检索图像，而文本与图像视觉特征存在语义鸿沟，因此检索性能受到影响。为解决语义鸿沟问题，通常采用预训练的深度卷积网络来提取图像的高层次语义，或者通过融合已有的具有高层语义的其他数据来提升图像语义信息提取的性能。

12.2.2　图像大数据代表性技术

本节将介绍图像大数据领域的代表性技术，主要包括图像检索技术和图像特征提取技术。

1. 图像检索技术

图像检索技术包括基于文本的检索和基于内容的检索，分别从人工标注信息和图片信息两个方面实现图像检索。

（1）基于文本的图像检索技术（Text Based Image Retrieval，TBIR）

基于文本的图像检索技术起源于 20 世纪 70 年代，它利用文本标注的方式对图像中的内容进行描述，从而为每幅图像形成描述其内容的关键词，比如图像中的物体、场景等。这种描述方式可以是人工标注方式，也可以通过图像识别技术进行半自动标注。

---

① IDC：2025 年中国将拥有全球最大的数据圈（附 PDF）.（2020-02-11）[2021-04-14]. https://www.dx2025.com/archives/46748.html.

在检索过程中，用户可以根据自己的需求提供查询关键字。检索系统根据用户提供的查询关键字找出那些标注有该查询关键字对应的图片，最后将查询的结果返回给用户。这种基于文本描述的图像检索方式易于实现，并且在标注时有人工参与，所以其查准率也相对较高。但也正因为有人工参与，导致该技术只能应用于规模较小的图像检索应用。

（2）基于内容的图像检索技术（Content Based Image Retrieval，CBIR）

随着图像数据的迅速增长，针对基于文本的图像检索技术所存在的突出问题，基于内容的图像检索技术开始出现。图 12.4 所示为该技术的结构，首先利用计算机建立图像特征矢量描述并存入图像特征库。当用户输入一张查询图像时，用相同的特征提取方法提取查询图像的特征得到查询向量，然后在一些相似性度量准则下计算查询向量与特征库中各个特征的相似度，最后按相似度进行排序并顺序输出对应的图片。

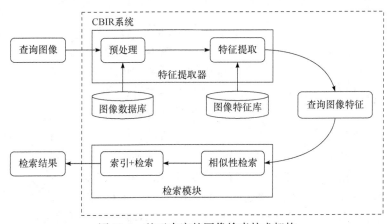

图 12.4　基于内容的图像检索技术架构

基于内容的图像检索技术将图像内容的表达和相似性度量交给计算机自动处理，弥补了采用文本进行图像检索所面临的缺陷，并充分发挥了计算机的优势，提高了检索效率。

2. 图像特征提取技术

（1）方向梯度直方图特征

方向梯度直方图（Histogram of Oriented Gradient，HOG）特征是一种在计算机视觉和图像处理中用来进行物体检测的特征描述。HOG 通过计算和统计图像局部区域的梯度方向直方图来构造特征。基于 HOG 特征和支持向量机（Support Vector Machine，SVM）分类器已经被广泛应用于图像识别中，尤其在行人检测中获得了极大的成功。

（2）局部二值模式特征

局部二值模式（Local Binary Pattern，LBP）是一种用来描述图像局部纹理特征的算子，它具有旋转不变性和灰度不变性等显著优点。LBP 主要用于提取图像局部的纹理特征。LBP 算子在图像的每个像素点都可以得到一个 LBP "编码"。因此，对一幅图像（记录的是每个像素点的灰度值）提取其原始的 LBP 算子之后，得到的原始 LBP 特征依然是"一幅图片"。

（3）Haar 特征

Haar 特征最早应用于人脸表示，分为四类：边缘特征、线性特征、中心特征和对角线特征。这四种特征能够组合成特征模板。特征模板内有白色和黑色两种矩形。Haar 特征定义该模板的特征值为白色矩形像素之和减去黑色矩形像素之和。Haar 特征值反映了图像的灰度变化情况。但矩形特征只对一些简单的图形结构（如边缘、线段）较敏感，所以只能描述特定走向（水平、垂直、对角）的结构特征。通过改变特征模板的大小和位置，可在图像子窗口中穷举出大量的特征。

12.2.3　典型应用案例

本节内容将介绍图像大数据技术的典型应用案例，包括图像大数据技术在侦查破案、情报指挥、医学处理、污水检测和智慧农业五个方面的应用。

1. 图像大数据与侦查破案

近年来，平安城市建设的飞速发展使得公安机关掌握的数据量呈指数级爆发增长。大数据挖掘分析系统运用计算机强大的运算能力及数据处理能力，抽取数据中潜在的信息规律，对社会安全运行的综合态势做出准确感知、预测和预警，有效提高公安部门的数据挖掘能力和信息支撑能力，对维护社会稳定发挥重要作用。

对公安部门来说，案件发生后的主要任务是排查线索，将所有线索按照人、事、地、物、组织五要素进行分类，以便找出涉案要素之间的关联关系。根据不同的业务场景，公安部门通过图像大数据、知识图谱、机器学习、深度学习等技术对案件进行逻辑推理，构建各类分析和挖掘模型。例如，挖掘隐藏在案件背后的团伙关系，帮助公安人员从多个角度挖掘相关违法犯罪行为的线索。通过图像大数据对人员车辆等信息进行有效采集，并结合案件信息建立相应的嫌疑人员图片数据库、车辆图片数据库以及物品图片数据库等，针对可疑涉案人员和车辆灵活安排行动计划。

2. 图像大数据与情报指挥

近年来，各项国际会议及大型活动逐年增多，安保工作的难度和压力越来越大，给公安机关带来了巨大的挑战。按照统一标准规范的要求，公安部研究制定了新一代公安信息网、云计算平台、大数据处理、大数据安全 4 方面 38 项技术标准，将各警种业务数据汇集融合，初步形成部级大数据平台。

例如，公安实景指挥中心运用增强现实、人工智能、物联网、大数据等先进技术，基于城市重点区域的视频监控设施，构建立体化的视频监控指挥系统。通过不同方位的摄像机拍摄不同角度的现场图像，对图像中的目标进行坐标映射、方位感知和结构化描述，结合人脸、着装等多维特征，实现目标的实时对比识别，以便捷高效的方式帮助公安部门执行城市治安防控和反恐维稳等指挥协同任务。

3. 图像大数据与医学处理

目前临床上广泛使用的医学成像技术主要有 X 射线成像、核磁共振成像、核医学成像和超声波成像四类。在影像医疗诊断中，需要有经验的医生通过观察切片图像发现病变体。但随着大型影像系统在临床检验和诊断中的普及，医学图像数据量呈爆炸式增长，医学图像的人工分析处理过程面临着巨大挑战，因此图像大数据技术在医学领域的应用有重大意义。

目前很多医疗机构开始采用图像大数据技术对医学图像进行分析和处理，实现对人体器官、软组织和病变体图像的分割提取、三维重建和三维显示，可以辅助医生判断病情和分析病因，从而提高医疗诊断的准确性和可靠性。另外，图像大数据在海量医学图像数据的分析基础上应用机器学习、深度学习等技术，可以对医疗教学、手术规划、手术仿真等医学研究起到重要的辅助作用。

4. 图像大数据与污水检测

中国电镀行业的发展初期，中小型企业占电镀行业的 80%以上，企业在地理上的分布较为分散，因此带来了难以解决的电镀污水环境污染问题。近年来，中国对于环保和可持续发展战略有了更加明确的规划。有效实施对电镀污水的监控管理，提高电镀企业的治污能力，促进电镀行业可持续发展，已经成为电镀企业的一致共识。

计算机技术的蓬勃发展为电镀企业的革新带来了新的机会。目前，大规模的自动化电镀生产线已经成为大型电镀企业的标准配置。传感器对电镀污水的监控产生海量的图形图像数据。随着计算机视觉等图像处理技术的不断发展，越来越多的企业开始应用图像大数据技术对电镀污水进行监控。由于电镀污水的盐离子不同，所以电镀污水的颜色、透明度等外观特性各不相同，充分利用图像大数据技术对污水颜色和光泽度等信息进行分析，可以实现电镀污水种类的快速识别，提高电镀污水的处理效率。

5. 图像大数据与智慧农业

随着国民生活水平的提高，消费者对于农作物种植产品质量的要求越来越高，农作物种植企业也越来越重视产品质量。按照产品质量发展的需求，国家推动农业种植产品从总量的扩张向高质量进行转变，提高农业可持续发展，加快推进农作物种植产品信息化建设。得益于图像大数据的快速发展，农作物种植企业可以定期采集农作物种植产品的图像数据，这些数据可以直观反映出农作物种植产品生长的实时状态，再结合图像处理技术分析农产品的生长状态，从整体上为农产品生产者提供更加科学的种植指导。另外，在农业研究中，研究者也能对农作物研究样本不同生长阶段的图像进行记录，利用图像大数据技术分析出样本更好的生长环境和生长条件，促进农业研究的顺利进行。

12.3 音频大数据

12.3.1 音频大数据简介

音频是一种主要通过声音传递信息的传播介质，人类能听到的所有声音都可称为音频。移动音频是以移动电子设备为载体传播或下载的音频。随着媒介技术的升级与多种音频产品的出现，移动音频市场逐渐丰富。随着移动互联网、物联网等技术的发展，目前的音频数据来源非常广泛，例如网络广播、音乐、演讲、播客、音频直播以及网络电台等，音频大数据的规模已经形成。

2021 年 8 月，中国互联网信息中心发布第 48 次《中国互联网发展状况统计报告》。报告显示，截至 2021 年 6 月，我国网民规模达 10.11 亿，互联网普及率达 71.6%。根据艾媒咨询发布的《2020—2021 年中国在线音频行业研究报告》，2020 年中国在线音频用户规模达到 5.7 亿人，2022 年有望随着音频业务的不断发展，音频节目内容的种类和呈现方式也愈加丰富，如何利用大数据技术挖掘出海量音频数据中潜藏的价值，为音频行业的发展提供决策依据，是目前音频行业的焦点话题。

　　传统的音频处理技术，最常见的方式是"预处理—处理"解决方案。以音频检索应用为例，在预处理阶段，将待检测音频数据导入音频数据库，对其特征进行分析进而提取源码特征，并将这些源码特征添加到数据库中。在处理阶段，主要通过提取的音频数据的特征将检索分为粗搜索和精搜索两个阶段。当查询音频具有特征时得到精搜索结构；当只包含源码时，对照码本获取粗搜索结果。传统音频处理与检索技术架构如图 12.5 所示。

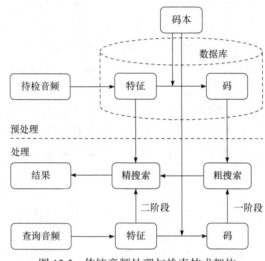

图 12.5　传统音频处理与检索技术架构

12.3.2　音频大数据代表性技术

　　本节将介绍音频大数据领域的两种代表性技术，分别是音频指纹提取技术和音频检索技术。

1. 音频指纹提取技术

　　音频指纹是指通过特定的算法将一段音频中独一无二的数字特征以标识符的形式提取出来，用于唯一标识该段音频，就如同人的指纹可以唯一确定一个人一样。音频指纹提取技术的步骤如图 12.6 所示。

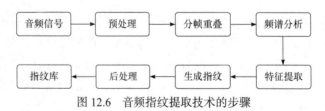

图 12.6　音频指纹提取技术的步骤

音频指纹提取算法主要包括如下两类。

第一类，音频指纹由基于帧的特征向量的短序列组成。基本步骤：首先，利用短时傅里叶变化（Short Time Fourier Transform，STFT）等方式，将时域的音频信号重叠分帧、加窗平滑、并转换到频域，生成频谱图；然后，按照时间顺序对频谱图进行时间、频率上的划分，计算生成音频指纹。

第二类，音频指纹由稀疏的特征点集组成，使用点周围的能量信息来生成指纹。基本步骤：首先，利用短时傅里叶变换等方式，将时域的音频信号转换为频谱图；然后，按照各类规则在频谱图上选择峰值点，并利用峰值点周围的信息，计算生成音频指纹。

2. 音频检索技术

针对音频大数据所具有的高维和大容量的特点，提高音频大数据检索效率的途径主要有两种：一是针对数据高维特点，使用数据简化技术减小音频指纹的数据量，从而降低后续检索和匹配过程的计算量；二是针对大容量特点，采用数据过滤技术，快速排除大量不相关音频，降低需要匹配的音频指纹数量。

基于内容的音频检索（Content-based Audio Retrieval，CBAR）根据未知音频片段的声学特征，从音频数据库中检索目标音频，获取相应信息。CBAR 是目前音频检索的主流方法，其基本步骤包括：在检索前为参考音频数据库中的音频提取指纹信息，建立指纹数据库，并为指纹数据库构建索引表；在检索过程中，首先提取查询音频的指纹信息，然后使用指纹索引得到候选音频集，最后通过与查询音频的指纹进行相似度匹配，验证候选集，得到最终结果。

音频特征分为基于非语义的物理特征和基于语义的感知特征。非语义的物理特征是听觉系统不能理解的、具有数学本质的物理声学特征，如响度和振幅相关，音色跟谐波频率有关等。语义感知特征是听觉系统可以直接感知的特征，如音乐的乐理特征，包括节奏旋律、演奏风格等。音频数据的特征提取是对音频大数据进行有效挖掘分析的重要前提。具体而言，目前的主流解决方案为利用机器学习、深度学习等方式发掘出音频数据的特征，再结合大数据的高速并行计算能力获取特征之间的相似度，从而发现相似的音频。

12.3.3　典型应用案例

本节内容将介绍音频大数据技术的典型应用案例，如音频大数据技术在音乐推荐、客服系统和广播电视等方面的应用。

1. 音频大数据与音乐推荐

据 Fastdata 极数发布的《2020 年中国在线音乐行业报告》报告显示，2020 年 10 月，中国在线音乐月活用户超 6.2 亿，在线音乐付费用户超 7 000 万。艾媒咨询发布的《2020 年中国在线音乐行业发展专题研究报告》指出，在 5G、AI 等前沿技术的支撑下，在线音乐用户规模、市场规模将持续扩大，2022 年中国数字音乐市场规模有机会突破 480 亿元。中国在线音乐行业经历了三个阶段的发展，目前已进入存量红利时代，在线音乐平台需要致力于深耕用户，通过更好的服务和内容来提高用户使用时长和黏性，深挖单个用户的价值。网易云音乐利用大数据技术，充分挖掘用户的听歌习惯、创建的歌单和音乐评论等海量数据蕴含的信息，为用户提供个性化的推荐服务，从而帮助用户发现好的歌曲，也让更多优质小众音频获得更高的曝光度。

2. 音频大数据与客服系统

随着大数据和人工智能技术的发展，智能语音交互技术开始被国内外巨头公司逐步落地和规模化应用。各个互联网企业也在积极布局和利用智能语音交互相关技术，如语音识别、语音对话理解、语音合成等，以便为客户提供高质量服务。

例如，智能客服系统能利用语音识别、自然语言处理、知识图谱等技术辅助人工客服，提高处理问题的效率，并减少人工客服在重复、简单问题上的处理量。比如，在用户接入客服系统的时候，会先请用户通过语音描述遇到的问题，智能系统可以识别并且基于已知信息去预测用户大概的需求并为人工客服提供一些参考信息，等电话转接至人工客服之后，人工客服已经基本了解用户的问题从而能帮助用户更高效地解决问题。在拥有海量的对答语音数据之后，利用深度学习方法，智能系统还可以学习人工客服的处理方式，从而使机器越来越接近专业人员的复杂决策水平。

3. 音频大数据与广播电视

中国的广播电视行业对社会经济与文化产业的发展起到了重要的促进作用，其采用的传统音频技术利用模拟手段完成信号的相应处理，但该技术所面临的干扰问题制约了广播电视行业的发展，而数字音频技术主要通过数据信号的方式完成信息的传播，且在传播过程中受到外界环境因素造成的干扰较少。同时，数字信号在传输、存储以及播放过程中不会对音质造成影响。数字音频技术所具备的优势使其在广播电视行业被广泛应用。

广播电视类节目制作的特点在于简明、生动，最重要的就是信息的有效传递，因此节目的制作不仅需要实现基本的信息传递目标，还应该重视技术价值和审美特性等因素。利用音频大数据技术，可以对海量的音频节目进行分析，从用户收听节目的时间、频率等方面来判断最受听众喜爱的特性，从多方面促进节目的创新和行业的转型升级。有了音频大数据技术的助力，将会产生更多优秀的节目，还可以对小众节目进行优化调整，从整体上推动行业的变革与创新，促进广播电视行业的良性发展。

12.4 视频大数据

12.4.1 视频大数据简介

随着互联网、物联网、云计算和人工智能等技术的快速发展，视频大数据在社会管理和经济生活中发挥着越来越重要的作用。目前视频类型主要分为两种：一种是大众娱乐性的视频，如影视剧集、短视频、直播等，这些是人们日常生活中最常接触的视频形式，例如，人们在日常生活中通过腾讯、爱奇艺、优酷等视频平台观看电影、剧集等，通过抖音、快手等软件观看短视频，通过斗鱼、虎牙等观看直播视频；另一种是社会治安性质的视频，包括安防监控、道路监控、工厂监控等，主要用于提高社会管理效率和维护社会安全稳定，例如，在机场、车站、码头等人流集中的公共区域和一些办公场所、住宅小区安装的视频监控系统所生成的视频。针对每天产生的海量视频数据，如何利用视频大数据技术发挥出视频数据本身的应用价值显得尤为重要。

1. 视频大数据的特征

视频大数据主要包含三点特征：一是形象性和直观性，视频数据以人们容易理解的具体影像化和可视化的方式呈现；二是视频数据所包含的信息更加丰富，如关于人、物、场景、行为等的多种信息；三是非结构化，原始视频数据是非结构化数据，需要人的理解才能解读，需要结构化后才能进行大数据处理。

2. 视频大数据应用目前面临的问题

目前视频大数据的应用面临一些问题，有专家将主要问题总结为"看不清"、"存不下"和"找不到"三个方面。下面从这三个方面进行分析。

（1）"看不清"的问题

特定目标与行为的识别是视频大数据的一个重要应用。例如，车牌识别和人脸识别已经得到了长足发展，其中车牌识别在交通电子警察系统中已经大规模使用，人脸识别在某些特定应用场景下也取得了较好的效果；然而，由于监控摄像头的分辨率不能满足所有的应用场景，全天候真实场景下的人脸识别和行为识别仍然是一个具有挑战性的问题。

（2）"存不下"的问题

随着互联网的发展，视频数据的来源多种多样，如监控视频、影视剧集、短视频、网上课堂等，与此同时视频的清晰度也在逐渐上升，4 K、8 K 等超高分辨率的视频开始出现，视频存储面临着严峻挑战。"存不下"的问题导致视频存储成本急剧增加。除存储资源外，日益增长的视频大数据还会导致极大的网络资源和计算资源消耗。

（3）"找不到"的问题

从海量数据中快速发掘出有价值的信息是大数据应用的根本问题。由于视频数据的非结构化特性，如何从视频大数据中快速找到想要的目标就成为视频大数据面临的一个最大难题。现有技术大多采用局部的、单个原始信号层面的表达和分析技术手段，未能利用视频大数据带来的全局信息，因而无法有效提取关键信息，往往依赖于人工辅助，导致智能自动化程度低、数据处理效率低下。

12.4.2　视频大数据代表性技术

1. 视频大数据技术框架

目前，视频大数据应用平台的总体架构由三个层次组成，分别为资源层、平台层和应用层。资源层主要负责收集各种数据资源，包括各种视频设备收录的大量数据，例如视频监控数据、车辆数据、人脸数据等。平台层按系统平台的需求对资源层的数据进行深度开发整合，在资源层与应用层之间搭建互通联系的桥梁。应用层通过对视频大数据平台层整合的有用数据进行分析处理，例如，为公安、交通、司法等各种行业应用平台建立实用模型，为影视应用平台建立推荐模型等，提供实际用户可使用分析处理海量数据的接口，实现海量视频数据的高效存储、高速检索、有效分析和准确统计等功能。

2. 视频大数据存储技术

在大数据时代，视频分析的应用非常广泛。通过大数据的分布式存储技术，可以将相同类型的视频进行集中存储，再根据具体场景整合和处理视频资源，既能实现视频资源的优化存储，又可以提高视频分析处理任务的效率。视频大数据技术的优势体现在两个方面：一是减少人工参与，通过智能视频数据分析技术整理视频数据，将视频数据分配到不同区域；二是对所有的视频资源进行统一调度，大数据技术的终端服务器以分治的思想将任务划分给不同的子业务服务器，充分利用大数据与云计算的分布式优势，从而有效提高视频信息资源整合的工作效率。

3. 视频结构化自动特征提取技术

视频结构化自动特征提取技术，是指对视频内容按语义关系，采用目标检测、特征提取和深度学习等分析手段，将其转变为可被计算机识别、理解和检索的信息的技术。视频经过该技术结构化后包含的检索信息和目标数据只占视频数据量的很小一部分，这在很大程度上缓解了视频长期存储的问题，大幅提升视频查找效率。另外，结构化后的视频数据可以作为数据挖掘的基础数据源，更加充分地发挥出大数据的作用，提升视频数据的应用价值。

12.4.3 典型应用案例

本节内容将介绍视频大数据技术在生活中的实际应用，分别从视频大数据在犯罪预防、社会秩序管理、智慧城市、林业监控和影视行业五个方面进行介绍。

1. 视频大数据与犯罪预防

视频数据中包含了人、物、环境等丰富信息，这些信息之间存在着密切关联关系。公安部门可以对视频大数据平台中采集并存储的人体图像、脸部数据和相关属性资料进行深度数据比对分析，将所属区域内的人员信息构建成统一用户画像数据库，并融入全国在逃及各种不同类型犯罪嫌疑人员数据信息，以实现犯罪预防侦查的效果。侦查人员可以根据当前目标准确锁定对象群体，并有针对性地对群体内部中其他暂时不可知的关系进行推演分析，进而提升精准侦查能力。

此外，可以利用视频大数据分析技术挖掘视频中目标车辆和嫌疑人之间的深层次信息以及关系网络，从不同角度发散性地搜索与目标车辆密切相关的所有信息，并对这些相关信息进行深入研究分析。另外，通过对目标车辆可能涉及的案件进行推演人物关系和跨时空的车辆轨迹分析后，以可视化的方式进行结果展示，把视频大数据中各类型的数据关系具体描绘出来，有助于公安人员准确跟踪抓捕目标嫌疑人。

2. 视频大数据与社会秩序管理

通过视频监控不同公共场合的人流变化，利用大数据分析其规律性并预测人流聚集的地方出现事故的可能性，再根据预测的结果对现有或准备出现的事故多发地采取危险管理与预防措施。分析视频大数据中不同随机事件发生的过程，得出随机事件发生的必然因素，并采取应对措施以协助社会治安稳定。可以通过深入分析不同的事件状态中可能发生的危险事件，提前对危险事件进行演练，进而达到预防危险的目的。

此外，利用视频监控中高度频发的危险事件，结合大数据对多种危险事件进行关联分析，制定全面的危险预防措施，可以实现对社会公共安全的大范围监控与危险防范，从而对高危险区域的活动进行安全管理。运用视频大数据技术分析危险发生的可能性，包括一个时间段内的数据统计和已发生的危险案例等，建立大型的数据分析数据。通过运用大数据，充分结合各项数据，建立有效的危险管理方案，有助于构建完善的公共安全管理系统。

3. 视频大数据与智慧城市

视频大数据技术在城市相关的多个场景应用中都发挥了重要作用，例如智慧安防、智慧交通等。将视频大数据技术应用在智慧安防中的关键之一是要建立起较为完整的人脸数据库。所谓的人脸数据库主要包括参与日常生活和社会活动人群的人脸信息，当应用视频大数据技术时，能够迅速寻找到所需要的人员线索，从而协助解决纠纷和问题。

视频大数据技术在智慧城市的建设过程中的应用十分普遍，例如杭州"城市大脑"。对于中国的城市建设来说，交通发挥着非常关键的作用。杭州"城市大脑"从摄像头获取道路的实时交通流量，让交通系统根据实时流量，优化路口时间分配，提高交通效率。此外，"城市大脑"建设启动后，杭州市打通了政府部门之间的信息壁垒，将原有 52 个政府部门互不相通的信息孤岛联结起来，建成统一的大数据平台，为改善城市治理提供了数据支撑。

4. 视频大数据与林业监控

森林火灾是世界性的林业重要灾害之一，每年都有一定数量火灾发生，造成森林资源的重大损失和全球性的环境污染。传统的森林防火，信息的传递主要依靠瞭望台。瞭望台建立在地势相对较高的山脊上，有工作人员二十四小时值班，森林防火任务的压力和强度都很大。视频监控系统的应用有效地解决了传统方法的痛点，减少了人力物力的投入，实现了全天候、全方位的火情监控和预警。

除了对火灾的预防，视频监控还可以记录动物的活动轨迹，再利用大数据分析技术可以非常直观地分析出野生动物的栖息状态，从而减轻了传统调查野生动物基本数据的难度。传统的林业资源保护，需要林业管理人员定期对重点区域进行现场巡护，记录森林资源信息，工作强度和压力也非常之大。现在可以在重点区域安装视频监控，对这些区域进行全天候监控并且及时反馈实地信息。

5. 视频大数据与影视行业

Netflix 通过分析 3 000 万用户在该网站上产生的海量行为数据（如观看、暂停、分享等），预测出"凯文·史派西"、"大卫·芬奇"和"BBC 出品"三大元素联合在一起的电视剧产品将会获得观众的欢迎，由此投资一亿美元，制作了《纸牌屋》剧集，并获得了空前的成功，这是将大数据技术与影视制作结合创造的典范。目前国内影视平台（如腾讯视频、优酷视频、爱奇艺视频等）也将视频大数据技术引入视频内容制作中，例如，在腾讯视频观看过程中，你可以对剧情发表弹幕、选择多倍速播放、只看某个演员的影视片段等，这些行为都会帮助影视平台获取对该剧的反馈信息。视频平台通过分析海量的行为数据，可以判断出哪些演员对用户的吸引度高、哪些类型的影视拥有好的用户口碑等，在公司未来的影视制作计划中就可以选择更受用户欢迎的元素，在制作前期就为影视剧聚集足够的热度。视频大数据在影视行业的应用，不仅可以帮助影视制作公司创作出优秀作品，也促进了影视行业的发展。

习　　题

1. 请简述文本产生的途径以及文本大数据的特征。
2. 请说明大数据时代文本技术遇到的问题与挑战。
3. 请简述图像大数据面临的技术难点。
4. 请说明图像大数据的代表性技术。
5. 联系实际，说说与图像大数据相关应用场景或案例。
6. 请简述传统音频处理的过程。
7. 请尝试分析你日常生活中的音频大数据。
8. 结合实际案例说明视频大数据在生活中的应用。

参 考 文 献

大讲台大数据研习社, 2018. Hadoop 大数据技术基础及应用[M]. 北京: 机械工业出版社.

邓攀, 蓝培源, 2020. 政务大数据: 赋能政府的精细化运营与社会治理[M]. 北京: 中信出版集团.

邓晔, 2019. 图像大数据在科技强警建设中的应用实践[J]. 中国安防(11).

丁世飞, 2014. 人工智能[M]. 2 版. 北京: 清华大学出版社.

何清, 李宁, 罗文娟, 等, 2014. 大数据下的机器学习算法综述[J]. 模式识别与人工智能(04).

黄宜华, 2015. 大数据机器学习系统研究进展[J]. 大数据, 01(01).

李航, 2012. 统计学习方法[M]. 清华大学出版社.

李学龙, 龚海刚, 2015. 大数据系统综述[J]. 中国科学: 信息科学(01).

林子雨, 2015. 大数据技术原理与应用: 概念、存储、处理、分析与应用[M]. 北京: 人民邮电出版社.

刘海滨, 2016. 人工智能及其演化[M]. 北京: 科学出版社.

刘佳, 周晓玲, 白雪燕, 2019. 区块链在政务系统中的应用研究[J]. 网络空间安全(11).

陆敬怡, 祝子健, 2018. 大数据背景下机器学习的趋势分析[J]. 网络安全技术与应用(12).

马世龙, 乌尼日其其格, 李小平, 2016. 大数据与深度学习综述[J]. 智能系统学报(06).

彭菲菲, 钱旭, 2012. 基于用户关注度的个性化新闻推荐系统[J]. 计算机应用研究, 29(03).

孙松林, 陈娜, 2016. 大数据助推人工智能[J]. 邮电设计技术(08).

孙志远, 鲁成祥, 史忠植, 等, 2016. 深度学习研究与进展[J]. 计算机科学(02).

王坤峰, 苟超, 段艳杰, 等, 2017. 生成式对抗网络 GAN 的研究进展与展望[J]. 自动化学报, 43(03).

王万良, 2015. 人工智能及其应用[M]. 3 版. 北京: 高等教育出版社.

薛志东, 2018. 大数据技术基础[M]. 北京: 人民邮电出版社.

杨丽, 吴雨茜, 王俊丽, 等, 2018. 循环神经网络研究综述[J]. 计算机应用, 38(S2).

杨云, 付强, 2018. Linux 操作系统（微课版）[M]. 北京: 清华大学出版社.

于冠一, 陈卫东, 王倩, 2016. 电子政务演化模式与智慧政务结构分析[J]. 中国行政管理(02).

余滨, 李绍滋, 徐素霞, 等, 2014. 深度学习: 开启大数据时代的钥匙[J]. 工程研究: 跨学科视野中的工程, (03).

张亮, 刘百祥, 张如意, 等, 2019. 区块链技术综述[J]. 计算机工程(05).

赵玎, 陈贵梧, 2013. 从电子政务到智慧政务: 范式转变、关键问题及政府应对策略[J]. 情报杂志, 32(01).

周飞燕, 金林鹏, 董军, 2017. 卷积神经网络研究综述[J]. 计算机学报(06).

朱春琴, 2020. 大数据时代政务大数据安全的研究与设计[J]. 中国信息化, 309(01).

CAPRIOLO E, WAMPLER D, RUTHERGLEN J, 2013. Hive 编程指南[M]. 曹坤, 译. 北京: 人民邮电出版社.

DENG L, YU D, 2014. Deep Learning: Methods and Applications[J]. Foundations & Trends in Signal Processing, 7(03).

GOODFELLOW I, BENGIO Y, COURVILLE A, 2016. Deep Learning[M]. MIT Press.

HAN J W, KAMBER M, PEI J, 2012. 数据挖掘: 概念与技术[M]. 3 版. 范明, 译. 北京: 机械工业出版社.

NARKHEDE N, SHAPIRA G, PALINO T, 2018. Kafka 权威指南[M]. 薛命灯, 译. 北京: 人民邮电出版社.

SHREEDHARAN H, 2015. Flume: 构建高可用、可扩展的海量日志采集系统[M]. 马延辉, 史东杰, 译. 北京: 电子工业出版社.

WHITE T, 2010. Hadoop 权威指南[M]. 曾大聃, 周傲英, 译. 北京: 清华大学出版社.